国家林业和草原局干部学习培训系列教材

草原知识读本

卢欣石　主编
《草原知识读本》编写组组织编写

中国林业出版社

图书在版编目(CIP)数据

草原知识读本 / 卢欣石主编；《草原知识读本》编写组组织编写. —北京：中国林业出版社，2019.4

国家林业和草原局干部学习培训系列教材

ISBN 978-7-5219-0010-1

Ⅰ.①草… Ⅱ.①卢… ②草… Ⅲ.①草原学－干部培训－教材 Ⅳ.①S812

中国版本图书馆 CIP 数据核字(2019)第 065055 号

国家林业和草原局生态文明教材及林业高校教材建设项目

中国林业出版社教育分社

策划编辑：杨长峰 高红岩　　**责任编辑**：曹鑫茹 高红岩

电话：(010)83143560　　**传真**：(010)83143516

出版发行 中国林业出版社(100009 北京市西城区德内大街刘海胡同7号)
E-mail：jiaocaipublic@163.com 电话：(010)83143500
http：//www.forestry.gov.cn/lycb.html

经　销 新华书店
印　刷 北京中科印刷有限公司
版　次 2019年4月第1版
印　次 2019年4月第1次
开　本 710mm×1000mm 1/16
印　张 20.5
字　数 345千字
定　价 43.00元

国家林业和草原局干部学习培训系列教材

编撰工作委员会

《草原知识读本》编写组

组　　长：李伟方

副 组 长：丁立新　张利明　刘加文　卢欣石

成　　员：李拥军　邹庆浩　张绍敏　王卓然

李俊魁　陈立俊　苏立娟

执行主编：卢欣石

执行副主编：刘加文

参编人员：苏德荣　纪宝明　李拥军　刘爱军

王卓然　孟　林　常智慧　林长存

王铁梅　平晓燕　刘昌勇

序

“玉不琢，不成器；人不学，不知道。”①重视学习、善于学习，是我们党的优良传统和政治优势，是我们党保持和发展先进性、始终走在时代前列的重要保证，也是领导干部提高素质、增强本领、健康成长、不断进步的重要途径。在历史上每一个重大转折时期，我们党总是把加强学习和教育干部突出地摆到全党面前，而每次这样的学习热潮，都能推动党和人民事业实现大发展、大进步。

“中国共产党人依靠学习走到今天，也必然要依靠学习走向未来。”进入新时代，党的十九大胜利召开，确立了习近平新时代中国特色社会主义思想，明确了新时代中国特色社会主义发展的基本方略，绘就了中华民族伟大复兴的宏伟蓝图，为今后我国发展提供了总的遵循和大政方针。实现新时代发展目标，干部人才是关键，教育培训是基础。党的十九大报告明确提出，要全面增强干部的“八种本领”，并进而强调要“建设高素质专业化干部队伍”“注重培养专业能力、专业精神，增强干部队伍适应新时代中国特色社会主义发展要求的能力”。面对一系列新形势、新要求，我们学习的任务不是轻了，而是更加重了。正如习近平总书记指出的：“全党同志特别是各级领导干部要有本领不够的危机感，

① 出自欧阳修《诲学说》。

以时不我待的精神，一刻不停增强本领。只有全党本领不断增强了，‘两个一百年’奋斗目标才能实现，中华民族伟大复兴的中国梦才能梦想成真。”林草干部教育培训工作必须立足这一根本大局，坚持高质量教育培训林草干部、高水平服务生态文明和美丽中国建设，为打造信念坚定、素质过硬、特别能吃苦、特别能奉献的高素质专业化林草干部队伍提供有力支撑。

“工欲善其事，必先利其器。”①教材是干部学习培训的关键工具，关系到用什么培养党和人民需要的好干部的问题。好的教材对于丰富知识、提高能力，对于提升教学水平和培训质量都具有非常重要的意义。中央高度重视干部学习培训教材建设。习近平总书记在为第四批全国干部学习培训教材作的《序言》中，要求广大干部“学好用好教材”“不断增强中国特色社会主义道路自信、理论自信、制度自信，不断提高知识化、专业化水平，不断提高履职尽责的素质和能力”。《干部教育培训工作条例》规定：“适应不同类别干部教育培训的需要，着眼于提高干部综合素质和能力，逐步建立开放的、形式多样的、具有时代特色的干部教育培训教材体系。”《2018—2022 年全国干部教育培训规划》进一步提出：“加强教材建设，开发一批适应干部履职需要和学习特点的培训教材和基础性知识读本”“各地区各部门各单位结合实际，开发各具特色、务实管用的培训课程和教材”。

近年来，各级林草主管部门不断加强干部学习培训教材建设，取得了较大成绩。但相对于日益增强的林草干部培训需求，教材建设工作仍相对滞后，突出表现为教材建设缺乏规划和统一标准、内容陈旧、特色不明显、实践教材严重不足等。

为深入贯彻落实中央要求，服务干部健康成长，国家林业和草原局适时启动了重点教材建设工作，成立了国家林业和草原局教材建设工作领导小组，下设干部学习培训教材建设办公室和院

① 出自孔子《论语·卫灵公》。

校林科教育教材建设办公室，分别负责组织实施干部学习培训教材和林科教育教材建设工作。

干部学习培训系列教材以林草党政干部、专业技术人员、企业经营管理者等为主要服务对象，坚持以下编写原则：通识性，以干部必须掌握的基础知识或专业技能为主要编写内容；实用性，紧贴培训对象的工作实际；科学性，尊重林草发展规律和科学规律，突出行业特色；前瞻性，既要注重认识和破解当前林草改革发展面临的难题与挑战，又要关注未来林草发展趋势；创新性，注意吸取林草改革发展的新知识、新领域、新方法、新技术和新成果。干部学习培训系列教材的应用，将为提升广大林草干部特别是基层林草干部的综合素质、专业素养和履职尽责能力提供有力工具。

各级林草主管部门要以教材建设为契机，深入贯彻习近平新时代中国特色社会主义思想和党的十九大精神，围绕建设高素质专业化干部队伍要求，把局重点教材建设与本土教材结合起来，把干部学习与工作实际结合起来，认真做好本地区教材建设工作。要把学好用好教材作为干部教育培训的重要任务，融入到推动本地区林草建设的生动实践中，着力提升广大干部推动科学发展和改革创新的能力，更好地服务林草事业高质量发展。

2019 年 3 月

前　言

从2017年10月到2018年3月，短短不到半年的时间，我国草原生态文明建设的体系与格局发生了重大的变化，这个变化将对草原的保护建设产生重大影响。

2017年10月18日，中国共产党第十九次全国人民代表大会召开，大会报告指出“统筹山水林田湖草系统治理，实行最严格的生态环境保护制度，形成绿色发展方式和生活方式”。党的十九大报告明确将草原作为重要的国土资源，与山、水、林、田、湖统一筹划、系统治理，打造“山水林田湖草”的生命共同体，对草原保护建设提出了系统要求。

2018年3月17日，第十三届全国人民代表大会第一次会议审议批准了国务院机构改革方案。其中提出组建国家林业和草原局，加大生态系统保护力度，统筹森林、草原、湿地监督管理，保障国家生态安全。国家林业和草原局的设立，体现了草原在自然生态系统中的主体地位，提升了草原的国家监管力度。

在这样一个重大变迁的背景下，进一步认识草原、管理草原、保护草原是我们义不容辞的历史责任。我国草原近4亿hm^2，占国土面积41%，是世界草原面积最大的国家。草原是我国面积最大的陆地生态系统和绿色生态屏障，也是我国重要的战略资源。加快草原保护建设，对保护人类生存环境，维护国家生态安全，构建和谐社会，促进我国经济社会可持续发展具有十分重要的战略意义。但是，草原是一个庞大的生态系统，也是一个复杂的社会生产系统，多年来，对草原的认识还存在一定的盲区，对草原的科学管理还存在许多不足。尤其是随着草原管理体制的重大变化，对草原知识还需要进一步普及教育，对草原保护建设的经验和成果还需要进一步宣传总结。

为贯彻落实党的十九大提出的中国绿色发展战略、科学统筹“山水林田湖草”系统管理，进一步适应新形势、新局面，落实新职能、新任务，提升改革调整带来的生态红利，国家林业和草原局在部署重点教材建设工作的基础上，适时组织启动了《草原知识读本》编写工作。

本读本的编写坚持了知识性、实用性、前瞻性和创新性的原则，注重突出以下内容特点：第一，对草原的定义和内涵进行了充分的介绍，对草原的发生发展过程、生态功能和社会文化特点进行了简明而系统的总结，力求为科学理解草原内涵和属性提供知识基础；第二，对世界草原和中国草原的类型、分布和生产力进行了对比介绍，可进一步加深对中国草原地位和贡献的理解；第三，在注重中国草原的遗传资源基础上，更加注重水资源、土壤资源特点介绍，可提升对我国草原资源功能定位的全面认识；第四，客观总结分析了中国草原面临的发展瓶颈和突出问题，力求为解决草原问题提供思考路径和技术方案；第五，准确反映了国家草原保护建设工程的实施现状，可为了解国家政策、投资力度、建设布局提供关键依据；第六，系统反映了草原科技教育结构和成果以及法律法规状况，可为建立健全我国草原科教和法制支撑体系提供参考；第七，精选了全国十四大草原，并逐一进行专门介绍，可为读者认识草原、向往草原、保护草原、建设草原提供具体而现实的参照。

国家林业和草原局人事司、草原管理司、科技司、管理干部学院对此工作给予了高度重视和大力支持。为高效完成编写任务，成立了《草原知识读本》编写组，由草原管理司李伟方司长担任组长。具体编写由北京林业大学草业与草原学院牵头，并组织相关领域的科技专家和管理专家共同完成。中国林业出版社给予了全程支持和指导，为本读本的顺利出版提供了保证。

我们相信，《草原知识读本》是一本良好的学习教材，它将成为提升广大林业和草原管理干部专业知识、管理能力和综合素质的有力工具。

我们真诚希望读者能够为继续编辑完善本读本提供更多意见和帮助。

编 者

2019 年 2 月

目　录

第一章

草原基本状况

第一节 草原的概念

一、什么是草原

草原是生长草本植物为主体的广大土地，是人类放牧生产、经营利用、文化生活和保护环境、改造自然的重要场所。草原具有丰富的内涵，它包括了草地上的所有生物资源、环境资源和社会资源。在生物资源中涵盖了草原上所有有生命现象的植物、动物、微生物，在环境资源中，涵盖了与草原共同发生发展的水、土、气、生的各类因素，在社会资源中，涵盖了草原民族的所有衣食住行和文化行为。这些都是草原的重要成员，草原与其周围的环境、土地、气候、民族文化等共同组成了一个丰富多样的生态系统。

草原一词在人们的生活、生产以及文化艺术中被广泛运用，但是如何理解并给其一个准确的定义，确实多彩纷呈。草原，具有多种含义，也有多种词汇表达。在我国，草地、草原、草场、草山草坡、牧地、牧野混合并用；在英语国家中，grassland，range，rangeland，pasture，tussock 等也交叉使用。产生这种现象的原因，第一是分布于世界各地的草原或草地，有各自的自然经济特点和不同的生产发展阶段，会在理解上产生差异；第二是随着社会的发展，草原资源从单一的畜牧业生产基地向多种用途发展，其含意需从原有理解的基础上加以延伸和扩展；第三是世界各国传统的农学范畴的草原或草地，大多与植被学的某一特定植被类型(如草原等)在名称上有重叠，在词义上有广义和狭义的区别，因而在使用中难免有所混淆和交叉。

一般认为，草原和草地的区别是：草地是生长草的土地，但草地一词不强调其宏大性和地带性，而只说明其地表上的植被成分是草本植物。它可以宏大如草原，也可微小如一片草坪，其地表植被可以为自然生长，也可以是人工种植栽培。

草原，也是生长草的土地。在这里，草原被归结为一类土地类型，它包含了可为人类利用的自然资源，与农田、森林、湿地、沙漠、冻原等一样，具有一种自然资源的属性，而且具有一定的面积和地域范围，因此从严格的科学定义，草原是具有一定面积、一定范围、一定区域、一定植被成分和一定功能的草地。

草原，在传统的地理学和植被学中，是反映温带地区地带性草本植被类型的专用名词。从植被学的概念看，草原是温带地区由多年生具有抗旱、抗寒并能忍受暂时湿润能力的草本植物，主要是禾本科植物所形成的地带性植物群落。草原的优势植物通常是针茅属植物，在很大程度上也是草原的典型植物。在美国，20 世纪 50 年代以前，把“平坦、广阔、干旱、不宜于作物和森林生产的地方，以生产草本饲用植物为主，发展放牧畜牧业的地方”称为草原。在前苏联，50 年代以前认为草原是“以旱生、丛生禾草为主的草本植物”“大面积的放牧地和割草地”。在我国，50 年代之前，我国草地学创始人王栋教授(1955)把草原也仅定义为“只因风土等自然条件较为恶劣或其他缘故，在自然情况下，不易于耕种农作、不适于生长树木或树木稀疏而以生长草类为主，只适于经营畜牧业的广大地区”。

但是随着社会生产的发展和科学技术水平的提高，对草原的认识也在不断地深入和发展。尤其是生产力比较发达的地区，草原放牧畜牧业与集约农业、工业建设和生态文明结合起来，有了更多的功能，如生态旅游、休闲度假、健康养生、狩猎打渔、自然保护区、国家公园等。

关于草原的现代科学定义，我国草业科学界曾给予了一定的解释。我国著名草原学院士任继周先生在 20 世纪 80 年代，用草原生态系统的观念解释了草原的涵义，明确提出“草原是以草地和家畜为主体所构成的一种特殊的生产资料，在这里进行着草原生产，它具有从日光能和无机物，通过牧草到家畜产品的系列能量和物质流转的功能”，到了 90 年代，基于全球对草原的多功能性的认识，在其主编的“大百科全书”的“草原”词条中，定义了“草原是以天然饲用植物为主的具有特殊生态系统的畜牧业生产基地，其中可能包含了无害于这一生态系统的多种资源，如旅游、休息地、水源保护地、自然资源保护，乃至一定水产、林产等”。有关对草原的多功能性的认识得到了国内诸多学者的认可。同时期，由中华人民共和国农业部畜牧兽医司主编的《中国草地资源》(1996)中定义，草地是一种土地类型，它是草本和木本饲用植物与其所着生的土地构成的具有多种功能的自然综合体。

在国家颁布的《中华人民共和国草原法》中，草原是指天然草原和人工草地。同时在该法中定义，天然草原包括草地、草山和草坡；人工草地包括改良草地和退耕还草地，不包括城镇草地。

我国在首次对北方天然草原、南方草山草坡和其他类型草地的资源调查中确定了一个具体的范围，这个草地范围是：植被总覆盖度大于5%的各类天然草地，以牧为主的树木郁闭度小于0.3的疏林草地和灌丛郁闭度小于0.4的疏灌丛草地；弃耕还牧持续撂荒时间大于5年的次生草地，以及实施改良措施的改良草地和人工草地；沼泽地、苇地、沿海滩涂；植被总覆盖度大于5%的高寒荒漠、苔原、盐碱地、沙地、石砾地；林地范畴中的5年内未更新的伐林迹地或火烧迹地、造林未成林地；耕地范围中的宽度大于1~2m的田埂、堤坝(南方宽大于1m，北方宽大于2m)；属于居民点、工矿、交通用地、风景旅游区、国防用地、村庄周围、道路两侧以多年生草本植物为主的各种空闲地。

从上述定义来看，草原和草地的定义都从早期的单纯的畜牧业生产基地，发展到了具有多种功能的自然综合体。可以预料，随着人们对草地认识的不断深入，对草原的定义还会进一步深入和完善。

二、草原的形成与发展

早在6500万年到2330万年前早第三纪是被子植物极度繁盛的时期。当被子植物出现后，并不是立刻就有了草原。当时全球性气候温暖，雨水丰富，阳光充足，植物界异常繁荣，蕨类植物、裸子植物、被子木本植物、被子草本植物千姿百态，争奇斗艳，但是最具优势的还是被子木本植物。到第三纪后期，草本植物大量出现，草原植被大面积扩充。其大体的趋势是森林逐步向草原转化。在早第三纪，主要是热带林、暖温带林、温带林三大植被带，在干旱地区有干旱林和深草原等；到了中期(渐新世到中新世中期，距今4000万~2500万年)，在北部高纬度地区出现了亚冻原带，干旱地区增加了灌木林和草原；到了晚期(中新世中期至上新世，距今2500万~1200万年)，又出现了荒漠化草原；第四纪(距今200万年)出现荒漠草原。

在草原形成的过程中，除上述草本植物的出现是最主要的条件之外，还有几个重要的条件：

第一个条件是草本植物和草原动物的同步发展。

这种条件表现在草原大型食草动物，如奇蹄类中的马、犀牛，偶蹄类的牛和羊等能吃进大量的草本植物和矮小灌木，不消化的种子被排泄出来，散布在草原上，草原植物的种子在良好的粪便营养下，能够很好地萌发和生长，促进了草原的发育和进化，反过来，草原茂盛的生长又给草食动物提供了生存发展的广阔天地。

第二个条件是草原土壤的形成。

草本植物根浅叶茂，需要松软肥沃的土地，而高大的木本被子植物为草原土壤的发育和形成创造了条件。木本植物把土壤深层少而分散的营养物质吸收到植物有机体内，在枝枯叶黄后又被分解出来，如此循环就把土地中的营养物质集中了起来，形成了肥沃的腐殖质层；加之岩石风化和微生物的作用，土壤的疏松表层不断增厚，营养成分日渐丰富，就为只能从土壤表层吸收养料的浅根系草本植物的发展创造了良好的条件，草原便是在这样的土壤基础上形成和发展起来的。

第三个条件也是最根本的必然条件，是草原气候的形成。

早在7000万年前，气候适于森林的发育，大面积草原诞生的机会还未到来。此后5000万年中，草原气候的形成基于两大事件，一是喜马拉雅造山运动，建立了季风环流系统的气候性质，大陆性气候加强，季节性的干旱状态开始明显起来；二是第四纪冰川，气候在波动中渐变干冷，北半球开始出现适于温带草原发育的温带干旱气候，热带地区局部出现适于热带稀树草原发育的干热气候。

第四个条件是人类生产活动的干预，促进了现代意义上的草原的形成。

草原作为一种植被类型，已经具有几百万年的进化历史，但是草原作为人类利用的生产资料，从而具有生产功能的现代意义上的草原，却是近1万年来发生的事情。

随着原始畜牧业的出现，人类就开始了草原的利用。养殖规模的进一步扩大和放养过程中牲畜的觅食与践踏，放牧地的植物组成和土壤结构也在不断地变化，加之野生动物对草原的利用，草原原始植被逐渐被改造成以低矮丛生类和根茎类的禾草为主的当今的天然草原。随着人口数量的不断增加，对草原开垦利用也逐步形成。直至近现代，人类还存在隔年垦荒种植的农业生产方式，以及深冬放火烧山春季放牧的畜牧业生产方式。隔年垦荒种植主要在北方土地宽阔地区，深冬放火烧山春季放牧主要在南方山区。人类生产活动如此以往，各类草原渐成。

三、草原生态系统及其内涵

随着生态学的发展，人们对草原的发生发展已经开始应用生态系统的观点。按照美国生态学家林德曼(R. L. Lindeman)的观点，生态系统中物种之间的依存关系是食物链关系，生态系统中物种之间的营养关系是生态金字塔的营养理论，草原生态系统典型地反映了生态系统中食物链和生态金字塔关系。例如，草原生产者—消费者—分解者的营养结构和能量流动的特点就反映了草原上各种生物之间以及生物群落与其无机环境之间，通过能量流动和物质循环而相互作用形成的一个统一体，这个统一体称为草原生态系统。

草原生态系统(grassland ecosystem)是以各种草本植物为主体的生物群落与草原生态系统及其环境构成的功能统一体。其环境成分包括太阳辐射能、二氧化碳、氧气、氮气、矿物盐类以及其他元素和化合物，它们是生物赖以生存的物质和能量的源泉，并共同组成大气、水和土壤环境，成为生物活动的场所。

草原的生产者为所有的绿色植物。它们通过叶绿素吸收太阳光能进行光合作用，把从环境中摄取的无机物质合成为有机物质，并将太阳光能转化为化学能贮存在有机物质中，为草原上生物提供得以生存的食物。它们是有机物质的最初制造者，是自养者。

草原的消费者是直接采食植物以获得能量的动物，如牛、马、羊、骆驼、野生的蹄类草食动物以及食草昆虫和啮齿类等，是第一性消费者，被称为草食动物。此外，在草原生态系统中还有第二性消费者，就是以捕捉草食动物为主要食物的动物(如狐、狼、狮、虎、鹰等)，叫作肉食动物。

草原的分解者主要指细菌、真菌和一些原生动物。它们依靠分解动植物的排泄物和死亡的有机残体取得能量和营养物质，同时把复杂的有机物降解为简单的无机化合物或元素归还到环境中，被生产者有机体再次利用，所以它们又称为还原者有机体。分解者有机体广泛分布于生态系统中，时刻不停地促使自然界的物质发生循环。

我国的草原生态系统有多种类型。在北方草原区，草原生态系统所处地区的气候表现为典型的大陆性气候、降水量较少，年降水量一般都在

250~450mm，而且变化幅度较大。蒸发量往往都超过降水量。另外，这些地区的晴朗天气多，太阳辐射总量较多。这种气候条件，使草原生态系统各组分的构成上表现出了一些与之适应的特点。例如，初级生产者的组成主体为草本植物，这些草本植物大多都具有适应干旱气候的构造，如叶片缩小，有蜡层和毛层，借以减少蒸腾，防止水分过度损耗。草原生态系统空间垂直结构通常分为三层：草本层、地面层和根层。各层的结构比较简单，没有形成森林生态系统中那样复杂多样的小生境。草原生态系统的大型类的消费者主要是野驴、黄羊等草食动物，小型种类有草原蝗虫和各类啮齿类动物，如田鼠、黄鼠、旱獭、鼠兔、鼢鼠和兔类等；肉食性的动物有狐狸、狼、鹰、隼和鹞等。

我国还有一类重要而独特的草原生态系统，就是青藏高原的高寒草原生态系统。青藏高原的草原生态系统一般在海拔4000m以上，环境寒冷而潮湿，日照强烈，紫外线作用增强，其第一性生产者大多为低矮丛生的草本植物，叶面积缩小，根系较浅，植株形成密丛。其消费者主要为牦牛、藏羊和野生草食动物，如藏羚羊、野驴、普氏羚羊等。

从总体情况看，草原生态系统的物种多样性不如森林生态系统丰富，对光能的利用率不如森林生态系统高，草原生态系统净初级生产力的最高水平可达每年3000~4500g/m^2，主要来自于地下部分的生物量。初级生产量通过食物链转入草食动物和肉食动物，各营养级之间的转化效率为1%~20%。选择适宜的动物种类、组建合理的食物链以提高初级生产的转化效率，是草原生态系统发挥生产效率的主要途径之一。

按照草原生态系统的观点，草原的风调雨顺就是生态系统处于稳定发展的状态，草原生态系统的物质循环和能量循环处于一个正态的平衡，反之，当草原生态系统被破坏，系统的物质循环和信息交流就会处于止滞或崩溃的状态。所以，草原各类管理利用和经济开发活动都必须按照草原生态系统平衡的原理进行，确保草原的可持续发展、永续利用。

第二节　草原概况

一、世界草原概况

草原是世界上面积最大的陆地生态系统。根据联合国粮农组织(FAO)的定义，世界草原由永久性草地、疏林地、荒漠、冻原和灌丛地组成。永久草地包括天然放牧地、长久休闲撂荒地和连续5年以上生产饲草的耕地；疏林地为灌林覆盖度小于10%的草地，而覆盖度介于10%~40%的草地定义为稀树草原（White，1983）。按照这个定义范围统计，世界草原面积68.12亿hm^2，占全球土地面积的51.88%，约为耕地面积的4.6倍（表1-1）。世界草原在各大洲的面积分布是很不平衡的。亚洲的草原面积最大，非洲次之，北美洲和中美洲占第三位，南美洲占第四位，排位于后的是大洋洲和欧洲。如果按照草原面积在本洲土地面积所占的比例来看，大洋洲最大，约占到大洋洲土地面积的72.66%。其次是非洲，约占67.44%，亚洲的草原所占土地面积位于北美洲、中美洲和南美洲之后，位于第六位，约占到47.22%。最小的是欧洲，草原面积占全洲土地面积的25.82%。显然，大洋洲、非洲是草原大洲，其草原面积都超过了土地面积的60%以上。

表1-1 世界草原面积估算 万hm^2

地区	草原总面积	其中永久草原	其中疏林地	草原占土地总面积/%
全世界	682 939.6	332 294.3	137 230.0	51.88
亚洲	207 788.4	100 681.1	21 104.0	47.22
非洲	199 918.1	89 089.9	50 800.0	67.44
北美洲、中美洲	103 385.0	36 863.1	27 530.0	48.36
南美洲	84 475.9	47 786.3	24 800.0	48.19
大洋洲	61 238.3	43 662.2	7600.0	72.66
欧洲	26 133.9	14 211.7	5396.0	25.82

由于各个国家对草原的定义和标准不尽一致，所以，各个国家的草原面积难以统一比较。按照全国首次统一草地资源调查数据结果，我国草原面积为3.928亿hm^2，是世界上草原面积最大的国家。按照FAO 2015年公布的数据标准，我国草原面积2.98亿hm^2，也位居世界第一，处于第二至第四位的国家分别是美国、加拿大和俄罗斯。以上4个草原面积最大的国家，其草原面积都超过1.6亿hm^2。此外，草原面积从1.3亿hm^2到2700万hm^2的国家还有6个，即澳大利亚、哈萨克斯坦、巴西、纳米比亚、蒙古和印度。以上10个国家为FAO 2015年公布的世界十大草原国家，和FAO在20世纪80年代公布的数据相比，中国的草原面积由世界第三位上升到世界第一位（表1-2）。澳大利亚的草原面积则从世界第一位下降到世界第四位。

表 1-2 世界草原面积位居前十位的国家情况表 万 hm^2

排序	国家	国土面积	草原面积	草原占国土面积/%
1	中国	96 340.5	39 283.2	40.77
2	美国	91 666.0	19 927.0	21.74
3	加拿大	70 820.1	16 737.0	23.63
4	俄罗斯	170 820.1	16 287.5	34.10
5	澳大利亚	76 176.3	13 023.8	17.10
6	哈萨克斯坦	27 200.0	9011.9	33.13
7	巴西	84 565.1	7525.0	8.90
8	纳米比亚	8242.7	3979.5	48.28
9	蒙古	15 665.0	3350.2	21.39
10	印度	32 872.4	2692.0	8.19

注：此表依据 FAO(2015)草原面积数据整理；中国草原面积依据全国首次统一草地资源调查数据。

草原面积的变化反映了土地利用的趋势。如果草地面积远远超过耕地面积，则体现出土地利用基本依赖草原的特点，如在十大草原国家中，蒙古的草原和耕地比为91:1，澳大利亚为 9:1，沙特阿拉伯为 72:1，哈萨克斯坦为 4:1，中国是农业大国，也是草原大国，草原面积约是耕地的 3 倍。此外，苏丹、阿根廷、俄罗斯等国的草原和耕地比也都远远超过 3:1。除上述十大草原国家外，草原面积占国土面积较大比例的国家还有南非、墨西哥、乍得、埃塞俄比亚、莫桑比克、伊朗、索马里和哥伦比亚。这些国家大多分布于非洲和南美洲。

草原不仅是一种植被类型，而且是一种生产资料，它的面积会随着人类的活动发生变化，它反映的是草地和农田、林地之间互相转化的关系。随着全球经济开发和农业生产的不断扩大，草原的面积会逐步减少，随着全球加大对环境的保护，草原的面积也会逐步增多。据 FAO 统计，1850 年世界草原面积是 63.5 亿 hm^2，此后的 90 年中，由于种植业的发展，土地不断开垦，世界草原面积不断下降，到 1940 年为 62.66 亿 hm^2，到 1955 年达到谷底，为 59.22 亿 hm^2，此后，世界草原面积开始回升，到 1980 年增加到 62.99 亿 hm^2，到 1983 年为 67.21hm^2，到 1989 年为 68.12 亿 hm^2。从 1850—1989 年的 140 年中，草原面积经历了一个马鞍形的起落回升后，草原面积增加了 4.62 亿 hm^2。经统计，从 1982—1989 年，世界永久性草原面积平均增加了 5.1%，面积增加最快的是非洲和亚洲。非洲增加了

12.5%，亚洲增加了7.2%，南美洲增加了4.5%，北美洲和中美洲增加了2.3%，但是，大洋洲减少了4.3%，欧洲减少了2.8%。在世界范围内草原面积的增加，主要是以减少森林面积的代价而取得的。大洋洲和欧洲永久性草地面积的减少主要是为了保护环境，一些草地改为林地所致。

二、世界草原分布

（一）亚洲草原

亚洲是世界上面积最大、人口最密的一个洲，草原分布广，类型多样，拥有永久草地64 500万hm^2，加上其他类型草地共有126 000万hm^2，占土地面积29%。亚洲的草原主要由俄罗斯的西伯利亚、中亚草原、蒙古草原和中国西北部草原构成。植被主要由针茅属的丛生禾草以及其他草类、半灌木和小灌木组成。从亚洲东部到西部是干草原到荒漠草原的逐步过渡。在中国西南部青藏高原上还发育有高寒草原，是当地优质草地，主要牧养青藏高原特有的牦牛和藏羊。在亚洲东南部，包括中国东南半隅及沿海岛屿和印度、缅甸、越南、泰国、菲律宾、日本等国家形成相对稳定的灌草丛植被。

亚洲的荒漠草原位于西南部，属于热带荒漠，我国的荒漠草原处于中部，属温带荒漠。而荒漠草原主要由耐旱的小灌木、半灌木植物组成，是发展养驼业的好地方。

青藏高原是亚洲独居的高地，耸立于我国西南，处于亚热带地区，但因海拔高、气候寒冷、草原植被除上述高寒草原外，还形成高寒荒漠和高寒草甸。此外，亚洲北部受北冰洋气流影响，形成大面积的西伯利亚泰加林及其以北的冻原地带。

冻原的植被主要有地衣、苔藓、羊齿、薹草属及禾本科草，冻原及部分泰加林主要用于牧养驯鹿。

亚洲的农田比较发达，草地与农田之比为1.2∶1，饲料生产发达，每年有大量农副产品及农作物秸秆可供养畜之用。过去很好的草原现在产草量下降1/3~1/2，牲畜饲养量却增加1倍以上。

（二）非洲草原

非洲的永久草地，包括萨旺那草原和荒漠，共有194 400万hm^2，占土地总面积64%，是世界上草地面积最大的洲，占全球草地面积的28.9%。非洲草原分布于南部南非境内，是一块海拔1000~2000m的侵蚀高平原，受印度洋气流影响，降水量由西北向东南递增，最高可达

1000mm。大陆的中部有大面积的稀树干草原，其特点是散生分布以金合欢为主的乔木树种。草本植物主要有狼尾草属、白茅属和须芒草属植物。由于过度放牧，一些北非国家，如突尼斯、阿尔及利亚、利比亚和埃及等草地产量都大幅度下降；其他国家如乌干达、肯尼亚、苏丹、索马里的草原都处于退化之中，草原利用处于原始状态。近20年来，由于人口、粮食的压力，部分肥沃的草地开垦为农田，草地与农田之比为3.8∶1。

（三）欧洲草原

欧洲的土地面积较小，而且部分草原也开垦变为农田，所以剩下的草原面积也最小，不计算前苏联的欧洲部分，永久性草地只有8400万hm^2，加上其他类型草地，总共有15 300万hm^2，占土地面积15%。由于欧洲海洋性气候的水热条件适宜，草原大部分属高草草原，矮草草原只占5%。

欧洲有部分草地是森林砍伐的次生植被，通过放牧、割草、烧荒等措施控制，保持相对稳定状态，按照Clements的植被演替理论，这种草地被称为放牧稳定的“偏途顶级群落”。

欧洲的草原面积只有非洲的1/6，但欧洲饲养的牛、羊要比非洲多75%，畜产品出口值比非洲高16倍。欧洲草原的生产力每公顷在350个畜产品单位以上，最高的荷兰可达1000个畜产品单位。许多国家（英国、法国、德国、丹麦、荷兰等）人工种植多年生牧草（黑麦草、梯牧草、草地羊茅、三叶草等）和饲料作物的比重占种植业的50%以上。

（四）大洋洲草原

大洋洲只包括澳大利亚和新西兰这两个新兴的草地畜牧业国家，拥有永久性草地45 300万hm^2，加上其他类型草地共有61 900万hm^2，占土地面积69%。澳大利亚的年降水量250mm以下，在内陆形成宽阔的大面积荒漠，占国土面积44%。植物成分以滨藜属、*Maireana*属、优若藜属和针茅属植物占优势，生产力很低。澳大利亚的稀树干草原占重要地位，分布于西部，乔木树种是桉树和相思树。

澳大利亚大陆的北面和东南沿海分布有一定数量的高草草原，牧草产量较高，在向内陆往荒漠演进之间还有一定数量的矮草草原，这些草原植被是发展乳牛、肉牛和养羊业的重要基地。澳大利亚的草原大部分在21世纪初就已超载，加之兔子大量繁殖危害草地，目前有13%的土地出现土壤侵蚀和草地退化。

新西兰是一个多山的国家，常年气候温和，降水量大，分配均匀，草地终年绿色，北岛的许多林地被改造成人工放牧草场，主要种植黑麦草、三叶草等，人工草地面积比粮食播种面积大 14 倍，草地都采用划区轮牧，草地生产力长期保持在较高水平，每公顷草地生产 342 个畜产品单位。

（五）北美洲、中美洲草原

北美洲、中美洲合计有永久性草地 36 700 万 hm^2，加上其他类型草地共有 106 100 万 hm^2，占土地面积的 38%。

美国中部草原叫普列利草原（Prairie），占土地面积 28.1%，从加拿大南部一直分布到美国的得克萨斯州，跨越 30 个纬度（北纬 30°~60°），西部以洛基山脉为界，向东跨越 19 个经度（西经 89°~107°），东部是高草普列利草原，海拔 100~400m，受大西洋气流影响，年降水量在 600mm 以上。西部是矮草普列里草原，地形为高平原，海拔 500m 以上，比较平坦，年降水量300~400mm。中间过渡地带是混合普列利草原。北美大陆的西南是荒漠，一直延伸到北美洲的墨西哥。北美大陆北部加拿大境内有东西向的泰加林和冻原地带，面积都比较大，分别占大陆面积的 23% 和 18.2%。

美国和加拿大都是农牧业并举的国家，牧业产值分别占农牧业总产值的 62% 和 65%（1987 年），草地生产力每公顷分别为 47 和 74 个畜产品单位。美国西部 17 个州的草原地带，在 20 世纪 30 年代曾发生震惊世界的“黑风暴”。此后，美国政府颁布了一系列法令，将草原保护列入到国家的重要议事日程。

（六）南美洲草原

南美洲有永久性草地 45 800 万 hm^2，加上其他类型草地共 82 500 万 hm^2，占土地面积的 49%。著名的高原盘帕斯草原（Pampas）就分布在南美大陆的中部和南部。南美大陆的北部是热带雨林，亚马孙河流经其中部，主要在巴西境内，雨林的南面有稀树干草原，而北面靠近海洋形成坎普草原（Kemp），也属于高草原类型。所以，南北大陆上没有矮草原。

目前，南美洲许多永久性草地改为人工草地，主要种植救荒雀麦、巴喜亚雀麦和苜蓿等，为发达的养牛业和养羊业提供了物质基础。草地生产力在巴西、委内瑞拉每公顷 24 个畜产品单位；阿根廷 36 个；乌拉圭 75 个。目前，南美草原引起人们注意的问题是采伐热带雨林以开辟草地和耕地，破坏生态平衡，使土地生产力严重衰退。

三、中国草原概况

我国是世界草原第一大国，按照 FAO 2015 年统计数据，我国草原面积是近 3 亿 hm^2，居世界第一位。按照我国的草原指标体系调查结果，其总面积为 3.93 亿 hm^2，比 FAO 公布的数据还要大，约占全国国土总面积的 41%。我国草原面积广袤、资源丰富，可利用草原面积 3.31 亿 hm^2（不含台湾、香港、澳门），占天然草原资源总量的 84.27%，是农田的 2.2 倍。按行政区划分以西藏自治区草原面积最大，达 8205 万 hm^2，占本区地区总面积的 68.1%，可利用草原面积 7084 万 hm^2，占全国草原可利用总面积的 21.41%，人均占有 30.1hm^2。其次是内蒙古自治区，草原面积 7880 万 hm^2，占本区土地总面积的 68.8%，可利用草原面积为 6359 万 hm^2，占全国可利用草原面积的 19.21%，人均占有 2.84hm^2。第三位是新疆维吾尔自治区，草原面积 5725 万 hm^2，占本区土地总面积的 34.68%，可利用草原面积 4800 万 hm^2，占全国可利用草原面积的 14.51%，人均占有 2.93hm^2。草原面积在 1500 万 hm^2 以上的有青海、四川、甘肃和云南 4 个省。500 万~10 000 万 hm^2 的有广西、黑龙江、湖南、湖北、吉林、陕西 6 个省（自治区）；400 万~500 万 hm^2 的有河北、山西、江西、河南、贵州 5 个省；300 万~400 万 hm^2 的有辽宁、广东、浙江、宁夏 4 个省（自治区）；100 万~300 万 hm^2 的有福建、山东、安徽、重庆 4 个省（直辖市）；小于 100 万 hm^2 的有海南、江苏、北京、天津、上海等省（直辖市）。香港、澳门、中国台湾等地的草原面积未有统计数字。西藏、内蒙古、新疆、青海、甘肃、四川、宁夏、辽宁、吉林、黑龙江被称为我国天然草地面积连片分布的十大牧区，草地面积占全国草原总面积的 49.17%（表 1-3）。

表 1-3 全国主要省份草原面积统计表 hm^2

省份	草原总面积		草原可利用面积		
	数量	占本省土地面积/%	数量	% *	人均
内蒙古	78 804 483	68.81	63 591 092	19.21	2.84
辽宁	3 388 848	23.23	3 239 293	0.98	0.08
吉林	5 842 182	30.60	4 378 993	1.32	0.17
黑龙江	7 531 767	16.57	6 081 653	1.96	0.17
四川	20 964 932	42.16	18 230 281	5.51	0.22
重庆	1 573 844	24.07	1 390 021	0.41	0.05
贵州	4 287 257	24.40	3 759 735	1.14	0.11
云南	15 308 433	40.11	11 925 587	3.61	0.31
西藏	82 051 942	68.10	70 846 781	21.41	30.10
陕西	5 206 183	25.32	4 349 218	1.31	0.13

（续）

省份	草原总面积		草原可利用面积		
	数量	占本省土地面积/%	数量	%*	人均
甘肃	17 904 206	42.07	16 071 608	4.86	0.67
青海	36 369 746	51.36	31 530 670	9.53	6.91
宁夏	3 014 067	58.19	2 625 556	0.80	0.51
新疆	57 258 767	34.68	48 006 840	14.51	2.93
全国	392 832 633	41.41	330 995 458	100.00	0.28

注：①*为草原面积占全国土地面积的百分数；②全国草原面积和可利用草地面积缺中国台湾、香港和澳门的统计数字；③人均占有草地面积的人口数以1995年国家统计数字为准。

我国地域辽阔、气候类型复杂，形成的草原是欧亚大陆草原的重要组成部分，具有典型的干旱、半干旱草原景观和植被成分，拥有原生的草甸草原、干草原、荒漠草原、沼泽草地和次生的灌草丛。由于我国地域辽阔，南北相距纬度31°，跨热带、亚热带、暖温带、中温带和寒温带5个气候热量带；东西横越经度61°，年降水量从东南沿海的2000mm向西逐渐减少至50mm以下，海拔从－100～8000m，地形多样，自然条件和人为社会因素复杂多样，形成了我国草原和各类草地的多样化分布。

我国不但拥有热带、亚热带、暖温带、中温带和寒温带的草地植被，还拥有世界上独一无二的高寒草原类型。青藏高原位于中国的西南部，具有特殊的气候特征，高寒的气候条件下形成并发育了世界上面积最大、呈地带性分布、类型丰富、以高寒草地植被为主的青藏高原草地分布区。

按照中国天然草原的自然特性和生态环境特征可以将中国草原划分为北方温带干旱半干旱草原区、青藏高寒草原区、南方和东部湿润草地区3个区域。

天然草地资源在全国各省（自治区、直辖市）均有分布，各省（自治区、直辖市）草地资源面积占国土总面积的比例如图1-1。

我国草原集中分布于东北、西北和青藏高原区。大体上从东北西部的大兴安岭起，向西南经阴山山脉、秦陇山地直至青藏高原的东麓，将我国分为西北和东南两大部分。东南部以丘陵和平原为主，这里草地多分布在丘陵和山地上。西北部以山地、高原为主，处于中亚干旱地带，是我国草原集中分布区，主要以干草原和荒漠草原为主。青藏高原的隆起，形成西南高寒草原和高寒荒漠等为主的天然草地。我国草原分布十分广泛，跨越23

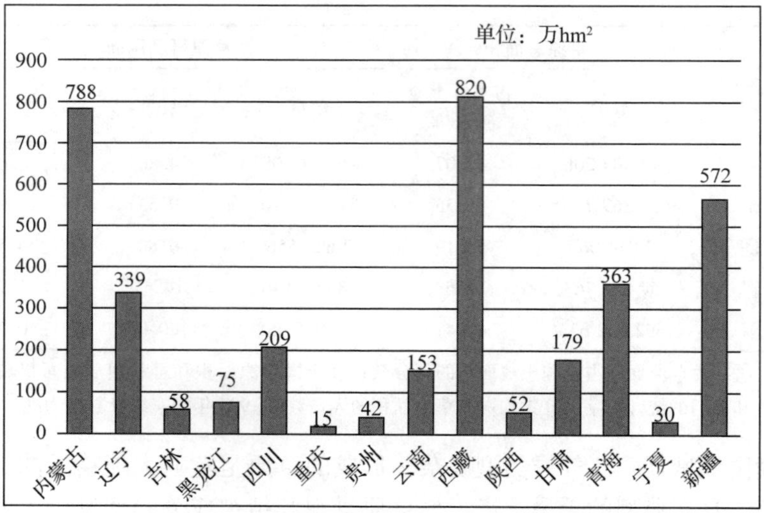

图 1-1 各省(自治区、直辖市)草地占国土面积的比例

个纬度带，包括热带、亚热带、温带、高原寒带等自然地带，具有不同的气候、地形地貌、土壤和动植物种群条件，因而形成了种类繁多的草地类型，为发展各类草食家畜创造了雄厚的物质条件。

四、中国草原的分布

按照中国天然草地的自然经济特性和区域分布差异，可将中国草原划分为 3 个区域：以东起辽东半岛东北部国境线，向西南经燕山—恒山—吕梁山北段—子午岭—六盘山南端至陇南山地，再折向西北经祁连山—阿尔金山—昆仑山北麓至西部国境线的连线为分界线，北部为北方温带干旱草原区，南部又以岷山—邛崃山—夹金山—锦屏山—玉龙雪山一线为界，分为：西半部的青藏高原高寒草原区、东半部的南方和东部湿润次生草原区。北方温带干旱草原区草地面积最大，为 16 106 万 hm^2，占全国草原面积的 41%；青藏高原高寒草原区有草地 14 927 万 hm^2，占全国草原面积的 38%；南方及东部湿润次生草地区为 8250 万 hm^2，占全国草原面积的 21%。草原理论载畜量以南方及东部湿润次生草地区最高，约占全国草地总载畜量的 47.4%；北方温带草地载畜量居中，占全国草地总载畜量的 31.3%；青藏高寒草地载畜量最低，占全国草地总载畜量的 21.3%，如图 1-2 所示。

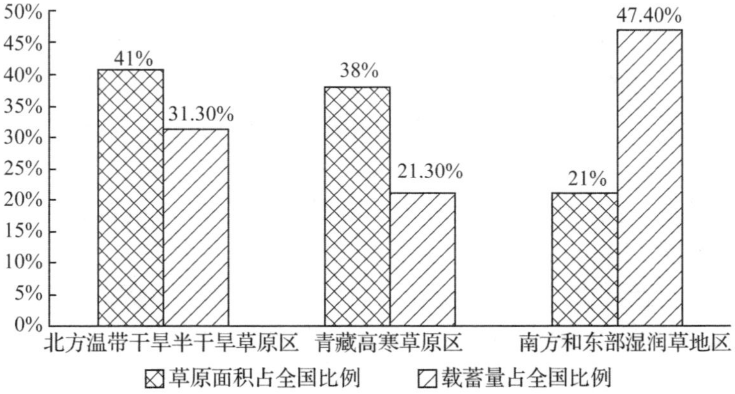

图 1-2　三种草原区草地面积和载畜量占全国百分比

（一）北方温带干旱半干旱草原区

内蒙古、辽宁、吉林、黑龙江、陕西、甘肃、宁夏和新疆等 10 个省（自治区），是我国北方重要的生态屏障。该区有草原面积 1.6 亿 hm^2，可利用草原面积 1.3 亿 hm^2，是草原面积最大的区。该区域气候干旱少雨，年降水量一般在 400mm 以下，降水分布不均，部分地区低于 50mm。冷季寒冷漫长，暖季干燥炎热，水分蒸发量大，一般为降水量的几倍或几十倍。该区域以荒漠化草原为主，生态系统十分脆弱。北方温带地区的草原面积约占全国草原总面积的 41%。其中温带草原是我国最重要的天然草地，分布连片，产草量高，利用率高，为我国最主要的草原畜牧业区。北方温带草原位于 400mm 等雨线以北，年降水量从东部 500～550mm 向西逐渐减少，最后达到小于 50mm 的区域，这个区域的地带性草地由东向西依次为温性草甸草原—温性典型草原—温性荒漠草原—温性草原化荒漠—温性荒漠。

北方温带草原的产草量由东向西逐渐降低，规律明显。草地产草量主要受制于草地水分条件，每 100mm 降水形成 400～500kg/hm^2 干草产量，等量降水形成的产草量东部高于西部。

北方草原区的东部是以温性草甸草原为主体，形成呼伦贝尔和松嫩两片重点牧区草地，年降水量 350～550mm，以中禾草羊草、贝加尔针茅等为优势种，年干草产量由东部松嫩草原的 1600～2200kg/hm^2，往西降至 1200kg/hm^2。其中，黑龙江三江平原和大、小兴安岭山地沟谷隐域性温性低地草甸和沼泽草地，牧草生长高大、茂密，产草量高达 2700～3300kg/

hm^2，是我国温带天然草地中产草量最高的草地。

北方草原区的中东部以温性草原为主体形成锡林郭勒和科尔沁两片重点牧区草地，年降水量300～400mm，以中型丛生禾草大针茅、针茅、克氏针茅等为优势种，年干草产量从东部和东南部的1200～1600kg/hm^2，向西降至400～900kg/hm^2。

北方草原区的中部以温性荒漠草原为主体形成乌兰察布重点牧区草地。年降水量150～300mm，以丛生小禾草克列门茨针茅、短花针茅等为优势种，年干草产量由东部600kg/hm^2，向西降至400～500kg/hm^2。

北方草原区的西部是荒漠区，其地带性植被为温带荒漠。在温带荒漠区的天山、阿山泰山、祁连山等山地，随地势抬升，降水量增加，发育有大面积的温性山地草甸类、山地草原。这些草地品质好、产草量高，其重要程度远远超过地带性荒漠草地。以山地草甸和山地草原为主体在北疆形成伊犁和阿勒泰两片重点牧区草地。

(二)青藏高寒草原区

该区位于我国青藏高原，涉及西藏、青海全境及四川、甘肃和云南部分地区，涉及5个省(自治区)，是长江、黄河、雅鲁藏布江等大江大河的发源地，是我国水源涵养、水土保持的核心区，享有中华民族"水塔"之称，也是我国生物多样性最丰富的地区之一。该区有草原面积1.4亿hm^2，可利用草原面积1.2亿hm^2。该区域草原主要分布在海拔3000m以上，空气稀薄，气候寒冷，无霜期短。该青藏高原地势由西向东倾斜，高原西部海拔5000m以上，至东部降至3500～3800m。年降水量由东南部500～600mm，向西北逐步减少至小于30mm。该草原区地带性草地为高寒草地类型系列，由东南向西北依次为高寒草甸类—高寒草甸草原类—高寒草原(典型)类—高寒荒漠草原类—高寒荒漠类。东部、东南部以几种小型嵩草、紫羊茅、藏北嵩草高寒草甸为主体形成阿坝草原、甘孜草原、甘南草原和环湖(青海湖)草原4片重点牧区草地，广阔的青藏高原中部是紫花针茅高寒草原，西北部逐渐过渡为没有多大利用价值的高寒荒漠。

青藏高原草地分布连片，约占全国草原总面积的38%。但草地水热条件差，生产力低，缺少割草地和冷季放牧草地，还有约占草原总面积12%的草地目前难以利用，畜牧业灾害天气频繁。青藏高原地势高亢、热量不足、牧草生长期短，草层低矮，产草量低。产草量东西部差异显著，每100mm降水量能形成250～300kg/hm^2干草产量。等量降水可形成的产草量低海拔区高于高海拔区，南部高于北部。

青藏高原东部高寒草甸地带，海拔相对较低，产草量较高。其中，四川省阿坝草原大面积位于亚高山带，气候湿润，年干草产量达 1500～1800kg/hm^2，是我国草原产草量较高的地区之一；四川省甘孜草原、云南省滇西北横断山区草原的年干草产量为 1200～1600kg/hm^2；甘肃省甘南草原为 1200～1500kg/hm^2；祁连山东段、青海湖东部、青南高原东南部和西藏高原东部为 1000～1400kg/hm^2。

青藏高原中部地区，包括祁连山中段、青海湖以西至柴达木盆地东部山地、藏南高原、青藏公路线以东的藏东高原、藏东南山地、处于广大高原的腹地，草地年干草产量 500～1000kg/hm^2。

青藏高原的西北部包括青海省西部的可可西里高原、柴达木盆地、西藏羌塘高原、阿里高原，草地植被稀疏低矮，年干草产量 200～400kg/hm^2。其中，羌塘高原西北部、喀喇昆仑山和可可西里山地，年干草产量小于 150kg/hm^2，是全国草地产草量最低的地区。

(三)南方和东部湿润草地区

该区位于我国南部，涉及上海、江苏、浙江、安徽、福建、江西、湖南、湖北、广东、广西、海南、重庆、四川、贵州和云南 15 个省(自治区、直辖市)。该区的草地一般不使用草原一词，主要为各种森林屡遭破坏后发育形成的次生草地，面积 5247 万 hm^2，草地均可利用。该区地处亚热带、热带和暖温带东半部的季风区，气候温暖湿润，水热资源丰富，年降水量一般在 1000mm 以上，牧草生长期长，产草量高。该区大致以秦岭至淮河为界，北部以白羊草、黄背草为主要优势种的暖性草丛和暖性灌草丛草地，南部以多年生高大禾草为主热性草丛和热性灌草丛草地。

南方及东部农林区草地面积占全国草地总面积的 21%。草地分布零星，产草量高，但草质较差，目前利用尚不充分。自 1985 年以来，开发南方亚热带山地草地畜牧业项目获得成功。南方山地半细毛羊和养牛业、热带草地畜牧业发展很快。该区水热条件最好，牧草生长期长达 7～10 个月以上，牧草再生力强，草地覆盖度 75%～80%，草层一般为 50～60cm，产草量最高。单位面积年平均干草产量 1500～3500kg/ hm^2。南方和东部次生草地产草量的差异主要受制于草地所处的纬度，同纬度的东、西部草地产草量差异较小，山地垂直带草地产草量的差异也较小。

第三节 草原的功能与作用

一、草原的生态功能

草原资源是世界上绿色植物资源中覆盖面积最大、数量最多、更新速度最快的一种再生性自然资源，草原和优良的牧草被草原学家誉为“绿色黄金”。世界草原面积占全球陆地面积的52%，蕴积着巨大的生物量。我国近4亿 hm^2 的草原，如同大地的绿被，覆盖着地球上许多不能生长森林和农作物的广大环境严酷的地区，从沙漠戈壁到极地冰雪、从山地森林到山极冻原、从盐滩碱地到荒芜高原，草原作为地球的“衣被”和“皮肤”，忠诚地保护着神圣的大地，草原具有的涵养水源、防风固沙、保持水土、净化空气以及维护生物多样性的重要生态功能是全球可持续发展的重要保证。

(一)涵养水源

水源涵养是草原生态系统的重要服务功能之一。草原生态系统涵养水分功能主要为截留降水、抑制蒸发、涵蓄土壤水分、改变小气候、增加降水、缓和地表径流、补充地下水和调节河川流量功能。研究发现，草地与裸地相比，能够使土壤含水率5.9%~36.8%。草地相对于空旷裸地具有更高的水分渗透性与保水功能，能够截留降水，发挥水源涵养功能。草地涵养水分的能力是耕地的40~100倍，是森林的0.5~3.0倍。草地的挡蓄径流量比林地高58.5%，减少含沙量比林地高88.5%。

草原涵养水分的能力还表现在草原是我国一些重要河流的水源地，据统计，20世纪80年代中期，我国北方内陆河流域面积约占全国流域总面积21%，水资源量约占全国水资源总量的9%，人均水资源占有量约1590 m^3/人，仅占全国平均水平(1997年统计全国人均水资源占有量为2220 m^3/年)的71%。我国重要江河如长江、黄河、澜沧江、怒江、雅鲁藏布江、辽河、黑龙江等都发源于草原地区。黄河水量的80%、长江水量的30%、东北河流的50%以上的水量直接来源于草原地区。我国草原地区地处干旱少雨地区，其直接降水量占全国降水总量的13%，地表水占全国的7.8%，地下水资源占有量为全国的14%。中国冰川储量约为5590亿 m^3，年平均冰川融水量为563亿 m^3，其中90%以上的冰川分布在干旱草原土地区。以青藏高寒草原为代表的草原地带具有强大的水源涵养能力，被誉为

“中国水塔”，草原的兴衰直接关系到我国的水系变化。

青藏高寒草原区是亚洲主要河流的发源地，还是世界上海拔最高、数量最多的高原内陆湖群，湖泊星罗棋布。总面积达37 549km^2，约占全国湖泊总面积的46%。单西藏境内的湖泊总面积就超过2.4km^2，约占我国湖泊总面积的30%。青海省“三江源”是长江、黄河、澜沧江的发源地，境内高山大川纵横，河流密布，湖泊、沼泽众多，雪山冰川发育壮观。境内各类湿地面积约557万hm^2，50 hm^{2}以上的天然湖泊共有439个，总面积达134万hm^2；山地冰川2960多条，面积达36万hm^2，占全国冰川面积和冰储量的61.1%，冰川数量和规模居全国第三位。

中国东北边陲，黑龙江、松花江和乌苏里江分别从北、东、西蜿蜒而来，造就了三江平原，江河湖泊遍布其中，这里有大小河流57条，分属黑龙江和乌苏里江两大水系，湖泊204个。三江平原的东南端的兴凯湖是地质年代火山喷发形成的构造湖，分为大、小兴凯湖，大兴凯湖属于中俄界湖，水域面积4380km^2。松花江、嫩江造就了松嫩平原，成为我国最著名的松嫩羊草草原。位于北部边疆呼伦贝尔草原深处的达赉湖与克鲁伦河、乌尔逊河、额尔古纳河血脉相连，近3000个大小河流、湖泊与之相依相伴。

(二)保持水土

水土保持的焦点是控制径流。草本植物之所以具有水土保持功能，主要是由于其根系发达，而且主要都是直径≤1mm的须根根系。实验表明，直径≤1mm的根系才具有强大的固结土壤、防止侵蚀的能力。另外，草本植物大量的地表茎叶的覆盖，可以减少降水对地表的冲刷。正因为如此，草本植被被称为保水固土的“绿色卫士”。

完好的天然草原不仅具有截留降水的功能，而且比空旷裸地有较高的渗透性和保水能力，对涵养土地中的水分有着重要意义。据测定，在相同的气候条件下，草地土壤含水量较裸地高出90%以上。草地抵御水蚀的能力体现在草地植被能有效削减雨滴对土壤的冲击破坏作用；促进降水入渗，阻挡和减少径流的产生；根系对土体有良好的穿插、缠绕、网络、固结作用，阻止土壤冲刷；增加土壤有机质，改良土壤的结构，提高草地抗蚀能力。

天然草地的牧草因其根系细小，且多分布于表土层，因而比裸露地、农田和森林有较高的渗透率。根据黄土高原水土流失区的测定资料，农田比草地的水土流失量高40~100倍；种草的坡地与不种草的坡地相比，地表径流量可减少47%，冲刷量减少77%；小麦、高粱、休耕地与原生草地的土壤侵蚀量对比研究表明，原生草地的土壤侵蚀量几乎微不足道，而麦地的土壤侵蚀量每公顷达到近1200kg，高粱地上的土壤侵蚀量每公顷超过2700kg，休耕地的土壤侵蚀量每公顷也达到1700kg。可见，草地生态系统的水土保持功能是十分显著的。生长2年的草地拦截地表径流和含沙量的能力分别为54%和70.3%，是生长3~8年的林地拦截地表径流和含沙能力的58.8%和288.5%。

长江黄河中上游流域面积51.6万km^2，其中主要为天然草地植被所覆盖，据统计，草地面积达110.2万km^2，占流域总面积的43.79%。这些天然草原植被状况的好坏，在很大程度上决定了长江流域水土流失的状况。正因为源头、上游、中游草原与林地的破坏，加剧了水土流失，长江、黄河的输沙量大大增加，这在一定程度上抬高了河床，最终导致泻洪能力大大降低。

（三）防风固沙

草原防风固沙功能表现在3个方面，第一是防风蚀作用；第二是固沙作用；第三是防沙尘暴作用。

第一，草原的防风蚀作用表现在草原植被可以增加下垫面的粗糙程度，降低近地表风速，从而可以减少风蚀作用的强度。研究表明，当植被盖度为30%~50%时，近地面风速可削弱50%，地面输沙量仅相当于流沙地段的1%；在我国北方农牧交错区夏季，当平均风速大于5.5m/s时，在裸地上就会发生土壤风蚀现象，而当植被盖度大于17%时，要产生风蚀现象，风速必须达到8m/s以上。对青海共和盆地干草原的研究认为，植被盖度35%的缓起伏草地和植被盖度25%左右的半固定沙丘处于轻度风蚀与堆积状态，而植被盖度10%的半流动沙丘表面风蚀与堆积作用强烈。中国农业大学在河北坝上的研究表明，不同土壤覆盖类型及耕作措施土壤的风蚀情况，多年生人工草地的风蚀程度最小，秋耕地的土壤风蚀情况最严重。

第二，草原的固沙作用与植被有关。草本植物是绿色植被的先锋，随着流动沙丘草本植被的生长，植被盖度逐渐增大，沙丘地形逐渐变缓、沙面变紧，地表形成薄的结皮，成土特征明显，沙丘逐渐由流动向半固定、固定状态演替，最终形成固定沙地，土壤表层有机质逐渐增加，物理、化学性质显著变化。防治荒漠化的技术措施中植物治沙是最有效的，在干旱、风沙、土瘠等条件下，林木生长困难，而草本植物却较易生长，干旱区天然草原在其漫长的生物演化过程中已成为蒸腾少、耗水量少、适于干旱区生长的植被类型。在我国新疆 $4.23\times10^5 km^2$ 的沙漠中 25.43% 为草灌形成的半固定和固定沙丘。草原植被抗风沙的作用表现在草原和荒漠植被低矮，每丛植株的背风面都能阻挡留下很多的流沙，能有效降低近地面的风沙流动。风沙地区的干旱草原植被，通过降尘、枯枝落叶、分泌物、苔藓地衣等的作用，地面皮层形成能力就会逐渐增强，减少和避免土壤破碎和吹蚀，形成结皮，促进成土过程。

第三，草原防治沙尘暴的作用都与地理背景有关。沙尘暴产生沙源的地理背景都是与草原和荒漠地区的环境破坏相联系。历史上，美国和俄罗斯发生黑风暴主要都是因为半干旱草原地区植被的破坏。美国 20 世纪 30 年代发生的黑风暴，前苏联 60 年代初发生的黑风暴，以及我国今天日益严重的沙尘暴，都是发生在干旱半干旱的草原与荒漠地区，而不是发生在降水丰富、气候湿润的森林区，也不是主要由砍伐森林造成的。我国有 2 个沙尘暴多发区，主要集中在南疆的塔克拉玛干沙漠及其周边地区，北疆的准噶尔盆地南沿、甘肃河西走廊、内蒙古干燥沙漠及青海柴达木盆地，对京津地区影响较大的主要是内蒙古中部和河北北部约 25 万 km^2 的地区，它们的共同特点是土壤基质较粗，气候条件比较恶劣，年降水量 350mm 以下，自然植被主要是草原，自然条件严酷，再加上人类长期不合理利用，土地退化，土壤结构破坏严重，有机质降低，土壤沙化，极易引起风蚀。中国农业大学在河北坝上的研究表明，随着草原植被覆盖度的增加，风蚀模数下降，当植被盖度达 70% 时，只有 6 级强风才可引起风蚀。

（四）碳汇功能

草原生态系统的碳储量主要包括植被碳储量和土壤有机碳储量。植被碳储量包括地上和地下生物量碳储量。据初步估计，世界范围内的碳储备，森林占 39%~40%、草地占 33%~34%、农田占 20%~22%、其他占 4%~7%。草原是我国最大的陆地生态系统，具有非常丰富的碳储量，草原生态系统的碳收支对我国乃至世界陆地生态系统的碳平衡都具有重要影响。我国草原生态系统的碳储量约占到全球草原生态系统碳储量的 7.7%，其碳密度高于世界平均水平，在世界草原生态系统碳储量中占有重要地位。草原生态系统的碳储量主要集中在土壤层，约占到总碳储量的 90%，高寒草原土壤碳储量甚至可以高达 95% 以上。

自 20 世纪 90 年代后期，许多学者对中国的草地生物量进行了估算。由于我国草原面积辽阔、分布地域宽广、草原类型繁多、自然条件复杂多样，因此草原植被碳储量的空间分布差异很大，不同研究给出的估算值范围在0.56~4.67PgC。方精云院士等通过综述我国草地碳库研究进展，结合他们自2001年起进行的大范围调查取样和分析，得出我国草原生态系统植被碳储量约为1.0PgC，约占世界草地植被碳储量的2.1%~3.7%。研究表明，我国不同地区草原植被地上生物量碳库在各个省（直辖市、自治区）的分布范围在0.03~29.31TgC，其中草原六大牧区，包括内蒙古、西藏、新疆、甘肃、青海和四川的草原植被碳储量约占全国草原植被碳储量的80%。最大的是内蒙古、西藏和青海，分别占全国草原地上生物量碳库的20.1%、15.6%和14.2%。新疆维吾尔自治区的草原面积排名全国第三名，约占全国草原面积的12.4%，但由于该地区主要分布的草原类型属于荒漠类草原，因此其植被碳储量仅占全国草原植被碳储量的10%。

除了草原植被碳储量，草原土壤圈是陆地生态系统中最大的碳库，约是大气碳储量的2倍、植被碳储量的3倍。草原中有机碳储量主要以有机质的形式存在，而且主要集中于0~20cm的表层土壤中，约为28.1PgC，占草原生态系统碳储量的96.6%。

（五）生物多样性

草原生态系统孕育着极其丰富的生物多样性，主要表现在生态系统的多样性和物种多样性。中国草原生态系统是欧亚大陆草原的重要组成部分，按照中国草原分类标准，中国各类草原和草地纵跨北热带、亚热带、暖温带、中温带和寒温带5个气候热量带，南北相距纬度31°，东西横越经度61°，年降水量从东部的2000mm向西逐渐减少至50mm以下，海拔从-100~8000m，按地域植被特征，可以概括为草甸类、草原类、荒漠类、灌草丛类和沼泽类。其中，草甸类草地面积最大、分布最广，草地总面积达1.06hm^2，占全国草原总面积的26.90%；其次是温性草原类草原，面积74 538万hm^2，占18.98%；最小的是沼泽类草地，287.4万hm^2，占草原总面积的0.73%。从而形成了丰富多彩的各类草原生态系统，包括：①典型草原的代表区域，具有重要价值的草原生态系统和草原自然地带分区；②我国特有的珍稀野生牧草品种集中分布区，珍稀野生动物的栖息、繁殖区；③主要优良牧草、畜种的原产地；④重要的江河源头草原区，重要的水源涵养草原区；⑤有重要科研、旅游观光价值的草原区域，包括具有特殊保护意义的地质剖面，冰川遗迹、温泉、重要的历史遗迹、遗址。按照草原生态系统多样性保护原则，到目前为止，我国先后建立了涉及草原生态系统、珍稀动植物及生物多样性、荒漠化防治等方面的国家级和省级草原保护区 12 个，覆盖草原面积 103.47 万 hm^2，占全国草原面积的 0.26%。其中，国家级自然保护区 2 个，总面积 80.73 万 hm^2，占全国自然保护区总面积的 0.54%。我国草原保护区建设初步形成了布局较为合理、类型较为齐全、分布范围较广泛、代表性较强的基本网络框架，对保护我国生物多样性及其自然资源和改善生态环境发挥了重要作用。

中国草原以温带草原为主，是最重要的动植物资源库，从温带草原到高寒草原到荒漠草原，我国分布有地带性的针茅属植物物种 23 种 6 个变种及其特有的伴生种。经全国草地资源调查，我国草原饲用植物 6700 余种，其中种子植物 4000 种、草原野生珍稀濒危物种 83 个种、特有饲用植物 493 个种，分属 5 个植物门 246 个科 1545 个属，约占我国植物总数的 25%。纳入到《中国珍稀濒危植物保护名录》的 389 个亟待保护的物种中，草原植物有 29 科 51 种以及 3 个变种，占全部名录保护的 13.9%。

我国草原拥有大量世界著名优质牧草的野生种和伴生种，我国新疆地区是世界苜蓿起源中心的组成部分和九大变异中心之一。猫尾草、无芒雀麦、鸭茅、红豆草、各类三叶草、百脉根等著名优良牧草在我国草原地区均有亲缘种和近缘种分布。禾本科牧草在我国草地上饲用植物资源中，分布最广，参与度最高，饲用价值最大。据调查，我国天然草原计有禾本科牧草 210 个属 1148 种，分别占我国禾本科植物属、种总数的 96.8% 和 88.6%。在我国天然草地上起优势作用的禾本科牧草 135 种，占天然草地优势饲用植物总数的 42.59%，此外，在草原植物中具有药用价值的种植资源达 6000 余种，可加工制作食品的物种近 2000 种。

除了植物物种，草原上还繁衍的野生动物 2000 余种，其中 40 余种属国家一级保护动物，30 余种属二级保护动物，此外还有 250 多个放牧家畜品种，它们既是珍贵的自然资源，也是重要的经济资源。

二、草原的经济功能

草原不仅具有重要的生态功能和价值，也是重要的生产资料和生活资料，在这片草原上生活着 5000 万人口，包括 1500 万少数草原民族人口，是各族牧民生活的家园。草原又是全国人民向往的旅游胜地和特有经济发展的重要基地，草原的经济属性是草原保护建设和发展的重要内容之一。

（一）草原畜牧业

草原畜牧业是草原牧区的经济主体，其以草原牧场为核心和重要载体，是从事草地牧草生产、草食家畜放牧管理生产、畜产品加工与流通以及维系草原各族牧民世代生养繁衍、生活生产的一门产业，在我国，还包括南方草地畜牧业。草地和生活在草地上的马、牛、羊、鹿、骆驼、牦牛和兔、鹅等草食畜禽是草地牧场主要的生产资料。草原畜牧业经历了历史长河的演变和进步，由原始的草原狩猎进化到“逐水草而行”的游牧形态，再进化到当今的草原定居放牧。现代草原畜牧业和发达国家的草地畜牧业一样，是一个复杂的产业系统，具有明显的生态—生产功能，是草地农业的重要组成部分。现代草原畜牧业科技含量很高，将草种繁育、草地建设、饲草料生产、家畜改良、高效饲养、疫病控制、畜产品加工、畜产品经营、草地牧场观光旅游和牧场信息化、智能化管理等融于一体。

我国草原牧区的面积360 万 km^2，约占全国土地总面积的37%。我国草原畜牧业生产主要分布在牧区和半农半牧区，按照草原畜牧业的国民经济生产比值，将草原畜牧业生产基地按照行政区域划分为牧业县和半农半牧业县。以草原为主要产业的牧业县121 个，半农半牧县143 个，共有人口4784 万人，其中少数民族人口1427 万，就业人口2000 万以上，饲养了2.4 亿只羊单位，生产牛肉122 万 t、羊肉120 万 t、羊毛22 万 t、奶类750 万 t。牧业县、半农半牧县人口只占全国人口的3.6%，生产的肉类占全国8.5%、奶类占全国20%、羊毛占全国50%、羊绒占全国60%。草原畜牧业是草原地区无可替代的支柱产业。

按照行政区划，我国当前的主要草原牧区有6 个，分别为内蒙古自治区、新疆维吾尔自治区、西藏自治区和青海牧区、甘肃牧区和四川西北牧区。其中，内蒙古、西藏、青海、新疆4 个省(自治区)的牧区面积分别占本省(自治区)土地总面积的66%、81%、96%和50%，其所包含的牧业县占全国的93%，半农半牧县占全国的77%，天然草地的面积占全国草原面积的75%，是我国的重点草原牧区，草原畜牧业的经济产值可达到当地国民经济收入的70%~90%。

内蒙古自治区是我国最大的牧区。它东起大兴安岭，西至额济纳戈壁，面积118 万 km^2多，草原面积0.88 亿 hm^2，约占全国草场面积的1/4，全区生长着各种牧草近千种。大小牲畜4000 万头，居全国首位，牛羊肉产量居全国第二，牛奶产量为全国第四，绵羊毛、山羊毛及驼毛产量居全国第一。

新疆牧区属于山地牧场，是我国第二大牧区，草原面积0.8 亿 hm^2，其中可利用草原0.5 亿 hm^2，占全国可利用草场面积的26.8%。草场类型多样，牧草种类繁多，品质优良，给多种家畜发展提供了有利条件。现在本区最高饲养量为3590万头之多，专门从事畜牧的劳动力占农业劳动力11.5%，年产值达6.9亿元(不包括畜产品和畜产品加工)，约占农业总产值的20%。主要畜牧名种有细毛羊、羔皮羊、阿勒泰大尾羊、和田羊、伊犁马、骆驼等。

西藏牧区是我国最大的高寒草甸草原畜牧区，草场面积约0.53亿hm^2，在全国居第三位。由于自然条件高寒，草场质量以藏东南的山地峡谷较好，主要畜种有藏牦牛、藏羊、藏马等。其中，改良绵羊有10多万只，改良黄牛2000多头。此外，本区在近年还引进牧草和饲料作物品种80多种，种植人工牧草近千公顷，草场网围栏面积达2.7万hm^2之多。

青海、甘肃、川西北牧区分别是我国第四、第五和第六大牧区，草场面积分别为0.72亿hm^2、0.45亿hm^2、0.16亿hm^2。可利用的草场青海省为0.33亿hm^2、甘肃省为867万hm^2。三省牲畜存栏数都在2000万头以上，也是我国牦牛分布最多的地区，其中青海有牦牛近500万头，占全国牦牛总数40%，奶的乳脂率比一般奶牛高1倍多，是我国牦牛头数最多、质量最好的省份。

以上6个草原牧区的牧业平均产值占其区内农牧渔业总产值的41.35%，其中内蒙古44%、新疆25%、西藏46.4%、甘肃24.6%、青海53.7%、四川48.7%。随着改革开放的深入，草原牧区的产业结构业在不断发生变化，传统农牧业比重在逐步下降，二、三产业的比重逐渐增加。从就业结构看与全国变动方向具有一致性，第一产业就业逐渐下降，二、三产业就业比重逐渐上升。伴随经济的发展，牧区六省区城镇化进程也在不断加快。对外经济交流不断扩大，通过对外贸易、利用外资等方式积极开展对外合作与交流，推动了草原区的经济、社会事业的发展和科技进步。

(二)草原生态旅游业

草原旅游是利用草原景观美学价值产生经济效益的一项开发性活动，也是多途径、多方式开发利用草原的一种新兴产业。草原生态旅游则是遵照生态优先、环境友好的原则，利用草原独特的自然景观、独具特色的生态环境、丰富的人文积淀和相关的游乐设备设施，向旅游者提供的全方位服务。从旅游者的角度来说，草原生态旅游是以生态理念体验草原独特的自然、人文环境和进行以草原为依托的各种活动为目的的旅游经历。

我国具有丰富多样的草原旅游资源，多种类型的草原植被、地形地貌、山川湖泊、丘陵滩川、草地荒原、植物花卉、野生动物、家畜家禽、民俗风情、民族活动、文化活动等都是草原生态旅游的综合要素，是吸引各方游客的资源基础。

20 世纪 80 年代，随着改革开放和市场经济的推行，草原旅游业被誉为“朝阳产业”和“绿色产业”。已经形成规模的草原旅游区有我国著名的十大传统草原区，包括呼伦贝尔草原、锡林郭勒草原、鄂尔多斯草原、甘南玛曲草原、伊犁草原、巴音布鲁克草原、祁连山草原、西藏羌塘草原、川西高寒草原、环湖草原，此外还在不断继续开发新的草原旅游区，如藏北草原、三江源草原、科尔沁草原、乌兰察布草原、坝上草原区、珠峰自然保护区、金银滩草原、巴里坤草原、马兰花大草原等。这些草原景区包含了从温带不同类型草原到高寒草地到热带亚热带草地，有草甸、有草原、有荒漠。各种不同类型的草地，由不同的植物组成，表现不同的结构，呈现不同的景观，多样性十分丰富，并以其辽阔、美丽、多彩而为人们所称赞。

截至 2017 年，我国共有草原生态旅游 A 和 AA 级景区 19 处、AAA 级草原景区 5 处，AAAA 和 AAAAA 级景区 13 处，主要分布在内蒙古自治区，约占全国 A 级景区的 60%。据统计，2010 年内蒙古以草原为主体的旅游业总收入 732.70 亿元，比 2008 年总收入的 468.85 亿元增加 156%。到 2015 年，内蒙古草原旅游业总收入达到 1530 亿元，草原旅游业已经成为内蒙古自治区国民经济中发展最快的产业之一。以内蒙古锡林郭勒盟为例，锡林郭勒的蒙古族形成了古朴淳厚的民俗风情，如草原那达慕、蒙古族婚礼、祭敖包以及色彩斑斓的民族服饰，蒙古包与清香四溢的奶茶和别有风味的手扒肉，悠扬的马头琴声与节奏欢快的民族歌舞等。这一切构成了锡林郭勒独具特色的旅游资源，吸引着来自世界各国的游客在这里流连忘返。“十五”期间，锡林郭勒盟累计接待国内外游客 563 万人次，实现旅游收入 71 亿元，年均增长 28% 以上，超过了全国平均增长水平。

我国草原以其所处的地理位置，所具有的独特的气候、植被、生态系统特征以及社会、人文背景，具备了发展草原生态旅游的优越条件。随着人们生活水平的提高和消费观念的转变，具有自然风光特点的休闲旅游将成为热点，草原生态旅游业已成为牧区增长最快的产业或支柱性产业，牧民群众可从中增加收入。

随着生态意识的加强，草原旅游中以保护具有代表性的草原类型、保护珍稀濒危野生动植物分布区和保护具有重要生态功能和经济科研价值的草原成为草原旅游的重要组成部分。草原生态旅游还要做好如下工作：第一，在草原旅游的同时要把保护草原作为开发草原的前提，退牧还草，防治草原“三化”；要保护草原、湿地和森林，杜绝滥垦乱伐。第二，必须保护和提高群众的切身利益和经济收入，让旅游为带动经济建设服务。第三，必须以保护人文景观和文化遗产为前提，创立草原生态旅游品牌。截至2017年，国家设置了34个国家和省区级的草原自然保护区。这些草原自然保护区的建设进一步促进草原生态旅游业的内涵，促进了草原旅游业的生态理念和科学发展。

（三）草原特色产业

草原特色产业就是以草原特有的资源、文化、环境优势，发展形成的具有草原特色和市场竞争力的产业。利用草地植物资源开发具有草原特色的产业是草原经济开发利用的新趋势。

我国草地植物共计8000余种，分属260余科，具有重要经济开发价值的不下于2000种。按《中国草地资源》对草地经济植物分类，可分为饲用、食用、工用、境用、药用以及种质资源用六大类植物资源。这种特殊类型和经济用途的功能性草本植物、半灌木和灌木植物统称为功能草，包括能源用草、药用保健类用草、工业类用草、食用类用草等。草产品的用途已延伸至食品、服装、医药、环保建材等多个领域。

据初步统计，利用上述不同草原经济类群开发加工的产品主要有：

第一类，宠物类饲草加工产品。包括宠物专用草颗粒、草块，主要用于饲喂宠物猫、宠物兔、貂龟、赛马、羊驼、鹿、宠物猪等，利用苜蓿草、小麦草、大麦草等生产多个品种类型的宠物草，同时调制出不同口味适合宠物市场的个性需求。每年可以向市场提供宠物饲草产品和赛马饲草产品20万t以上。

第二类，食用类草产品。利用各类不同牧草含有丰富的植物蛋白、膳食纤维、活性多糖、皂苷、黄酮、维生素E等活性成分，通过提炼加工，制作具有提高机体防御功能、调节生理节律、预防疾病和促进康复功能的新兴保健食品或原料。例如以南苜蓿为原材料，可加工制作神奇草头、苜蓿青汁等深加工草产品，其种植面积已达0.67万hm^2，每年可提供鲜草3万t，腌渍产品150万kg，产值1.95亿元。

第三类，药用类草产品。我国草原上具有保健功能的草原植物主要集中于豆科、麻黄科、龙胆科、毛茛科、唇形科、伞形科、百合科等，具有种类多、分布广、藏量大等特点。例如岷山红三叶，富含异黄酮，国内企业采用国内外先进技术，成功提取红三叶异黄酮，约为大豆异黄酮含量的

10倍，40%红三叶草总异黄酮售价可达4000元/公斤。草原传统的藏药、蒙药与维吾尔医药一样同属生物药、天然药范畴。我国野生动植物资源种类丰富，如西藏，经查明在西藏生长的高等植物就有6800多种，其中药用植物1000多种，藏药年创产值逾3亿元。

第四类，工用类草产品。包括工用香草与香料产业、能源草产业等，已开发利用的香草有：薰衣草、迷迭香、藿香、荆芥、鼠尾草、薄荷、牛至、罗勒等。中国有400多种香料植物，目前已生产的天然香料有120多种。加工产品主要有天然香料提取物(内脂类、酮类、醛类、醚类等)、食品、香精、香料、精油等。香草产品加工企业分布于7个省(自治区)，新疆地区薰衣草等香草种植面积近6666.67hm²，是国内最大的芳香产业化基地。

三、草原的文化功能

草原兼具生产、生态与文化的多重功能。草原文化是由世代生息在草原上的先民、部落、民族共同创造的一种与草原自然生态相适应的文化。这种文化包括人们的生产方式、生活方式以及与之适应的民族习惯、思想观念、宗教信仰与文学艺术等。草原文化是草原生态环境的产物，中国北方草原属于亚欧大陆草原的组成部分，这里自旧石器时代以来就有人类活动遗迹。根据对旧石器、新石器和青铜器时代的大量考古发掘可知，草原先民创造的文化和黄河文化、长江文化并列为中华文化的三大源头。草原文化以生态文化为核心，包括民族文化、游牧文化等多重形态，是中华多元文化的重要组成部分。

(一)生态文化

草原生态文化是崇尚自然的文化，是敬畏自然、保护草原、尊重生命、珍爱生命、师法自然、顺应自然、维护自然的文化，是人与自然和谐统一，人与其他生物及人与人共存共荣。生态文明与其他文明相得益彰，是草原生态、经济、社会协调持续发展的文化。草原文化作为一种以尊尚自然为特征的生态型文化，从生活方式和生产方式，从精神领域到生存过程，都同天地自然息息相关、融为一体，和谐共处作为一般的行为准则和价值尺度，在此基础上升华为对大自然的保护、珍爱、虔诚和敬畏。

草原生态文化对草原的保护主要表现在以下几个方面：

第一，草原的所有权归国家所有。在北方草原传统的游牧社会中已经具有草原公有的思想文化，但草原的利用，则具有不同的层次。草原的所有权归民族最高统治者或国家所有，草原的支配权方面，则属于国家、贵族、官吏、寺庙等不同的主体，草原的使用权归属于由家庭或以数个家庭组成的联户。这在草原的合理利用和有效保护方面是一种社会机制，它的核心是草原由国家管理，由私人利用。

第二，保护草原的一草一木。在传统的草原生活中，保护草原、保护猎场，保护其内的一草一木、山川河流，是每一个草原民族的神圣使命。保护草原是游牧民族的天性。保护草原的主要规定有："禁锄草开荒""严禁草原荒火，禁止灰烬上溺尿""禁止过牧"等。至今，在草原上也是不许挖野菜和随便挖坑的。《成吉思汗大札撤》指出：不得损坏土城、严禁破坏草场；失火、放火者，全家问斩。禁止草原荒火是律法中都有的，几乎每一部法律都有详尽的规定，并有严格的处罚措施。如《喀尔喀法典》的相关规定："失放草原荒火者，罚一五；发现并举报者，吃一五。荒火致死人命，以人命案惩处。"《卫拉特法典》中规定："因报复而放草原荒火者，以大法处理。"

第三，满足自给自足，不向草原过多的索取。人类向自然的索取只是为了生存，草原民族以法律、风俗和禁忌的形式，对狩猎资源、狩猎区域、狩猎时节有严格的规定。例如辽代帝王的狩猎时间表，严格规定了正月到十月的狩猎内容，绝不"竭泽而渔"。草原猎人们是不会为了金钱而多打一只狍子。

第四，草原环境保护意识。例如，在草原上，牧人、草本植被、牲畜的肉奶及其粪便(牧民烧牛粪)构成一个物质、能量循环的环保链条。在草原游牧过程中，严格管理生活垃圾，不允许在草原上乱扔垃圾，当离开营地时，要将垃圾掩埋起来，用带有草根的草皮覆盖在上面，既有助于牧草的再生，也利于垃圾的腐烂。

第五，草原资源保护与持续利用意识。猎人不伤害正在交配、哺乳、孵蛋的动物，在狩猎时避免杀掠母兽。对草原水资源利用形成了一定的风俗和禁忌，如禁止徒手汲水，汲水时必须使用器皿，禁止洗涤、洗破衣裳，禁止白昼入水洗澡，不在河流源头居住放牧。在林地资源上，也规定，从库伦边界到能分辨牲畜毛色的两倍之地内的活树不得砍伐，如砍伐，没收其全部财产，不许从砍伐的树林中寻求好处。

第六，以草原、森林为家的民风。不剥削侵吞他人的劳动成果，在保护草原前提下，草原人民是一家，如果问起草原牧人家在哪里，他们常常用手一指，前后左右目力所及都是家。团结互助、忠诚老实、循规守法、节制嗜欲是人类在大自然面前最好的态度。

第七，回报自然的意识。人们在向自然索取的同时，感恩自然并回报自然。草原的情怀把天地与万物的关系比作“父—母—子”的血肉关系，把人类与其他生物之间的关系比作是天父地母所生的“兄弟姐妹”关系。在蒙古族早期的萨满教中，将大树比作生命，把大自然比作地脐，人类都是大地母亲的子女，均是与大地脐带相连的兄弟姐妹，深刻表达了人与草原万物一体的生态文化观。

草原生态文化观影响着今天的草原生态状况。一方面它成为草原经济新的生态型增长点；另一方面草原文化特有的生态意识成为引导草原经济社会良性发展的精神引导力。草原地区许多企业在发展过程中都自觉不自觉地举起了生态的旗帜。广大草原居民对于生态保护和治理有着高度的情感认同，这种情感认同与生态文明观是一致的，体现了人们对美好生活、美丽中国的向往。

（二）民族文化

我国草原集中分布于西藏、内蒙古、新疆、青海、甘肃等地区。生活在青藏高原的藏族与生活在蒙新高原的蒙古族、哈萨克族等游牧民族共同创造了灿烂多姿的中华民族游牧文化。按草原类型、游牧方式、民族文化等的不同，又可分为蒙古高原草原民族文化区、青藏高原草原民族文化区和西北内陆草原民族文化区三大版块。

1. 蒙古高原草原民族文化区

该区东起大兴安岭和苏克斜鲁山，西至甘肃省河西走廊西北端的马鬃山，南沿长城，北接蒙古国。该区草原主要为温带草原，自然条件既比青藏高原热量多，又比河西内陆地区水分充足，生产力相对较高，同时面积巨大，历来就是我国主要的草原畜牧业地区。蒙古高原生长有羊草、羊茅、冰草等多种禾本和豆科优良牧草，培育了牛、马、山羊、绵羊、骆驼五畜为主的家畜。游牧技术发达，可通过家畜配比来提高草场利用率；缺乏高大山体，则依靠长距离的迁徙来追寻食物与躲避自然灾害；生产组织多以部落为基本单位，各有分工。因没有阻隔交通与交流的自然屏障，游牧部族常可在这块大草原上建立类似农耕政权的有效管理组织，如秦汉时的匈奴、隋唐时代的突厥、南北朝时期的鲜卑和柔然、明时的北元等。

2. 青藏高原草原民族文化区

青藏高原海拔高，气候寒冷潮湿，牧草生长期短。生活在这里的藏族牧民在严酷的自然条件下从事畜牧业生产活动，并培育出了适应高原环境的专一型藏系家畜，如牦牛、藏马、藏羊、藏猪、犏牛和藏獒等。畜种分布出现地域化、专业化的特征。牦牛是古人类在狩猎生活中逐步认识和驯养出来的家畜，比较适应高原生态环境，分布较为广泛；马、驴、骡和猪等牲畜的高原适应能力较差，主要分布在河谷、盆地一代；绵羊和山羊更能适应高寒环境，多分布于藏西山地之间。高寒草原加藏系家畜形成了世界上独一无二的高寒草原畜牧业区域，游牧业经济活动表现出明显的专一性、稳定性特点，其游牧系统是建立在不同海拔高山草地之间的季节游牧，游牧的距离不远，如甘肃省天祝县的白牦牛放养系统。同时，青藏高原畜牧业还哺育了藏族及藏传佛教的地域性文化，其农业伦理思想不过分追求畜牧效益，如藏族的放生传统、野生动物爱护、禁忌文化等习俗，生态伦理思想非常浓厚。

3. 西北内陆草原民族文化区

该区包括河西走廊和新疆在内的内陆河流域广袤区域，以多个分散的点状绿洲为节点，构建了山地—绿洲—荒漠的复合生态系统。历史上，无数游牧民族在这里发展了草地畜牧业。该区培育出了诸如伊犁马、大尾羊、哈萨克羊这样的优良畜种。游牧方式为不同绿洲或山体、不同海拔之间的长距离游牧，转场可达上千公里，对生物的时间地带性原理体现最为明显。家畜在牧人的管理下，突破地理地带性的局限，对地理地带性加以剪裁、连缀，排除不适宜自身生存的环境时段，截取适宜自身生存的环境时段，构建了全新时空体。同时，由于山体的牧区和绿洲的农区大体沿山脉走向线状分布，农牧区距离较近，农牧系统结合一直较好。西北内陆畜牧业文化遗产区孕育了以哈萨克、柯尔克孜、塔吉克族为主体的游牧民族，还一直担当东西方文化交流的纽带，文化则以外入的伊斯兰文化为主导。

(三)游牧文化

1. 游牧文化的特征

同农耕文化相比，游牧文化具有十分鲜明的特征。游牧文化中珍稀草原、保护生态的理念，最终成为草原游牧民族的基本价值观念。游牧文化的特征与功能主要有如下几点：

一是对自然生态的适应性。草原自然条件恶劣，生态脆弱，土地承载力低，自然再生潜力有限。牲畜是对资源进行利用转化的最好途径，决定了畜牧业是最基本的生产方式。而生活方式具有游动性的特征，即“逐水草而居”。这一方式体现了对自然生态的适应性，适应的本质就是迁徙。

迁徙是游牧民族对其生存环境的适应，也是牧民生存的抉择。

二是对自然的依赖性。游牧民族在游牧文化背景下对自然的依赖性，决定了生存方式的移动性，带来了经济习俗的脆弱性。水草丰则牲畜丰，水草欠则牲畜损。这种游牧经济的脆弱性不利于扩大物质财富的积累。

三是人与自然的和谐性。游牧文化体现了人与自然和谐的文化精神，游牧文化主张开放，善于吸收，善于博取，洋溢着一种生态美，处处显示出生生不息、拼搏竞争、勇于进取的文化性格。

2. 游牧文化背景下的草原利用、管理和保护

一是草原游牧的文化内涵。游牧文化是在“逐水草而行”的生活、生产方式下形成的一种对草原利用的文化形态。在草原生产力低下、草原管理能力十分低级简陋的前提下，牧民为了保护草原、满足牛羊营养，依据对草原朴素的认识，对“四季气候四季草”的感性认知而采取的一种生产方式。其派生出的帐房、咕噜车、服装、饮食、家畜种类等形成了游牧方式的内容，其选择地形、选择营地、依据水草、季节性选择放牧地等游牧生产方式以及草场的权属和管理都构成了游牧文化的组成部分。

二是草原游牧利用的生产方式。游牧生产利用是草原游牧民族长期历史形成的生产方式。转场轮牧是游牧生产的一种具体形式。在没有自然灾害的年份，牧民会依据草场的季节性差异和水草状况，进行不同方式的牧场轮换，一般采用夏营地和冬营地的方式，“春季居山、冬近则归平原”，采取转场轮牧的形式进行游牧。一般来说，内蒙古草原区和哈萨克草原区的牧民分四季营地或冬夏两个营地。牧民在冉营地进行季节性游走放牧，19 世纪末的喀尔喀牧民游走放牧的距离一般在 50～60km，20 世纪 50 年代的内蒙古阿拉善牧民迁移游牧的距离是 10～15km。在漫长的历史发展过程中，草原上的游牧部落和民族还发展出一套与游牧生产相适应的习俗和禁忌。蒙古族在游牧生活中有“牧草谁先来占用，后来者另觅牧场”的习俗。藏族在夏季则不会举家搬迁，他们禁止在夏季另寻放牧地，这样可以避免破坏秋冬营地的草原植被。而哈萨克族也有在迁移时要打扫旧址的习俗。

三是草原游牧制度中的保护意识。草原游牧民族历来对环境保护非常重视。其最重要的保护意识是防治草原被过度利用。牧民没有精确的草原生产力放牧强度概念，但是祖祖辈辈的一条放牧利用原则就是“吃一半、留一半”。这是保留牧草休养生息和来年返青的重要举措。为了充分保护草原，藏族牧民在夏季草场时不允许举家搬迁，寻找新的草场，其担心在寻找新的草场过程中占用或破坏拟在秋季或冬季利用的草场。此外，草原

游牧民族对于水资源和草原野生动物资源保护十分坚决和明确，他们以风俗和禁忌的形式，防止对草原水资源的污染和不合理的利用，对野生动物给予保护。很多游牧民族都有禁止捕杀某种动物的禁忌。除风俗和禁忌外，游牧民族还曾以法的形式对草原野生动物进行保护。此外，草原游牧民族对草原防火极为重视，在不同时代的习俗及法令中均多有体现。

注：本章在中国草原分区中，将原北方区和东北区统筹为北方草原区，以便简洁明了。在本书第二章中，对中国草原分区描述中仍按照分区习惯对北方草原区和东北草原区进行了分别的描述。

第二章
中国草原的类型与特点

第一节　草原的分类方法与基本标准

草原类型是指在一定的时间和空间范围内，具有相同自然和经济特征的草原单元，是具体面积大小不等的草原实体，其形成受许多自然和社会经济要素的影响。草原分类的目的是更加深入地认识草原的发生、发展和演替规律，从而更好地管理草原资源和合理科学地开发和利用草原的理论依据。

一、草原分类的主要方法

（一）国外草原分类方法

国外对草原分类做过较多研究的主要是拥有大面积天然草原的国家，如前苏联、澳大利亚和美国等。南美与非洲等拥有大量天然草原国家的分类方法主要借鉴于澳大利亚和美国。

1. 前苏联草原分类方法

前苏联地域辽阔，各区域间草原生态环境差异较大。前苏联草原分类系统提出于20世纪30年代初，后经多次修订，于1961年提出草原分类系统，该分类系统以自然带为基础，综合考虑地形、土壤等因素，将前苏联的草原划分为25类，主要包括平原旱地草甸类、平原草甸草原类、平原干草原类、平原砂质干草原类、平原壤质荒漠草原类、平原砂质荒漠草原类、平原砂质荒漠类、低洼地草甸类、蓄水低洼地盐化草甸类、低洼地强盐化草甸类、短期泛水草甸类、长期泛水草甸类、山前草甸草原类、山前草原类、山前荒漠草原和荒漠类、山地草甸类、山地草原类、山地荒漠草原和荒漠类、高山（亚高山）草甸类、高山草原类、高山荒漠草原和荒漠类、山地冻原类、平原冻原类和沼泽类等。

该分类系统的优点在于充分反映生境(包括水、热等资源)和地形因素对草原植被生长的影响，分类系统严谨。不足之处在于罗列的环境因素过多，划分等级标准不统一，使草原分类与分区易混淆。

2. 美国草原分类方法

美国草原分类采用植被为基础的分类方法，由于气候、土壤和人类活动等的差异，植物群丛构成了不同的生物群落。美国草原被划分为 15 个类，包括高草普列里草原、南方混生普列里草原、北方混生普列里草原、矮草普列里草原、加利福尼亚一年生草原、帕劳斯普列里草原、热荒漠、冷荒漠、松—桧疏林地、山地灌丛地、西部针叶林、南部松林、东部阔叶林、栎属林地和高山冻原等。

3. 澳大利亚草原分类方法

澳大利亚草原总面积 4.2 亿 hm^2，居世界首位，但由于跨越的自然带较少，因此草原类型远比前苏联简单。其分类方法以区域性气候和植被为依据，指标简明，基于区域性草原景观植被为基础，结合水、热、土壤等因素，将澳大利亚草原分为半干旱疏林草地、藜科灌木草地、桉树矮林草地、阿氏吹禾草地、热带亚热带疏林草地、丘状草地、干旱金合欢疏林草地、中部干旱疏林草地和温带草地 9 类。

4. 英国草原分类方法

英国的草原分类法属于农业经营分类法，是西欧普遍采用的分类方法，也被称为戴维斯(Davies)分类法。其特点是强调人为因素在草原发生与发展过程中所起的作用，根据草原是否培育，将英国的草原划分为培育草原和未培育草原两大类。在类的基础上，根据植被和地形条件划分型，再根据草原培育年限和利用方式划分亚类，最后依据草原的植被和经济价值划分为型。

(二)中国草原分类方法

中国草原分类的方法包括以贾慎修教授为代表的植被—生境分类法和以任继周教授为代表的气候—土地—植被综合顺序分类法。

1. 综合顺序分类法

(1)分类体系。综合顺序分类法，全称气候—土地—植被综合顺序分类法，最早于 1956 年由任继周教授提出，1995 年胡自治教授进行补充。以生物气候指标为依据，将具有相同地带性农业生物气候特征的草原划分为“类”。将中国天然草原划分为 48 个类。若干类可以合并为一个类组，类以下分为亚类，亚类以土地特征为指标进行划分，亚类以下为型，同一型表示植被具有一致的饲用价值和经营管理措施。综合顺序分类法具有较高的科学性，可以定量阐明草原不同类之间的发生学关系。

(2)分类方法。①类的划分：以量化的生物气候指标——＞0℃年积温和湿润度为依据，将具有同一热量级和湿润度相结合的草地划分为类。②类组的划分：以生物气候指标将草原归类为类组。③亚类的划分：在草地类的基础上，以土地条件的特征为指标进行划分。④型的划分：在亚类基础上，以植被条件为指标划分。

2. 植被—生境分类法

(1)分类体系。该法是贾慎修教授(1980，1982)依据植被特征和生境因素对中国草原进行的综合分类方法，制定出类、组、型等三级分类的原则、标准和系统。该方法将中国草原划分为 18 个类和 1 个附属类型。

(2)分类方法。①类的划分：以水热条件和群落基本特性为依据划分。②组的划分：以群落建群种所属的生态经济类群为依据划分。③型的划分：以草地的建群种为依据划分。

3. 主体特征综合分类法

(1)分类体系。该法是许鹏教授(1965，1979，1985，1994)在植被—生境分类法的基础上发展起来的，1965 年初次提出，其认为水、热条件以及地形和土壤基质条件是草原形成和变异的决定因素。并且，草原的经济特性和经营属性也是划分草原类型时必须考虑的因素。草原分类是自然特性和经济特性相结合的综合分类，将中国草原划分为 9 类植被型和亚型。

(2)分类方法。①类的划分：以草原植被的气候条件和草原的经济属性为划分依据。②组的划分：以草原群落建群种所属的生态经济类群为划分依据。③型的划分：以草原群落的建群种为划分依据。

二、草原分类的基本标准

草原分类的基本标准如下：

(1)总体考虑草原的重要特性，每一级分类单位表现出相应类型的自然特征。

(2)草原分类由高级、中级到低级的分类单位所组成。

(3)第一级分类单位。类，是草原分类高级单位，成因一致，反映以水、热为中心的气候和植被特征，具有一定的地带性或反映大范围内生境条件的隐域性特征，各类之间在自然特征和经济特性上具有本质的差别。

(4)第二级分类单位。组，是草原分类中级单位，以组成建群层片的草原植物的经济类群进行划分，各组之间具有生境条件和经济价值上的差异，是草地经营的基本单位。

草原植物组的划分标准和经济意义如下：

①高禾草组　以草层高 >80cm、茎秆高大粗硬的禾本科牧草为优势种组成的草原，多利用其叶片。

②中禾草组　以草层高 30～80cm 的禾本科牧草为优势种组成的草原。

③矮禾草组　以草层高 <30cm 的禾本科牧草为优势种组成的草原，属放牧型草原。

④豆科草原组　以豆科草本植物为优势种组成的草原。

⑤大莎草组　以高大的莎草科植物为优势种组成的草原，是高寒地区最重要的冷季放牧草原。

⑥小莎草组　以矮小的莎草科植物主要是嵩草属(*Kobresia*)或薹草属(*Carex*)植物为优势种组成的草原，是高寒地区最重要的暖季放牧草原。

⑦杂类草组　以除禾本科、豆科、莎草科以外的以双子叶阔叶草本植物为优势种组成的草原。

⑧蒿类半灌木组　以蒿类半灌木为优势种组成的草原，分布海拔相对较低，是冷季重要的放牧地。

⑨半灌木组　除蒿类半灌木以外的其他半灌木为优势种组成的草原。

⑩灌木组　以灌木为优势种组成的荒漠草原。

⑪小乔木组　以梭梭(*Haloxylon ammodendron*)等乔木为优势种组成的荒漠草原。

(5)第三级分类单位。型，是草原分类低级单位，以草原主要层的优势种为划分依据，相同的型具有相似的生境条件和一致的利用方式，是草原分类的基本单位。

第二节　中国草原的分类

一、草原分类原则

中国目前的草原分类体系和分类结果是基于 1979 年开始的全国统一草地资源调查，为了统一普查技术路线和草原分类标准，在充分采纳贾慎修“植物—生境分类法”基本原则的基础上，经过征求全国草原专家的意见进行修订，于1988年3月公布了《中国草地类型的划分标准和中国草地类型分类系统》，确定全国采用类、组、型三级分类系统，在全国各地资源调查及资料汇总中采用。

其总体分类原则如下：

(1)气候因素，特别是草原的水、热状况，决定草原的形成和发展，气候因素是草原形成和变异的决定性因素，是地带性草原分类的主要依据。

(2)地形会改变水和热的再分配，是非地带性草原的主要分类依据。

(3)草原植被应该是贯穿草原分类不同层次的主要依据之一。

(4)草原分类应能体现草原的经济价值与经营和利用的特点。

(5)草原的不同类型之间应具有相对的稳定性，应以基本稳定的、具有顶级群落的草原作为分类的对象。

(6)草原分类应有利于草原制图，划分的草原类型应能准确地绘制于地形图上。

二、中国草原的类型(18类)

中国草原的植被类型包括草原、草甸、荒漠、沼泽和森林破坏后次生的灌草丛5种植被类型。为了突出草原植被的重要程度，依据草原所处的气候带和植被结构，将草甸划分为高寒草甸、温性山地草甸和隐域性低地草甸3个类型。草原植被按照热量带划分为温性草原和高寒草原，再进一步按植被性质划分为温性草甸草原类、温性草原类和温性荒漠草原类，以及高寒草甸草原类、高寒草原类和高寒荒漠草原类六大类。将荒漠划分为温性草原化荒漠类、温性荒漠类和高寒荒漠类三大类。灌草丛植被按照热量带和植被稳定性划分。中国草原共划分为18个类，依次如下：①温性草甸草原类；②温性草原类；③温性荒漠草原类；④高寒草甸草原类；⑤高寒草原类；⑥高寒荒漠草原类；⑦高寒荒漠类；⑧温性草原化荒漠类；⑨温性荒漠类；⑩暖性草丛类；⑪暖性灌草丛类；⑫热性草丛类；⑬热性灌草丛类；⑭干热稀树灌草丛类；⑮低地草甸类；⑯山地草甸类；⑰高寒草甸类；⑱沼泽类。

第三节　中国草原类型的特点

中国草原分布区气候和地形有较大差异，草原类型也丰富多样，但其分布具有一定的规律，总体呈现地带性、区域性和系统性等特征。

一、草原的地带性特点

草原的地带性特点包括草原分布的水平地带性和垂直地带性。

（一）草原分布的水平地带性

草原分布随热量沿纬度方向的南北变化，表现为纬向地带性，另一方面水分随距海洋的方位和远近，表现为由沿海向内陆逐渐降低的东西变化，在中国主要遵循经度方向而递变，称为经向地带性。另外，草原分布还受地形影响较为显著。

1. 中国草原分布的水平地带性规律

（1）中国东半部森林区，生长着各类森林，森林遭受自然或人为因素破坏后，在热带、亚热带形成次生的热性灌草丛或热性草丛，在暖温带形成暖性灌草丛或暖性草丛类草地，在中温带和寒温带形成山地草甸。平原区草地分布呈纬向地带性规律。

（2）中国西北部，草地分布与水分状况的地带性变化相一致，基本沿东北—西南走向的数条年均等雨线，自东北向西南呈倾斜的经向地带性分布。

①年均等雨线 350~500mm（南段 350~450mm）为温性草甸草原。

②年均等雨线 250~350mm（南段 350~450mm）为温性草原。

③年均等雨线 200~250mm（南段 200~350mm）为温性荒漠草原。

④年均等雨线 180~200mm（南段 150~200mm）为草原化荒漠。

⑤年均等雨线 <150mm 以西进入辽阔的温性典型荒漠类草地地带。

中国荒漠地带，大致从北疆准噶尔盆地木垒至青海一线为界，其东部包括南疆、东疆、甘肃、青海柴达木盆地、内蒙古，西部为亚洲中部荒漠。二者在气候与植物区系成分上均有明显差别。亚洲中部荒漠气候更加干旱，草原群落更为稀疏。

（3）青藏高原草原的水平分布规律，体现特殊的高原地带性分布特点。整个高原面以高寒和强大陆性气候为主，水分状况由东南向西北递减，草地类型的分布则相应呈现出由高寒草甸、高寒草原、高寒荒漠递变的趋势。

2. 中国草原分布的水平地带性结果

（1）草原分布的纬向地带性。中国是欧亚大陆的一部分，植被分布占据东部太平洋沿岸系列的大部分和内陆系列的东半部。其地理分布规律受青藏高原隆起、蒙古高压寒流和东南季风的影响，有不同于世界上同纬度地区的独有特点。由昆仑山沿秦岭至淮阴山地东西走向的山脉，将我国划分为南北两部。南部的东半部是亚热带常绿阔叶林、草山草坡区，南部的西半部是青藏高原高寒草地区；北部是温带区域，东部南缘为华北落叶阔叶林和草山草坡区，北缘针叶林区，向西为草原分布区，再向西为荒漠分布区。

中国东半部自南向北依次处于热带—亚热带—暖温带—温带—寒温带等温度带。与之相适应，中国草原东部地区呈现从南到北依次为热性草丛、暖性草丛、温性草原等分布。中国西部由于青藏高原的崛起，使草原分布的纬向地带性发生中断。

(2)草原分布的经向地带性。中国位于欧亚大陆东南部，东临太平洋，夏季海陆之间热量差异较大，形成太平洋高气压，盛行东南季风，因此东半部雨量充沛，气候湿润。西北属大陆性气候，向内陆延伸，季风强度减弱，湿润程度逐渐降低。因此，我国草原分布受水分制约的经向地带性影响，自东南向西北呈现湿润—半湿润、半干旱—干旱—极干旱的经向分布规律，草原随之呈现草甸—草甸草原—典型草原—荒漠草原—草原化荒漠—荒漠逐渐更替的地带性分布规律。

(二)草原分布的垂直地带性

在高原和山地，热量和水分等气候因素、土壤和植被随海拔高度的增加会呈现规律性的变化，称之为垂直地带性。随海拔的增加，会依次出现热带、亚热带、暖温带、温带、寒温带等垂直气候带谱，草原主要分布在高海拔的寒温带区域，会形成高山和亚高山草甸植被。

1. 草原垂直分布的规律

(1)草原垂直带与草原纬度带的相似性。在北半球任何一个地方的山地，如果达到一定高度，且垂直带谱完整，则从山麓到山顶草原分布的垂直带谱与草原所在地到北极的草地水平地带分布相近似。产生这种相似状况的主导因素是随山地高度的增加和随着纬度的增加，其热量变化(由高到低)的一致性。

(2)任何山地的草原垂直带的基带与其所在的水平带草原类型相同或相近。如内蒙古中部的大青山草原山地垂直分布的基带与其所在的水平地带性类型相同，都是温性草原类草地。又如亚热带地区山地垂直带谱中基带与水平地带的类型相似，常常为常绿阔叶林破坏后形成的次生热性灌草丛类草地。

(3)同一水平地带的山地草原垂直带谱随山体的特征不同而有所区别。如新疆天山北坡山体比准噶尔西部山地高大而干旱，其垂直带谱组成更丰富；相同类型草地分布的宽度也比准噶尔西部山地宽。

(4)距海洋远近不同的草原，其湿润度和相适应的植物种不同。距海洋越近越湿润，距海洋越远越干燥，相同海拔的草原类型，也由湿润草原向干旱草原过渡。如从东北到内蒙古西部，其草原垂直带的基带由草甸到草原再到荒漠更替出现。同样，海拔较高的青藏高原，从东南向西北，草地类型由高寒草甸、高寒草原更替到高寒荒漠。而距海洋远近相同且相似的山地，草地的垂直带谱也相似，其中牧草也有许多相似之处。

(5)在同一纬度热量带内，山地垂直带在经度方向上也有差异，总规律是由东向西，垂直带谱随干旱程度加重而使旱生性、高寒性草地类型比重加大。东北山地草地以草甸草原为主，内蒙古阴山山地以草原、荒漠草原为主。而在新疆天山北坡以北，由于大气环流影响，存在由西向东越干旱的特殊性，阿尔泰山则以山地荒漠草原、山地草原、山地草甸和高寒草甸相结合，草甸草原极为次要。

(6)处于垂直带上不同海拔的草地，其产量和营养物质含量也呈现有规律的变化。

2. 草原垂直分布的特点

根据中国自然条件地域性差异、气候条件和草原类型的特点，中国草原垂直分布的特点从以下 4 个区域阐述。

(1)北方干旱半干旱草原区。中国北方草原区为温带气候，水分条件自东向西由湿润逐渐向干旱过渡，为我国温性草原和温性荒漠草地主要分布区。由东向西立足于不同水平地带的山地，其草地分布垂直带谱的结构也有明显差异。以大青山南坡为代表，其垂直带谱结构为：山地针茅草原—山地松栎林、灌丛和线叶菊草原—亚高山禾草草甸。

(2)东北华北湿润半湿润草原区。这里以草甸草原为基带，山体不高，主要为森林所占据，只有高山处有亚高山草地的分布。以大兴安岭中段东南坡为代表，该地处于森林草原到草原带的过渡带，其典型的垂直带谱结构为：含落叶灌丛的禾草、杂类草草甸草原—山地落叶阔叶林或温性针叶林—山地寒温性针叶林—亚高山灌丛、草甸。

(3)南方草地区。南方草地地跨北、中、南三个亚热带和北热带，由于山地均为暖热潮湿气候带，不同山地间草地垂直分布变化就草地类型组合多样性来说，往往不如温带草原区与有些荒漠区山地复杂，而且草地多为次生热性草丛、灌草丛类草地，只在高中山以上有可能发育原生山地草甸类草地，乃至高寒草甸类草地。草原分布规律是随海拔由低到高依次出现有阔叶林带次生的山地疏林草丛草地、灌木草丛和草丛草地、山地草甸草地、亚高山疏林草甸草地、高寒灌丛草甸草地与高寒草甸草地。

(4)青藏高寒草原区。青藏高原高寒区面积辽阔，经、纬向跨度都很大，山体所处位置、隆起高度和山地地形差异明显，山地草地垂直带分布以其高原水平地带性的基带区别而有所不同。在喜马拉雅山南坡热带雨林基带的基础上，山地海拔2400m以下为与森林并存的热性草丛、灌草丛次生草地，2400～4000m在林间空地和林缘有原生中山、亚高山草甸草地，4000～4400m为高寒草甸草地带，4400～4800m为高山流石坡稀疏植被，再其上为冰雪带。

二、草原的区域性特点

草原分布的区域性是草原资源特征中最显著的一个特征。由于地球和太阳的相对位置、运动特点及地球和海陆分布和地质、地貌的差异，在全球范围内形成了多种多样的草原生态环境，在我国也表现出独特的区域性特点。我国草原总体划分为北方干旱半干旱草原区、东北华北湿润半湿润草原区、南方草地区和青藏高寒草原区4个区域。不同区域草原在草原产量、组合特征和生产性能上均有较大的差异。

(一)北方干旱半干旱草原区

该区位于我国西北、华北北部以及东北西部地区，涉及河北、山西、内蒙古、辽宁、吉林、黑龙江、陕西、甘肃、宁夏和新疆10个省(自治区)，是我国北方重要的生态屏障。共有草原面积1.6亿hm^2。该区气候干旱少雨，年降水量一般在400mm以下，降水分布不均，部分地区低于50mm。冷季寒冷漫长，暖季干燥炎热，水分蒸发量大，一般为降水量的几倍或几十倍。该区以荒漠化草原为主，生态系统十分脆弱。

(二)东北华北湿润半湿润草原区

该区主要位于我国东北和华北地区，涉及北京、天津、河北、山西、辽宁、吉林、黑龙江、山东、河南和陕西10省(直辖市)。共有草原面积0.3亿hm^2。该区水、热条件较好，年降水量一般在400mm以上，是我国草原植被覆盖度较高、天然草原品质较好、产量较高的地区，也是草原畜牧业较为发达的地区，发展人工种草和草产品加工业潜力很大。

(三)南方草地区

该区位于我国南部，涉及上海、江苏、浙江、安徽、福建、江西、湖南、湖北、广东、广西、海南、重庆、四川、贵州和云南15省(自治区、直辖市)。共有草原面积0.64亿hm^2。该区气候温暖，水热资源丰富，年降水量一般在1000mm以上，牧草生长期长，产草量高。

(四)青藏高寒草原区

该区位于我国青藏高原，涉及西藏自治区、青海省全境及四川省、甘肃省和云南省部分地区，是长江、黄河、雅鲁藏布江等大江大河的发源地，是我国水源涵养、水土保持的核心区，享有中华民族“水塔”之称，也是我国生物多样性最丰富的地区之一。共有草原面积1.4亿hm^2。该区草原主要分布在海拔3000m以上，空气稀薄，气候寒冷，无霜期短。该区以高寒草原为主，生态系统极度脆弱，牧草生长期短，产草量低。

三、草原的系统性特点

系统性也被称为整体性，草原是由气候、土壤、生物和人类活动等因素共同构成的一个整体，表现出较强的系统性特征。草原生态系统内部不同组分之间存在相互联系，其中一种自然或人为因素发生变化，就会引起草原发生系统性的改变。如气候因素发生改变后，会影响地带性土壤的发育和植物群落的构成，促使草原类型和资源组合发生演替。如果草原发生长期超载放牧，会引起草原土壤和植被组成发生变化，进而导致草原发生逆向演替，导致草原退化。草原多样性的组成和结构，能增加草原生态系统组分的复杂性，提高系统的抗逆性、承受力和稳定性，因此从系统、整体和全局的角度出发，维持草原生态系统的整体性和多样性，对促使草原生态系统的协同可持续发展具有重要的作用。

第四节　中国草原的几种主要类型介绍

一、高寒草甸类

高寒草甸类草地是在高原(或高山)亚寒带和寒带寒冷而又湿润的气候条件下，由耐寒(喜寒、抗寒)性多年生、中生草本植物为主或有中生高寒灌丛参与形成的一类以矮草草群占优势的草地类型。

高寒草甸类草地集中分布在我国青藏高原的东部和帕米尔高原，以及天山、阿尔泰山、祁连山等高大山地的高山带，在太白山、小五台山以及贺兰山山地上部亦有零星分布。由于分布范围较广，在不同地理位置分布的海拔也有较大的差异。在西藏自治区范围内，高寒草甸类草地分布海拔最高，一般多分布在海拔4200m以上的森林垂直带和高寒草原带以上的山地上，到西部的阿里地区，其分布上限最高可达5400m。从西藏向北因纬度升高气温下降，分布海拔降低，向东、向南因降水量增加，受海洋性冰川的影响，其分布海拔也降低。向北至青海省多分布在3800～4800m的山地上部，西南部个别地区可上升到5200m。天山北坡分布下限降至2700m，而最北部的阿尔泰山，分布下限降至2300m；向东在四川西北部则集中分布在3800～4600m的山原和丘原地带，它北部的甘南州的高寒草甸分布海拔则下降至3600～4000m；向南在云南省的西北部，高寒草甸类草地集中生长在海拔3800～4300m的山地上部。

高寒草甸类草地的气候属于高原寒带、亚寒带湿润气候，具有气温低、降水充沛、日照充足、太阳辐射强、没有绝对无霜期等气候特点。这里的年平均气温一般都15℃以下，最冷月（1月）的平均气温低于－10℃，最热月（7月）的平均气温一般不高于15℃。但白天由于日照强烈，太阳辐射量可高达669.6～837kJ/cm^2，气温较高，有利于草地饲用植物进行光合作用；而夜间牧草的呼吸作用减弱，有利于牧草地上部分营养物质的积累。年降水量平均在450mm左右，在东部和新疆西北部地区高达700mm以上，并多集中在牧草生长时期，6～9月的降水量约占年总降水量的70%以上。这种水、热同期的气候条件对草地牧草生长发育十分有利。但是在雨季里多雷暴和冰雹，对牧草生长发育和畜牧业生产及人们的生产活动产生一定的影响和危害。高寒草甸类的分布地区由于日照时间长，全年日照时数平均在3000h左右，天空晴朗无云，太阳辐射强度大，在一定程度上弥补了气温较低的不足，有利于草地上饲用植物生长发育和干物质的积累。

高寒草甸类草地主要生长在草毡土上。土壤风化程度低，粗骨性强，土层较薄，一般厚约30cm，局部可达50cm以上。土层下面多砾石，透水性强，保水性差。在土壤表面有一层厚8～10cm的草皮层，牧草根系盘根错结、紧密、坚实并富有弹性，因而具有较强的耐牧性。由于气候寒冷，土壤下层具有冰冻层，对牧草根系生长极为不利。地表面在反复不断的冻融作用下，在山地陡坡或因放牧过度的地带，往往形成龟裂和草皮层塌落，形成斑块大小不等的裸地。

高寒草甸类草地在长期湿润而又寒冷的气候和土壤条件作用下，与其他草地类型相比在草原群落的种类组成、结构、外貌和营养价值以及利用方式等方面，具有以下明显特征：

（1）草地饲用植物组成比较简单，外貌比较单调，每平方米有饲用植物20种左右。在草群中占优势的饲用植物主要由莎草科的嵩草属和薹草属的植物种类组成，禾本科的饲用植物在草群组成中居于次要地位。

（2）草原植物低矮而覆盖度大。高寒草甸类草地因长期处在寒冷、风大的气候条件下，草原植物低矮，草层分化不明显，一般只有一层。多数草地类型的平均高度只有5~15cm，有的如高山嵩草草地的草层平均高度只有2~5cm。大量的伴生植物基生叶非常发育，形成垫状或莲座状。草原植物生长密集，覆盖度大，一般多在80%~90%，有许多地方往往呈郁闭状态。

（3）草原植物群落的根系非常发达。高寒草甸类的许多优势植物都具有短根茎，结集在土壤上层，形成一层紧实而又富有弹性的草结皮层。不仅可以抗御外界恶劣的环境条件，为牧草地上部分生长发育贮存足够的营养物质，而且具有较强的耐牧性，特别适于放牧。

（4）草原植物群落中的饲用植物生长期短，大都以营养繁殖为主。高寒草甸类草地上的饲用植物由于受低温、潮湿的影响，返青迟而枯黄早，平均生长期在100天左右，个别地区可达120天，比温带地区的饲用植物生长期短一半左右，而且多以营养繁殖为主。大部分饲用植物在生长期内很快完成其生活周期，从返青到结实一般只有90天左右。天然的实生苗和一年生饲用植物很少。

（5）草原植物的产草量低，营养价值高。高寒草甸类草地因草原植物低矮、生长期短，产草量普遍较低，但营养价值较高，牧草中含有较高的粗蛋白质、粗脂肪和无氮浸出物，而粗纤维的含量较低，是高寒地区的优良放牧地。

高寒草甸类草地计有面积6372万hm^2，其中可利用草地面积为5883万hm^2，占全国可利用草地总面积的17.78%。各省区荒漠草原类草地面积见表2-1。高寒草甸类的分布面积，以西藏自治区最大，占高寒草甸类面积的39.77%；其次是青海省，占36.42%；面积最小的是云南省，仅占0.55%。

表 2-1 高寒草甸类的面积与分布 万 hm^2

省区	草地面积		草地可利用面积	
	数量	%	数量	%
新疆	384	6.03	349	5.93
青海	2320	36.42	2107	35.81
甘肃	122	1.93	117	2.00
西藏	2534	39.77	2417	41.08
云南	35	0.55	26	0.45
四川	974	15.30	865	14.72
合计	6372	100.00	5883	100.00

注：引自《中国草地资源》(1996)。

由于高寒草甸类草地面积大，分布广，并且多集中分布在海拔较高的高原和高山上，有部分草地没有利用或利用很不充分，开发利用的潜力较大。但在地势较平缓、海拔相对较低的高寒草甸中的一些草地，因放牧较重，已出现程度不同的退化现象。今后在利用上应严格控制放牧强度，防止过牧利用。

高寒草甸类草地分为典型高寒草甸、盐化高寒草甸和沼泽化高寒草甸三个亚类。

典型高寒草甸亚类拥有草地面积为5450 万 hm^2，占高寒草甸类草地可利用面积的86.12%，其中，西藏自治区典型高寒草甸亚类面积最大，计有2268 万 hm^2，占该亚类草地面积的41.70%；其次是青海省有1792 万 hm^2，占32.95%；面积最小的是云南省，仅占0.58%。该亚类主要包括高山早熟禾杂类草草地型、高山嵩草草地型、矮生嵩草草地型、线叶嵩草草地型等类型。

盐化高寒草甸亚类草地的种类组成比较单调。优势种为丛生禾草、根茎禾草，它们的共同特点是根系发达，可延伸到土壤深层，以躲避含盐量高的表层土壤对根系生长发育的危害。该亚类中的饲用植物生长较高，多属于中禾草，是高寒草甸类草地中植株较高的一种类型，也是高寒牧区主要用于刈草利用的类型之一，对冬春补饲具有重要作用。盐化高寒草甸亚类草地是放牧家畜憩盐的重要场地，是家畜补充矿物质营养的主要来源之一，在高寒地区的放牧畜牧业中具有重要的特殊作用。盐化高寒草甸亚类草地中，大部分饲用植物、特别是在草原植物群落中起优势作用的牧草，草质良好，叶量丰富，营养丰富，适口性较高，冬季枯黄后在草地上保存率较高，加之分布地区的地势低，不仅是高寒地区冷季的主要放牧地，也是高寒地区的主要刈草地。盐化高寒草甸亚类草地面积为 80 万 hm^2，其中可利用草地面积 68 万 hm^2，占高寒草甸类可利用面积的 1.17%。该亚类主要包括裸花碱茅草地型和三角草草地型。

沼泽化高寒草甸亚类草地是在高寒的气候和土壤过分潮湿的条件下，由耐寒的湿中生或中湿生多年生草本植物为主而形成的一种中间类型，是高寒草甸向高寒沼泽过渡的中间类型。沼泽化高寒草甸亚类主要分布在青藏高原的东北部地区。由于所处地理位置不同，分布的海拔亦有很大差别。在西藏自治区西部最高可分布到海拔 5100m 的高处，在青海省、甘肃省和四川省多分布在海拔 3200～4800m。它们往往生长发育在排水不畅的平缓滩地、山间盆地、碟形洼地、湖盆外缘、山前洪积扇以及山麓潜水溢出带和高山冰雪带下缘等地形部位。沼泽化高寒草甸亚类草地、草群中的种类组成多为湿中生或中湿生植物，湿生植物亦有生长。草群平均高度15～35cm，生长茂密，覆盖度 70%～95%，平均产草量较高，是高寒草甸亚类中产草量最高的一个亚类。沼泽化高寒草甸亚类草地面积为 851 万 hm^2，其中可利用草地面积为 748 万 hm^2，占高寒草甸类草地可利用面积的 12.72%。其中，青海省沼泽化高寒草甸草地面积最大，占该亚类草地面积的 60.48%；其次是西藏自治区，占 24.98%；面积最小的是云南，占 0.45%。该亚类主要包括西藏嵩草草地型、藏北嵩草草地型、甘肃嵩草草地型和华扁穗草草地型等。

二、高寒草原类

高寒草原类是在高山和青藏高原寒冷干旱的气候条件下，由抗旱耐寒的多年生草本植物或小半灌木为主所组成的高寒草地类型。在我国，高寒草原集中分布在青藏高原的中西部，即羌塘高原、青藏高原西部、藏南高原，此外，在西部温带干旱区各大山地的垂直带上也有分布。在青藏高原北部和北疆，本类草地多分布于海拔 3000～4500m，在阿尔泰山最低分布下限约 2400m，在西藏中西部分布海拔 4300～5000m，上限可达 5300m，具有明显的高原地带性分布特征。

高寒草原气候干寒，冬季多风，夏季受西风气流的影响，比较湿润，年平均气温 -4.4～0℃，极端最低气温可达 -40℃，极端最高温 23.3℃，年降水量 100～300mm，年蒸发量 2000mm。全年 80%～90% 的降水集中在 6～9 月，水、热同期，为牧草在较短时间内完成生育创造了有利条件。土壤主要为冷钙土，成土母质为洪积物、湖积物、残坡积物和风积物等。土壤质地粗糙、疏松，结构性差，多为砂砾质、粗砾质或砂壤质，成土过程较弱，土层薄，有机质含量低，仅 0.5%~1.7%，矿化度高，pH 值 8.0~8.6，通体具强石灰反应。

高寒草原类植物在长期严酷气候条件的适应过程中，选择和创造了寒旱生形态和生活型，其生活型主要有落叶灌木、小半灌木、丛生禾草、根茎禾草、多年生杂类草和一年生植物。在形态结构上具有叶面小、叶片卷曲、气孔下陷、机械组织与保护组织发达、密被白色灰茸毛、植株矮小呈垫状或莲座状、地下生物量大、根系发达、生育节律短等耐寒、抗旱特点。据有关资料，羌塘高寒草原寒生植物约占总种数的 62.9%，其中具旱生和中旱生植物占 27.1%，超旱生和广旱生植物很少。

高寒草原类草地植物组成简单，一般每平方米植物种的饱和度 10~15 种，少者仅有 5 种左右。在草群中起优势作用的主要由矮禾草类群中一些抗旱、耐寒的种类组成，如针茅属、羊茅属、早熟禾属等，它们中一些种可形成优势。此外，莎草类中的小莎草和杂类草中一些种类，如菊科的风毛菊属、香青属、紫菀属以及蔷薇科的委陵菜属中的一些种类是草群中常见的伴生种类。在退化草地上常常出现豆科草本黄芪属中的一些种类，在局部地区形成优势。

高寒草原类草地草群稀疏，覆盖度小，草群低矮，牧草生育节律短，生物产量偏低，一般 5 月下旬至 6 月上旬开始萌发返青，9 月中下旬地上部分即大部分枯黄，进入冬季休眠期。生长期 90~120 天。草层平均高度 5~15cm，高者达 20~40cm。草地盖度一般为 20%~30%，高者可达 50%~60%，低者仅 10% 左右。草地中有毒植物较少，常以伴生种出现在草群中，仅在局部退化较为严重的地段才成为草地的优势种或亚优势种，其盖度一般小于 5%。

高寒草原类草地面积 4162 万 hm^2，占全国草地总面积的 10.6%，草地可利用面积 3543 万 hm^2，占全国可利用面积的 10.7%。各省区高寒草原类草地面积见表 2-2。平均每公顷产草量 284kg，变幅 131~768kg，理论载畜量 1029 万个羊单位。该类主要包括固沙草草地型、紫花针茅草地型、羽状针茅草地型、青藏薹草杂类草草地型等。

表 2-2　高寒草原类的面积与分布　万 hm^2

省区	草地面积		草地可利用面积	
	数量	%	数量	%
西藏	3194	76.74	2681	75.79
新疆	386	9.28	353	9.96
青海	582	13.98	504	14.25
合计	4162	100.00	3543	100.00

注：引自《中国草地资源》(1996)。

三、温性草原类

温性草原类草地是在温带半干旱气候条件下发育形成的，以典型旱生的多年生丛生禾草占绝对优势地位的一类草地。它在我国分布的地理范围在北纬 32°~ 45°，东经 104°~ 115°的半干旱气候区内，大气湿润度0.3~0.6，基本呈东北—西南向的带状分布。内蒙古呼伦贝尔高平原西部至锡林郭勒高平原的大部分地区，及相连的阴山北麓察哈尔丘陵，大兴安岭南部低山丘陵至西辽河平原是我国温性草原典型分布区。以此为中心，其分布范围北与蒙古和俄罗斯贝加尔草原接连，向东北延伸到松嫩平原中部，向南达到冀北丘陵与晋陕黄土丘陵一带，西南边缘与青藏高原上的高寒草原相邻，西北至内蒙古西部的乌兰察布高原边缘。此外，温性草原类超越水平地带分布范围，在干旱和极干旱气候区海拔较高的山地如狼山、贺兰山、龙首山、祁连山、昆仑山、天山、阿尔泰山等山地上呈现垂直带分布，在青藏高原的雅鲁藏布江中游及其支流的河谷和藏南盆地也有分布。其分布的海拔高度随山地坐落地区的气候干旱程度增强而升高，而垂直带谱的宽度则变窄。例如，坐落在荒漠草原向荒漠过渡地带的贺兰山山地，东坡较西坡湿润，东坡温性草原分布高度为 1900m，而西坡则上升到 2000m 以上；荒漠化程度最强的昆仑山山地，温性草原分布下限 2300~3400m，上限高达 3400~3800m；在雅鲁藏布江上中游，分布上限可上升到 4300~4500m。

从温性草原类所分布的行政区域看，它广泛分布于内蒙古、新疆、甘肃、青海、西藏、陕西、宁夏、山西、河北等省(自治区)，草地总面积为 4109 万 hm^2，其中可利用面积 3636 万 hm^2，年理论载畜量为 2445.1 万羊单位。以内蒙古自治区分布范围最广、面积最大，在 10 个盟(市)、69 个旗(县)有较大面积的分布，分布面积 2747 万 hm^2，可利用面积 2406 万

hm^2，分别占温性草原类面积66.86%，占可利用面积66.16%。各省区荒漠草原类草地面积见表2-3。

表2-3 温性草原类的面积与分布 万 hm^2

省区	草地面积		草地可利用面积	
	数量	%	数量	%
河北	57	1.39	44	1.23
山西	43	1.07	43	1.21
内蒙古	2747	66.86	2406	66.16
辽宁	30	0.73	28	0.79
吉林	42	1.03	35	0.97
黑龙江	4	0.12	4	0.12
西藏	171	4.17	160	4.42
陕西	91	2.22	71	1.97
甘肃	308	7.52	284	7.81
青海	211	5.15	187	5.15
宁夏	78	1.90	69	1.90
新疆	321	7.83	300	8.26
合计	4109	100.00	3636	100.00

注：引自《中国草地资源》(1996)。

温性草原类分布范围广，面积占全国草地面积10.46%，可利用面积占全国可利用草地面积的10.99%。由于所处地理位置不同，其分布区的气候、土壤、地形及草地植物种类组成都有一定的地区间差别。

(1)大兴安岭南麓至锡林郭勒高平原、呼伦贝尔高平原西部分布区，地处高纬度，大陆性气候特征明显。冬春季节漫长寒冷，夏秋季节温凉多雨，为温凉半干旱气候区。年平均气温－2～4℃，≥10℃积温1700～2300℃，无霜期80～120天，年降水量250～400mm，大气湿润度0.3～0.5。水、热组合分布从东到西，由南向北也有较明显的差异。气温由东到西、由北向南增高，降水量则由东至西、从南到北递减。草地土壤以栗钙土为主，并有暗栗钙土、淡栗钙土分布。地形以高平原为主，地面平坦、开阔、起伏平缓。此外，还有低山丘陵、熔岩台地和沙地(浑善达克沙地)分布。海拔900～1300m，其地势由西向东、从南到北倾斜。

该分布区草地种类主要以适应温凉干旱气候的典型旱生丛生禾草为主。代表类型是大针茅草地、克氏针茅草地，其次是根茎型的羊草草地。

此外，在沙质土壤上出现有冰草草地，在放牧过度引起草地退化的地段出现有冷蒿草地，在沙地上发育形成以褐沙蒿为优势种的代表类型。草地质量优良，生产力属中等水平。优等和良等草地合计占70%左右，每公顷草地产干草889kg，是适宜养羊、马的良好牧场。近30年来，随着牲畜头数大幅度增长，对草地的利用程度越来越重，引起了大面积草地退化。一般超载过牧地区退化草地占30%左右，严重超载放牧区退化草地占50%左右。

(2)大兴安岭东南麓至松辽平原分布区，是温性草原类最东翼的一块分布区，也是温性草原类与温性草甸草原类交叉分布的过渡地区。大兴安岭东南麓丘陵平原海拔500~700m，松辽平原北部是松嫩平原，海拔130~200m，南半部是西辽河平原，海拔250~400m。整个地势为南北高，中间低，沙地(科尔沁沙地)广阔分布，约占西辽河平原面积的1/3，成为自然景观的显著特点。

由于松辽平原处于大兴安岭东南麓，受东南海洋季风的影响较明显，大陆度低于呼伦贝尔高平原和锡林郭勒高平原。松辽平原热量也较高，年平均气温1.5~6.0℃，≥10℃积温2100~3200℃，年降水量350~450mm，属于夏季温热多雨的半干旱气候区。地表水系发达，土壤以碳酸盐暗栗钙土为主，并有黑炉土和褐土分布。

草地组成中的基本类型与呼伦贝尔高平原、锡林郭勒高平原草原分布区比较一致，代表类型是大针茅草地、克氏针茅草地和羊草草地。但是，这一地区由于受许多非地带性生境条件(如低湿地、沙地)的限制，地带性典型草原类型的大针茅草地和克氏针茅草地分布面积没有占明显优势，只在西辽河以北的大兴安岭东南麓山前丘陵平原上大针茅草地和克氏针茅草地形成较大面积分布，其余地区只限于一些低丘漫岗的坡地上有零星的分布。此外，本分布区温性草原的草原植物群落，含有丰富的伴生植物，其中混生一些中旱生和中生植物成分，如野古草、裂叶蒿及其他杂类草。西伯利亚杏分布较广泛，沙地植被在本区分布广泛，占有较突出地位，以差巴嘎蒿为优势种组成的蒿类半灌木草原是典型代表，此外，沙地区广泛分布有榆树，并在部分地区形成榆树疏林自然景观。

温性草原类草地覆盖度一般为30%~50%，草本层叶层高14~25cm，每平方米内植物种的饱和度12~15种。草地质量优良，生产力较前一分布区高，每公顷产干草1400~1800kg。该分布区农业垦殖历史悠久，大部分草地已垦为农田，而被保存下来的草地经过长期的过度放牧利用，其退化、沙化、盐碱化面积逐渐扩大。

(3)阴山以南至晋陕黄土丘陵和西辽河平原以南辽西黄土丘陵至冀北丘陵平原分布区，是温性草原类最南和西南部的一块地带性草原。它属于我国暖温带的半干旱气候区，年平均气温5~10℃，≥10℃积温2800~3500℃，年降水量300~450mm，大气湿润度0.3~0.6。地带性的优势土壤为暗栗钙土、黑垆土和褐土。该地形变化比较复杂，包括有低山丘陵、黄土丘陵、波状高平原、黄河冲积平原、毛乌素沙地及玄武岩台地等多种地形，其中以黄土丘陵、低山丘陵为主。海拔自西向东降低，地势由南向北倾斜。本分布区西南部的晋陕黄土丘陵和鄂尔多斯高平原海拔一般在1000~1500m，东北部的冀北丘陵和辽西黄土丘陵海拔一般在600~1000m。

该分布区由于生境条件比较复杂，发育形成的草地类型多种多样。地带性草地以喜温的长芒草占优势组成的草地类型为典型代表，并在土壤侵蚀作用较强的地区发育形成了半灌木蒿类和百里香占优势组成的草地类型，构成该分布区草原的一个显著特点。在毛乌素沙地上分布以油蒿为优势种的代表类型。由于其分布区农业开垦历史悠久，农业垦殖率特别高，所以，大面积连片分布的长芒草草原很少，只在剥蚀残丘、漫岗顶部具有零星小片分布，而且多为次生恢复后形成的群落。其草地质量属于中等，生产力偏低，每公顷产干草470~810kg。

温性草原类分布范围广、生境条件较为复杂。因此，发育形成的草地类型比较多种多样，地带性分异明显。根据全国调查结果，温性草原类可划分为平原丘陵草原、山地草原、沙地草原三个亚类，其中以大针茅、克氏针茅、长芒草、糙隐子草、冰草、早熟禾等典型旱生丛生禾草及广旱生的根茎型羊草等为优势种组成的草地类型居主体地位，构成温性草原类的基本类型。其次是小半灌木，蒿类半灌木中的一些旱生种(如百里香、冷蒿)为优势种组成的草地类型也有较大面积的分布。薹草属及其他旱生杂类草为优势种组成的草地类型很少，一般呈零星小片分布。灌木在草群中作用更小，常见的灌木主要是锦鸡儿，在沙性较强的土壤基质上能形成明显的灌丛化景观。

平原丘陵草原亚类是温性草原类中分布面积最大，地带性草地特征明显的一个亚类。它是构成草原类的主体部分。总面积2232万hm^2，其中可利用面积2020万hm^2，占温性草原类面积的55.56%。该亚类主要包括羊草、大针茅草地型、大针茅草地型、克氏针茅冷蒿草地型等。

山地草原亚类草地面积为1067万hm^2，其中可利用面积970万hm^2，主要分布在内蒙古东部的大兴安岭山地南段东西两侧和中部的阴山山地；新疆的阿尔泰山和伊犁山地；青海的祁连山山地。该亚类主要包括具灌木克氏针茅杂类草草地型、针茅草地型、具金丝桃叶绣线菊的针茅杂类草草地型、铁杆蒿达乌里胡枝子草地型等。

沙地草原亚类是在温带典型草原地带的沙地上发育形成的一种草地类型，分布范围相当广泛，在我国北方草地资源中占有重要位置。在典型草原地带内主要集中分布在呼伦贝尔高平原海拉尔河流域的沙地、锡林郭勒高平原的浑善达克沙地、西辽河平原的科尔沁沙地、鄂尔多斯高原的毛乌素沙地、黄河河套的库布齐沙地和松嫩平原南部沙地等区域。该亚类草地面积 809 万 hm^2，可利用面积 645 万 hm^2，其中科尔沁沙地草原面积最大。该亚类主要包括沙生冰草糙隐子草草地型、具柠条锦鸡儿的冰草草地型、褐沙蒿草地型、具灌木的差巴嘎蒿草地型、油蒿杂类草草地型等。

四、温性荒漠类

温性荒漠类草地是在温带极端干旱与严重缺水的生境条件下，由耐旱性甚强的超旱生半灌木、灌木和小乔木为主组成的一种草地类型。温性荒漠类草地集中分布在我国西北部干旱地区。从内蒙古自治区的乌兰察布以西开始，经宁夏回族自治区、甘肃省、青海省的柴达木到新疆维吾尔自治区呈地带性分布，在内蒙古主要分布在阿拉善盟、巴彦淖尔盟、伊克昭盟及乌海市等干旱地带，占据宁夏的中西部和北部以及甘肃的河西走廊西北地区，包括祁连山前的冲积扇及北山和阿拉善高原一带；青海柴达木盆地和新疆准噶尔和塔里木盆地的冲积平原盆地，天山南北坡的山前低山区和昆仑山北坡的低山带。形成东西经向地带性分布，也是我国具有地带性较强的荒漠草地带。

温性荒漠类草地的总面积，合计达 4506 万 hm^2，占全国草地总面积的 11.47%，可利用面积为 3060 万 hm^2。各省区温性荒漠类草地面积见表 2-4。

表 2-4　温性荒漠类草地的总面积与分布　　万 hm^2

省区	草地面积		草地可利用面积	
	数量	%	数量	%
内蒙古	1692	37.56	946	30.94
西藏	4	0.10	4	0.15

（续）

省区	草地面积		草地可利用面积	
	数量	%	数量	%
甘肃	480	10.66	393	12.85
青海	203	4.52	114	3.73
宁夏	4	0.10	3	0.12
新疆	2120	47.06	1597	52.21
合计	4506	100.00	3060	100.00

注：引自《中国草地资源》(1996)。

温性荒漠类草地多处于我国西北及内蒙古西部地带，长期承受欧亚大陆极地干冷气候的强烈影响，特别受我国西北及北方的大陆性干燥气团及蒙古高原干冷气团的控制，其水、热因素的差异和变幅较为特殊且极为严酷。同时，该类草地草群稀疏，裸露下垫面较大，一般太阳有效辐射较强，热量较为丰富，致使气候处于常年干旱而缺水的状态。通常在冷季期间，气温严寒而浸长，最冷的低温期多在－20℃以下，而暖季生长期间又特别酷旱，气候极为干燥而炎热。年降水量特别稀少，一般为100～250mm之间，少的地区仅有数十毫米乃至数毫米，在极端干旱的阿尔金山以北的荒漠草地区，几乎全年无降水，而温带荒漠地区的蒸发量为降水量的十倍或数十倍以上。

温性荒漠类草地所处的地形，主要是盆地，山前冲积、洪积扇地及大型洼地，起伏的高平原和高原盆地及沙丘区，也有大型盆地边缘地带的缓平原及起伏较大的低山丘陵。海拔多在1000～1500m，在较低盆地、平原及沙丘区多在500～800m，分布在低山丘陵及高原盆地区的温性荒漠草地，海拔多上升到2300～3600m，最高阿里地区达4300～4500m。形成该草地类的基质，多系薄层土覆盖的风沙土及其由砂质、砂砾质构成的各类荒漠土，在地形低平的盆地区，多形成富含钙质和石膏的棕漠土、灰棕漠土，在低洼的盆地和平坦宽谷地区，形成较强的各类不同程度的盐渍化土、盐土及碱土。各类土壤贫瘠干燥，缺乏腐殖质，土壤肥力低。

温性荒漠类草地的主要植物成分均具有旱生型结构，是长期适应干旱气候和严重缺水的生境条件下经自然选择而形成的，主要是旱生、强旱生及超旱生小半灌木、半灌木和灌木，以及特有的小乔木(梭梭)，其优势种主要由猪毛菜属、碱蓬属、假木贼属、驼绒藜属、盐爪爪属和锦鸡儿属等属中的一些种类所组成。构成温性荒漠草地的植物种类成分单一，分布稀疏。分布较普遍且占面积较大的温性荒漠草地，多由强旱生建群植物组成单一的层片结构，或由高大灌木及矮灌木形成的双层结构的草地，在春、秋降水较多的年份易形成地表径流的小面积低平地区，混生有一年生旱生草本，形成小片或斑块状的灌木、草本层片草地。也有依靠高大灌木及小乔木梭梭组成多层片结构的草地型。

在温性荒漠类草原中，分布有多种亚类，其中土砾质荒漠亚类在我国分布面积十分广大。

土砾质荒漠亚类，主要是生长发育在沙性为主的沙壤质和含土质高的沙质、砂砾质及砾质、砾石质区的荒漠草地，也是反映温性荒漠类草地的地理分布和水、热因素较典型的荒漠草地亚类。因此，该亚类草地适应的生境条件和基质的分布甚为广泛。其中有大面积分布的，在新疆的主要有准噶尔和塔里木盆地边缘的山前平原，包括西部博乐、和丰谷地和东部的吐鲁番盆地以北地带，天山南、北坡的部分低山区和昆仑山的前山地带，阿金山的部分山前及中山地带。向东分布在甘肃境内的有祁连山北坡山前的冲积、洪积地带及祁连山中、西段的部分低山区，以及北部的阿拉善高原及相连的北山地带。分布在宁夏的主要有中、西部的宁北山区及贺兰山北端的山前冲积平原地带。分布在内蒙古的主要有阿拉善高原。该亚类基本布满了温性荒漠类草地东西经向地带性分布的主要地段，由此看出该亚类草地具有地带性分布的特点。因强烈旱化形成区域性分布的还有青海柴达木盆地的冲积倾斜平原及盆地以南的山前地带，西藏阿里狮泉河、象泉河河谷一带及班公湖四周等地区。该亚类草地的总面积达 3700 万 hm^2，可利用草地面积为 2502 万 hm^2，草地可利用率为 67.6%，该亚类在温性荒漠类总面积及可利用面积中的比重也较大，分别占 82.12% 及 81.77%。组成该亚类草地的植物种类成分较复杂，分布最普遍的荒漠草地建群种及其优势种主要为耐旱甚强的强旱生及超旱生种类，有叉毛蓬、角果藜、驼绒藜、木地肤、尖叶盐爪爪、梭梭等。构成该荒漠亚类群落结构单调，多由单种盛者的灌木、半灌木及小半乔木构成，以小片或斑块状混生其中。该亚类草地植物稀疏，散生于裸露地中，一般总盖度多在 10%~25%；分布较密及组成双层片的草地，覆盖度可达 25%~35%，较密草群盖度达40%~60%；草群或植株的高度高低不等；干草产量每公顷多在 294kg，较高的为 1115kg；该亚类草地生产力较低，多属低等及劣等草地。

沙质荒漠亚类是在极端干旱、严酷缺水（仅依稀少的天然降水及沙层凝结水）的气候条件下和风沙土壤上由强旱生的灌木和半灌木为主而形成的沙质荒漠草地。主要分布在内蒙古阿拉善盟的巴丹吉林沙漠、腾格里沙漠、乌兰布和沙漠和库布齐沙漠边缘的沙丘及覆沙地上。在新疆库尔班通古特沙漠及塔里木盆地四周边缘，乌伦古河和额尔齐斯河中下游，乌苏三角洲以西和南疆喀什三角洲以东，均有大片分布。在青海柴达木盆地的西部及北部的风蚀新月流动沙丘和盆地南部的沙丘断续带也有分布。沙质荒漠亚类气候极为干旱，在暖季期间多为酷热，降水甚少，在阿拉善盟和河西走廊沙漠区及准噶尔沙漠年降水量多为100mm，塔里木和柴达木为50～70mm。土壤为风沙土，基质疏松干燥。沙质荒漠草地面积共计656万hm^2，可利用面积439万hm^2，占荒漠温性草地类面积及可利用面积分别为14.56%及14.35%。该亚类草地主要包括大赖草草地型、白沙蒿草地型和梭梭草地型等。

温性盐土质荒漠亚类是由耐盐、抗盐及泌盐的植物在荒漠地区的气候条件下，盐化土壤或盐碱土上发育形成的一类盐生草地类型。它的形成与极端干旱、酷热的气候条件和土壤中的盐分含量有密切关系。因此，该类一般多分布在地势低洼、有地表径流或洪水集聚的洼地生境上。土壤为氯化物或硫酸盐为主的盐渍化土或盐碱土。该亚类主要分布在内蒙古的阿拉善右旗、阿拉善左旗和乌拉特后旗一带，青海柴达木盆地山前冲积平原，山麓洪积倾斜平原山前地带，新疆的准噶尔南部古老冲积平原和东西部的巴里坤盆地、艾比湖洼地、喀什三角洲西部和塔里木河下游地带及焉耆、吐鲁番、哈密三个盆地，宁夏中西部和甘肃河西的中段低槽地带也有分布。盐土质荒漠亚类草地面积共计149万hm^2，可利用草地面积为118万hm^2，分别占温性荒漠类草地面积及可利用面积的3.31%及3.9%。本亚类草地利用率不高，通常在草地青绿期，各类牲畜多不采食，枯黄后采食有所增加，为此多作为各类牲畜的冬春草地放牧利用。该亚类主要包括盐节木草地型、盐爪爪草地型和多汁柽柳盐穗木草地型等。

五、低地草甸类

低地草甸类草地是在土壤湿润或地下水丰富的生境条件下，由中生、湿中生多年生草本植物为主形成的一种隐域性草地类型。由于受土壤水分条件的影响，低地草甸的形成和发育一般不成地带性分布，凡能形成地表径流汇集的低洼地、水泛地、河漫滩、湖泊周围、滨海滩涂等均有低地草甸的分布。就是在气候干旱、大气水分不足的荒漠地区，在水分条件较好或地下水位较高的地方，也有低地草甸类草地的出现。所以，低地草甸多呈斑块状、条带状或环状，零散地分布在不同类型的草地之间。由于低地草甸所处的地势低洼、排水不畅，易形成地表积水，地下水位比较高。在干旱地区，雨季往往形成地表积水，干旱时，蒸发强烈，地下水位下降，土壤上层的矿化度较高，产生不同程度的盐渍化现象，严重者地表可形成盐霜、盐斑或盐结皮。盐结皮在荒漠地区尤为明显，喜盐、耐盐的中生植物在此比较发育，而形成盐化低地草甸。在滨海滩涂由于受大海潮的侵袭，给土壤和地下水带来大量盐分，故土壤的盐渍化程度较高，从而形成滨海滩涂盐化低地草甸。

低地草甸类草地由于地势低洼，在地表径流的作用下，土壤的土层较厚，并富含有机质，比较肥沃，生草化程度也较明显。土壤主要为草甸土、石灰性草甸土、白浆化草甸土、潜育草甸土、盐化草甸土、碱化草甸土等。

低地草甸类的饲用植物比较丰富，经济类群和种类组成多样。据不完全统计，仅草群中的优势植物就达70种以上。按饲用植物经济类群划分为多年生禾草、多年生莎草及类莎草、多年生杂类草、多年生豆科草本、一年生或越年生草本植物等。在草群中起优势作用的则为多年生禾草中的拂子茅属、剪股颖属、看麦娘属、狗牙根属、结缕草属、芨芨草属等，莎草科的薹草属，蔷薇科的地榆属、委陵菜属，菊科的花花柴属、风毛菊属，蓼科的蓼属，鸢尾科的鸢尾属，藜科的碱蓬属，豆科的甘草属、骆驼刺属等。由于种类繁多，在有大量杂类草发育的地段，草群景观比较华丽，俗称五花草甸。

低地草甸类草群较高，一般在40~50cm，盖度达90%~100%，生产能力高且比较稳定。年产干草平均每公顷达1730kg。低地草甸类草地面积为2521万hm^2，占全国草地总面积的6.40%，其中可利用草地面积2103万hm^2。全国各地均有分布，以内蒙古自治区面积最大，有903万hm^2，各省区低地草甸类草地面积见表2-5。

表2-5　低地草甸类的面积与分布　万hm^2

省区	草地面积		草地可利用面积	
	数量	%	数量	%
天津	2	0.10	2	0.09
河北	18	0.74	13	0.64
山西	3	0.14	3	0.16

（续）

省区	草地面积		草地可利用面积	
	数量	%	数量	%
内蒙古	903	35.83	756	35.97
辽宁	56	2.24	54	2.57
吉林	45	1.82	33	1.59
黑龙江	445	17.67	349	16.63
上海	3	0.15	2	0.09
江苏	8	0.36	8	0.38
新疆	688	27.3	603	28.69
合计	2521	100.00	2103	100.00

注：引自《中国草地资源》(1996)。

低地草甸类由于草群生长繁茂，产草量高，草质好，各类家畜均喜食，是牛的优良放牧地。由于草群高度较高，地势平坦，也是优良的割草地，有些地区由于放牧或刈割过度，已出现不同程度的退化和碱化，造成产草量下降或出现碱斑。这些地区应控制作用强度，尽快恢复其原来的状态，以免造成草地进一步退化。

低地草甸类根据环境条件及植被的差异将其划分为低湿地草甸亚类、盐化低地草甸亚类、滩涂盐化低地草甸亚类和沼泽化低地草甸亚类四大亚类。

低湿地草甸亚类是在土壤含水量较高、地表径流汇集以及非盐化的生境条件下，由中生多年生草本植物为主组成的一种草甸类型。该类型植物多生长在潮湿的土壤上，土层较厚而肥沃，主要为草甸黑钙土和有周期性地表积水的草甸土以及沙质草甸土上。低湿地草甸亚类的形成和分布与地下水和地表水丰富与否有密切关系，其主要分布在河流两岸、河漫滩、湖滨、沟谷和丘间洼地、林缘、林间空地等湿润地段。低湿地草甸亚类分布广泛，类型较多，牧草种类丰富，草质良好，适口性强，以高、中禾草为主，多为良好的割草地和放牧地，尤其适宜发展养牛业，不少牧草又是经济价值较高的经济资源植物，可供建筑、造纸、编制、医药之用，还可用作种植草坪、护堤、护坡。低湿地草甸亚类在草群种类组成中，根茎类禾草占的比重较大，其次为宽叶的中生杂类草，生长繁茂，草群外貌华丽。草群高大茂盛，植株达 1m 以上，叶层高 40～60cm。草地面积为 652 万 hm^2，占低地草甸类草地面积的 25.85%，其中可利用草地面积 561 万

hm^2。各省、自治区中以内蒙古自治区该亚类面积最大，占60.64%。该亚类主要包括荻芦苇草地型、野古草杂类草草地型、拂子茅草地型等。

盐化低地草甸亚类是一个广布于干旱、半干旱草原区与荒漠地区，由盐中生和旱中生性禾草、杂类草及一些灌木所组成的非地带性草地类型。其生境特点是：气候干旱，地表蒸发强烈，地形低洼平缓，土壤多有地下水源补给或受其他水源浸润，地下水深一般在1~4m。土体中程度不同地含有一些不同类型的可溶性盐分，形成盐化草甸土或草甸盐土。此类草地主要分布于新疆、内蒙古、宁夏、甘肃、青海、山东、黑龙江、河北等省（自治区），东北、华北、西北的其他省区也有小面积分布。占据一些大河流的三角洲、河岸阶地、河滩地、低湿洼地、扇缘地下水溢出带、湖盆周围和农田附近等地段。由于分布范围广，生境条件复杂，由东向西位于不同草地生态地带中，因而该亚类草地带有明显的生态地带性特征。总的特征是：草群组成比较单一，结构简单，每种类型草地的植物种类一般为5~8种，个别有10~15种，单种植物的草地也不鲜见。草群的组成以根茎、疏丛禾草与杂类草为主，其次有莎草科草本与部分耐盐、泌盐灌木和半灌木，在新疆豆科草类也分布甚广。草地的盖度、高度、产草量随水源补给的多少、土壤盐分所含种类与含量的高低差异甚大，一般不及低湿地草甸亚类高。草地盖度高者可达90%左右，低者只有10%左右。草层高度10~120cm，平均每公顷产干草1048kg，高者可达2658kg，低者445kg。该亚类草地面积1226万hm^2，可利用草地面积1033万hm^2，分别占低地草甸类面积和可利用面积的48.64%和49.13%。该亚类主要包括芦苇草地型、芨芨草草地型、赖草草地型、星星草杂类草草地型、小獐毛草地型、马蔺草地型和骆驼刺草地型等。盐化低地草甸就饲用价值而论，尽管草地植物种类组成多属于中等和低等牧草，但由于它们大多分布于牧草贫乏地区，无论是放牧利用还是刈草加工作为冷季家畜补饲，均具有特殊的生产利用价值。同时，本亚类草地还具有为家畜体内补充盐分及矿物质的特殊作用。另外，本亚类草地分布地形开阔平坦，土层较厚，热量资源丰富，在荒漠区≥10℃积温可达3000~4500℃，草原区也可达2500~3400℃，同时又具有丰富的地下水资源，在全国查清资源的基础上，进行综合开发治理规划，本亚类草地将可成为当地半人工草地建设的重点之一，具有巨大的开发利用潜力。

滩涂盐化低地草甸亚类是受海水盐分影响，沿海岸带分布的由多年生中生植物中一些稀盐的饲用植物所构成的一种草地类型。滩涂盐化低地草甸亚类与分布于内陆的盐化低地草甸亚类主要区别在于土壤中含盐成分及形成的方式不同。该亚类草地中土壤的盐分来源于海水，是在海潮的周期性侵袭下形成的。因此，土壤和地下水的盐分与海水的盐分基本一致，以氯化物占优势，其次是硫酸盐和重碳酸盐。长江以北的滩涂，随着干旱程度的加剧，土壤的盐化程度增强，并富含游离的碳酸钙，pH 值 7.5～8.5。滩涂盐化低地草甸集中分布在我国南部和东南沿海一带，沿海岸线呈条带状分布，受土壤中含盐量的影响，海拔 2～5m 的地带，含盐量在 0.5%～0.8% 之间，盐生及耐盐性能植物生长较好。在海拔超过 5m 的地带，有些地段长时间脱离海潮的周期性侵袭，土壤中盐分的含量可下降到 0.5% 以下，喜盐和抗盐的植物可以生长，这些地段的草地组成与内陆草甸相似，也属滩涂类型。滩涂盐化低地草甸亚类由于土壤的盐分含量较重，草地的饲用植物的组成比较单调，种类也较贫乏。含盐量高于 1% 的地段，常见有稀疏的嗜盐一年生草本植物，如藜科的碱蓬属，含盐量在 0.5%～1% 的地段主要有獐毛属、结缕草属等一些植物构成。在草群中往往形成单优势草地型，伴生种类很少。该亚类草地除个别型外，草群一般高 30～70cm，草群盖度 30%～70%，每公顷平均产干草 2014kg，最高可达 2395kg。滩涂盐化低地草甸亚类计有草地面积 37 万 hm^2，占该类草地面积的 1.5%，其中可利用草地面积 27 万 hm^2。该亚类主要包括獐毛杂类草草地型和盐地碱蓬草地型。该类草地因受海潮的影响，目前利用率较低。有些类型通常放牧利用，利用率在 20%～40%，但发展潜力较大。有些地区，如江苏、浙江、山东、河北等省，在滩涂上种植大米草，不仅可以消浪抗蚀、护堤保堤，而且能改造低产的滩涂草地。

沼泽化低地草甸亚类草地是在地势低洼、土壤过湿的生境条件下，由湿中生多年生草本植物为主，并伴有一定数量的湿生草本植物而组成的一种草地类型。沼泽化低地草甸亚类主要出现在地势低洼、排水不畅、土壤过分潮湿、临时或季节性积水、通气不良的生境中，特别在暖季多雨、冷季低温的嫌气条件下，因土壤中有机质不易分解而产生程度不同的泥炭积累，往往容易形成沼泽化低地草甸。因此，它们多分布在低洼的水泛地、湖泊外围、山间谷地和沼泽草地外围等处。在我国黑龙江省的三江平原，四川省黑河、白河流域等地有较大片面积的分布。在青藏高原东北部山间谷地，新疆的塔城盆地、巴里坤盆地、焉耆盆地以及内蒙古大兴安岭的山间谷地等亦有分布。该亚类草地主要发育在沼泽化草甸土、潜育化草甸土或泥炭草甸土上，因处在低湿和嫌气条件下，土壤中微生物活动微弱，植株残体和根系不易分解，有机质大量积累，土壤肥力高。有些地区受冻融作用的影响，形成地表高低不平的“塔头”景观，这也是沼泽化低地草甸亚类同其他低地草甸亚类的显著区别之一。沼泽化低地草甸亚类草群的饲用植物组成比较单纯，往往以喜湿的中生植物占优势，其中莎草科的薹草属中的一些植物在草群中作用大，如灰脉薹草、灰化薹草、瘤囊薹草、乌拉草等，有些高大禾草也可在群落中处于优势种地位，主要有芦苇、小叶章等。草群生长繁茂、稠密，覆盖度多在80%以上，草群高度在50~100cm，而高大禾草高达150~200cm，产草量高，是低地草甸类中产量较高的类型，平均每公顷产干草4129kg，高者可达4525kg。沼泽化低地草甸亚类草地面积共有605万hm^2，占本类草地面积的24.01%，其中可利用草地面积为480万hm^2，占本类草地可利用面积的22.84%。该亚类主要包括小叶章草地型、大叶章草地型、乌拉草草地型、灰化薹草草地型和瘤囊薹草草地型等。

六、山地草甸类

山地草甸类草地是在山地温带气候带，大气温和与降水充沛的生境条件下，在山地垂直带上，由丰富的中生草本植物为主发育形成的一种草地类型。山地草甸类草地多处在我国温带和暖温带的东北、华北的中低山，西北各大型山地和青藏高原东部的中山及亚高山垂直带上，在南方亚热带的高中山山地也有分布。山地草甸类草地不仅受纬向热量气候带的强烈影响，也承受着不同程度的经向湿润、干旱及半干旱气候因素的深刻制约，因此分布在南北各大山地的海拔高程及带幅宽度，多有差异。

分布在我国东北和华北低海拔山地湿润地区的，主要有内蒙古大兴安岭和黑龙江省北部及辽宁、吉林省东部的山地草甸，以及分布在华北燕山及太行山的山地草甸，海拔一般在500~1700m，在海拔较高的山区，多上升到2000m左右。向西至半干旱高原区，有内蒙古中部和宁夏西部的山地，甘肃南部和青海东南部山地。山地草甸分布在内蒙古的阴山、贺兰山，宁夏的南华山、六盘山等山地，海拔多在2000~2300m，在较高的山地可到3000m；分布在甘肃省祁连山东段和甘南、陇南山地，青海省的阿尼玛卿山及巴颜喀拉山东段的山地草甸，海拔多在2000~3500m，在较高的山地，分布的海拔上升为2600~3600m。分布在甘肃省中部以西干旱地区的，主要有新疆维吾尔自治区的天山、阿尔泰山和北疆西部山地，形成的海拔多在1600~2800m，在较高的山地上升为3000~3100m；分布在昆仑山北坡和帕米尔高原上的山地草甸上升为3800~4200m。分布在西南部山地与青藏高原东部湿润地区的，主要有四川的甘孜、阿坝及四川盆地周围的山地，海拔多在2000~3000m，在部分四川盆地的北部山地，发育下限下降到1300m。分布在青藏高原东南及南部山地的，有西藏东部昌都、林芝、山南地区、拉萨市东部山地和喜马拉雅山南坡，形成的山地草甸海拔多为2800~4200m，在较高的高原山地，上升为3600~4200m，最高达4400m。云贵高原北部及四川省凉山州的山地草甸，分布的海拔较西藏东部山地低。在湖北省、山西省、河北省、北京市、山东省的部分山地和中国台湾的中央山地也有小面积分布。全国山地草甸类草地总面积共计1671万 hm^2，占全国草地面积的4.21%，其中可利用草地面积共有1492万 hm^2。各省区山地草甸类草地面积见表2-6。

表2-6 山地草甸类的面积与分布 万 hm^2

省区	草地面积		草地可利用面积	
	数量	%	数量	%
四川	297	17.79	252	16.94
新疆	291	17.42	269	18.08
内蒙古	148	8.89	130	8.75
甘肃	378	22.62	362	24.27
云南	102	6.10	75	5.06
西藏	136	8.18	129	8.68
青海	67	4.02	54	3.68
山西	37	2.22	37	2.49
黑龙江	50	3.04	40	2.71
辽宁	24	1.48	23	1.58
吉林	82	4.91	68	4.58
宁夏	5	0.35	5	0.35
贵州	5	0.31	4	0.27
陕西	3	0.22	3	0.21
河北	37	2.24	32	2.16
湖北	2	0.12	1	0.10
北京	1	0.08	1	0.09
山东	0.07	—	0.06	—
合计	1671	100.00	1492	100.00

注：引自《中国草地资源》(1996)。

山地草甸类草地形成的气候因素多系温和湿润，降水较为充足，特别在生长季节。据全国牧区主要气候要素的统计，分布在东北、西北及西南的各大型山地草甸草地，生长季节的平均气温多在 10～18℃，该期间 ≥10℃ 的积温在 1600～2200℃，暖季期间的降水多达 400～700mm。东北大兴安岭、华北山地、西南山地的东向或东南向山坡、西北的祁连山中、东段山地能阻截东南方向来源的水气；阿尔泰山的西向或西北向山地、天山西段能拦截西北方向来的水气，降水较多。在西南、华中的山地草甸草地区和喜马拉雅山南坡、我国台湾中央山地，降水达 800m 以上。因此，山地草甸带的湿润度多为 1.0 以上。山地草甸类草地形成的土壤，多为山地草甸土、山地黑钙土及山地黑土，土壤质地多为中壤质，土层一般发育较为良好，层次显著，结构多以团粒及团块为主，疏松湿润，且较深厚，富含有机质，肥力较高。

组成山地草甸草地的牧草种类丰富，据全国大面积的山地草甸种类统计，其中优势种多达 70～100 种，一般山地草甸类草地每平方米植物种类多在 20～30 种，种类成分较少的草地，也有 10～20 种之多。主要有早熟禾属、异燕麦属、披碱草属、剪股颖属、地榆属等。山地草甸类草地的草群高度，一般为 25～35cm，高的可达 50～90cm，最高的禾草可达 1～1.5m。覆盖度一般为 60%～95%，平均每公顷产干草 1648kg。

山地草甸类草地的质量，因禾草优势种较多，生产量高，多属优良等级的草地，中等级的较少。该类草地理论载畜量共计 2981 万羊单位，是生产能力较高、潜力较大的一类草地，多数是我国重要草地畜牧业生产基地的组成部分。山地草甸类草地一般多作为夏季或夏秋季放牧利用，在华北和西南区也有作为春季及全年放牧利用，在青藏高原高寒牧区，多用作牲畜越冬的冬春放牧场，在山地平缓或宽谷地地区，多作为天然割草地和兼用草地利用。

山地草甸类草地分为两个亚类：中、低山山地草甸亚类和亚高山山地草甸亚类。

中、低山山地草甸亚类草地，主要指中山和低山地带，在水、热气候及土壤因素较为优越的条件下形成的草甸类草地。其分布的地理位置因不同山体及气候因素而有所差异。多分布在我国东北和四川盆地周边地区，上限可达 3000m 的高中山地带，下限在东北下降到 300m；在四川盆地北部下降到 600m 或 1300m。分布在半干旱的祁连山东段和甘南及青海东南山地，下限多上升到 2000m 或 2600m，上限达 3500m 或 3000m。分布在干旱区新疆的天山及阿尔泰山的，下限多在1600～2000m，上限为2800～3000m。分布在西藏高原山地的，下限多为2600～2800m，上限达3200～3500m。由此看出，该草甸亚类在南北各大区山地形成的垂直分布幅度较为宽阔。该亚类能较典型地反映山地草甸类生境条件和草群生态特点，分布区多与森林、灌丛集中分布地带相吻合，也是常年大气降水频繁的最大降水地带，因此形成的草群成分丰富多样，由大量温性的中生、湿中生和干旱地带的旱中生种类组成。草群可分为草本及灌丛二层，草本层高度一般为25～35cm，高草层或林下和阔叶林区的高草达60～100cm，覆盖度一般为60%～90%，每公顷产干草2000kg，多属优、良等级的草甸草地。该亚类草地面积为720万hm^2，其中可利用草地面积为633万hm^2，占该类草地可利用面积的42.47%。该亚类主要包括荻草地型、具乔木的大油芒草地型、穗序野古草杂类草草地型、鸭茅杂类草草地型和草地早熟禾草地型等。

亚高山草甸亚类是山地草甸类的主要组成部分，是山地草甸类向高寒草甸类过渡的类型。主要分布在我国南北各大山地的亚高山地段上，即多处于林线上下的平缓山地和山顶地段。所处的海拔高程，因南北各大山体的高程及其气候因素的差异而有所不同。在甘肃祁连山和甘南山地多分布在3000～3500m，在新疆的天山和阿尔泰山，多在2800～3000m，在青海东南部山地，多在3500～4000m，西藏东部昌都林芝地区山地为3800～4200m，在川西北为3400～3800m。该亚类草地的面积共有951万hm^2，可利用面积858万hm^2，分别占山地草甸类草地面积和可利用草地面积的56.88%和57.53%。该亚类主要包括垂穗鹅观草草地型、垂穗披碱草草地型、野青茅异针茅草地型和糙野青茅草地型等。

七、温性荒漠草原类

温性荒漠草原类是发育于温带干旱地区，由多年生旱生丛生小禾草为主，并有一定数量旱生、强旱生小半灌木、灌木参与组成的草地类型。分布于温性典型草原带往西的狭长区域内，东西跨经度39°(东经75°～114°)，长约4920km，南北跨度10°(北纬37°～47°)。包括的行政区域有内蒙古自治区中西部，宁夏回族自治区北部，甘肃省中部，新疆维吾尔自治区全境山地以及西藏自治区南部山地的部分地段。总面积1892万hm^2，可利用面积1705万hm^2，分别占全国草原总面积和可利用面积的4.82%和5.15%。各省区温性荒漠草原类草地面积见表2-7。

表 2-7　温性荒漠草原类的总面积与分布　　万 hm^2

省区	草地面积		草地可利用面积	
	数量	%	数量	%
内蒙古	881	46.61	796	46.72
宁夏	141	7.50	122	7.19
新疆	641	33.90	585	34.32
青海	53	2.83	51	3.00
甘肃	130	6.88	112	6.62
西藏	43	2.28	36	2.15
合计	1892	100.00	1705	100.00

注：引自《中国草地资源》(1996)。

其中，分布在内蒙古高平原、黄土高原石质低山丘陵的温性荒漠草原属于水平地带性草地类型，位于温带典型草原的西侧，呈东北—西南走向。往西进入荒漠区各山地的温性荒漠草原是构成山地垂直带谱的主要类型之一，位于温性山地草原带之下，形成了荒漠草原带。

温性荒漠草原是中温型草原带中最干旱的一类。由于直接受蒙古高压气团的支配，气候处于干旱和半干旱区的边缘地带，它与典型草原相比，具有强烈的大陆性特点。但是，受东南方吹来的微弱海洋季风湿润气团的影响，也能形成一定的降水量，降水量平均150~250(300)mm，年内降水分配不均，60%~70%集中在7~9月，干燥度达2.5~3。在此地带中，水、热组成的特点是由东北向西南水分递减、热量递增。年平均气温2~5℃，≥10℃积温2200~3000℃，最高达3400℃以上。其东部气候特点是夏季短促炎热、冬季漫长寒冷；西南部则因海拔的升高，纬度偏南，呈现夏季短但不甚炎热，冬季较长但较北部温暖。全地带日照充足，全年多风，这不仅加剧了地面水分蒸发，也是造成地表侵蚀的动力。

本类草地分布区的地带性土壤与生物气候带相一致，是草原向荒漠过渡的棕钙土、淡栗钙土、灰钙土和漠钙土。上升到山地主要为山地棕钙土、山地灰钙土、山地栗钙土，以及少量的山地粗骨土和亚高山灌丛草原土。分布于沙地的主要是风沙土。棕钙土的母质多属白垩纪沙岩的残积、坡积、冲积物和风积物，物理风化强烈。母质的共同特征是质地粗，盐分含量高，pH 8.5~9.0，有机质含量多在1%以下。表土层含有粗沙和小砾石。这些土壤的发育均与植被分布有密切的关系。

温性荒漠草原类由于分布在气候最干旱的温带草原区，在生境条件的制约下，整个草群外貌呈现低矮、稀疏、季相单调的特征。组成草地的植物丰富度、草群高度、盖度及生物量等指标均明显低于温性草原。由优势种强旱生多年生矮丛禾草（或蒿类半灌木）与强旱生的多年生草本、小灌木和小半灌木组成的草地类型。草本植物在草群中的参与度随着干旱程度由东向西增强而逐渐减少，小灌木和小半灌木的地位明显增强。在局部地区还会出现以锦鸡儿等旱生灌木占优势种形成的灌丛化荒漠草原的独特景观。

旱生的矮禾草组、半灌木组、蒿类半灌木组中的一些种类常常是温性荒漠草原类的主要优势种。常见的伴生种为杂类草组中的一些植株低矮的种类。另外，夏雨型一年生植物在荒漠草原上有一定比重，尤其在雨水好的年份可形成很大优势，在干旱年份则作用很小，在荒漠草原区则因生境条件的变化（盐碱化、石质化），一些温带荒漠植物也渗入其中。草群高度一般为10~30cm，植被覆盖度15%~45%，每平方米有植物10~15种。荒漠草原生产力较低，每公顷草地平均产干草455kg，最高达1030kg，最低仅172kg。草地的营养特点是，粗蛋白质及粗灰分含量较高，水分含量低，营养价值较高。该草地很适合放牧小家畜，温性荒漠草原类总理论载畜量为612.9万羊单位，由于利用过度，草地退化明显，应控制载畜量，以保护草原。保护荒漠草原植被及生态环境，对于促进草地畜牧业的发展，振兴当地以牧为主的少数民族经济，均具有积极的现实意义。温性荒漠草原类进一步划分为平原丘陵荒漠草原亚类、山地荒漠草原亚类和沙地荒漠草原亚类。

平原丘陵荒漠草原亚类草地是构成温性荒漠草原类的主体。其分布东起内蒙古苏尼特左旗至鄂尔多斯台地、黄土高原西缘一线，向西直到新疆西北部的阿尔泰山南麓、额尔齐斯河北岸。行政区域包括内蒙古的锡林郭勒盟西部、乌兰察布盟、巴彦淖尔盟、伊克昭盟及阿拉善盟；宁夏的银南地区和固原地区北部；新疆东部及西部的山前倾斜平原和部分山麓。草地面积为966万hm^2，占该类草地总面积的51.06%，可利用面积为875万hm^2，占该类草地可利用面积的50.05%。该亚类主要包括小针茅无芒隐子草草地型、具锦鸡儿的小针茅草地型、短花针茅冷蒿草地型和无芒隐子草草地型等。

山地荒漠草原亚类发育在荒漠区和荒漠草原区内的山地，构成山地草地垂直带谱的一部分。在草原区的荒漠草原带一般位于山地垂直带谱的基部，在荒漠区它一般处于山地基部草原化荒漠带的上部。就生境而言，是山地草地中仅次于山地荒漠的最干旱的草地类型。山地荒漠草原的生态环境以干燥、少雨、风大为基本特征。土壤主要是砾质、砂砾质的山地棕钙土、山地栗钙土，局部地段为山地粗骨土和亚高山灌丛草原土。土壤瘠薄，有机质含量一般在1%以下，地表基岩裸露或有堆积和残积的大量石块。与生境条件相适应的植物种类属于一些强旱生、超旱生的矮丛生禾草和小灌木、蒿类半灌木。由以上不同生活型的植物组成的草地型，随生境的变化而出现有规律的变化。山地荒漠草原草层分化明显，草层高6~20cm，盖度10%~20%。草地产量平均为362kg/hm^2，组成本亚类草地的禾草和蒿类植物多数为饲用价值较好的牧草。在季节利用上，北疆多用作春秋牧场，南疆主要用作冬季牧场，内蒙古用来夏季放牧。本亚类草地面积为705万hm^2，可利用面积642万hm^2，分别占本类草地总面积和可利用面积的37.28%和37.68%。该亚类主要包括镰芒针茅高山娟蒿草地型、沙生针茅草地型、戈壁针茅蒙古扁桃草地型和短花针茅草地型等。

沙地荒漠草原亚类是发育于温性荒漠草原带沙地上，由各种适沙植物组成的草地类型。组成该亚类草地的植物在建群种、草群结构等方面与典型荒漠草原地带的类型不同，但又具有许多典型荒漠草原地带的植物区系成分。从植物生态、植物生理和群落学特征等方面均具有适沙特性，草群结构、演替及经营利用方式都具有独特性。沙地荒漠草原主要分布于毛乌素沙地的西部及东南部边缘地带，阴山北部覆沙地等。行政区域包括内蒙古乌兰察布盟、伊克昭盟南部，宁夏黄河平原东部的盐池、灵武、陶乐灯县。该亚类草地面积为220万hm^2，可利用草地面积186万hm^2，分别占本类草地总面积和可利用草地面积的11.66%和10.67%。该亚类包括沙鞭杂类草草地型、甘草草地型、油蒿沙鞭草地型和具锦鸡儿的油蒿草地型等。该亚类产草量和载畜量居温性荒漠草原类之首，每公顷干草产量为776kg，土壤类型多样，以风沙土为主体，还有沙质栗钙土、淡栗钙土、棕钙土、灰钙土。

八、暖性草丛类

暖性草丛类草地是在暖温带落叶阔叶林区域，山地丘陵的森林灌丛反复破坏后形成的已经稳定的次生植被。由于生态条件改变，主要是土壤瘠薄干旱，在较长期内也难以自然恢复为森林或灌丛，成为已经稳定的草丛草地。这里气候温暖湿润，≥10℃年积温在2600~3200℃，年降水量400~600mm，湿润系数为0.4~0.6，干燥度<1，但由于森林灌丛被破坏，水分易于流失，土壤仍显干旱。另外，暖性草丛类草地也可以出现在亚热带地

区山地的中山带以上，虽然山地基带为亚热带气候，但由于海拔升高，气温降低，中山以上出现温带气候，这里由于森林破坏形成的草丛草地，从草地类型性质区分，也应归于暖性草丛之列。

暖性草丛的建群种多为旱中生的多年生禾本科植物，混生有杂类草或蒿类植物，经常有少量乔、灌木散生其中，它们是森林灌丛被破坏后的个别残留。有些地方，经过人工造林，但由于土壤瘠薄干旱，再加以人为破坏的继续，林木稀疏、生长缓慢，形成具乔木的草丛草地，或被称为疏林草丛草地，林木多为松属树种。

暖性草丛主要分布在华北地区冀中、晋东南山地，黄土高原中南部等地。低山丘陵地区，由于邻近农区，原生植被破坏最为严重，而且这里降水量相对较少，蒸发量相对较大，土壤干旱瘠薄，林木、灌丛破坏后，难以恢复，只能主要形成草丛草地。分布最广泛的是中禾草类型。在疏林下或放牧过度地段，主要由小禾草组成，它还分布于山东、辽宁、江苏三省海岸带。

山地草丛，出现在低山丘陵草丛带以上的低、中山带，其建群种与低山丘陵草丛相似。在亚热带温凉的中山带，暖性草丛发育在热性草丛带之上，山地草甸带之下，主要由中禾草组成，在草丛中常散生有阳性乔木。此外，还出现有由高禾草组成的类型。

暖性草丛类草地是我国华北各省暖温带很重要的草地，草地总面积665 万 hm^2，可利用草地面积 585 万 hm^2，约占全国草地总面积的 1.69%。草层高度多数可达 50cm 以上(60~80cm)，盖度可达 60%~70% 或更大，干草产量 1100~3000kg/hm^2，早期利用草质较好，总的评价多为中等草地，除少量矮草草丛和陡坡外，多数可以刈牧兼用，是目前暖温带草食家畜牛、绵羊、山羊利用的主要草地。

九、热性灌草丛类

热性灌草丛类草地，是热带和亚热带地区湿热气候条件下，由于原来的森林植被受到反复的砍伐或烧荒破坏后，形成的一种以多年生草本植物为主体，散生有少量乔木和灌木(郁闭度在 0.4 以下)，植被相对稳定的次生草地类型。

从热性灌草丛类的形成可以看出，它同热性草丛类的成因基本相同，二者都是在人为因素的干扰下所形成的次生性类型，它们不像原生的草地类型那样稳定，在草地群落处于一种相对稳定状态。在程度上，热性灌草丛类比热性草丛类稳定性差一些。在水土条件良好的地段，只要停止人为因素的干扰和破坏，热性灌草丛类草地在较短的时间内(一般5年左右)可向森林植被演替。而在水土流失严重的、石质化较强的山坡，热性灌草丛类草地比较稳定，短期内不易恢复到原来的植被。热性灌草丛类草地的演替，在很大程度上取决于人为活动的影响方式、强度和持续时间。一般说来，在人类活动比较频繁的居民点附近，由于连续烧荒或放牧利用，破坏程度较重，草地多以热性草丛类为主。而在远离居民点和交通闭塞的山地丘陵地区，人为干扰轻，草地则以热性灌草丛类为主。

热性灌丛草地地处热带和亚热带，热量资源丰富，气温较高，年平均气温为14~22℃，≥10℃的年积温均在4500℃以上，年降水量充沛，平均多在800mm以上，高者达2000mm，一般无明显旱季，土壤主要为黄壤、黄棕壤、山地红壤和砖红壤等。土层较薄，呈酸性，肥力较低，有机质含量一般在3%以下。

热性灌草丛类草地种类成分繁多而不一致。草群中既有原始森林破坏后残留下来的高大乔木和人工种植的次生树种，常见的有马尾松、云南松、桉树、青冈等，其郁闭度多在0.1~0.3；草群中还有一定数量的灌木，其郁闭度在0.4以下，常常与高大禾草处在草群的上层，常见的种类有桃金娘、野牡丹、杜鹃、金丝桃等。草本植物是构成灌草丛类草地的主体，按其经济类群可分为：高禾草，平均高度80~250cm，最高可达400cm，常见的优势种有芒、五节芒、类芦等；中禾草，平均高度30~80cm，常见的种类有白茅、黄背草、黄茅、金茅、四脉金茅、细毛鸭嘴草、刺芒野古草、青香茅、细柄草等；矮禾草，一般在20cm以下，常见的优势种类有地毯草、马陆草、蜈蚣草等；除此之外，还有种类繁多的杂类草，但在草群中多为伴生植物，起优势作用的种类很少，常见的有芒萁、紫茎泽兰等。

热性灌草丛类草地在草群结构上也不像原生性草地那样整齐，草群结构显得凌乱，植物在群落中的空间位置很不固定。在远离居民点的山地丘陵上，树木较多，形成含乔木的热性灌草丛草地型；有些地段不含乔木，而灌木较多，且比较均匀地生长在茂密的草群中，形成典型的热性灌草丛类草地；还有些地段，特别是以高禾草占优势的草地型，乔木高出草本层，而灌木分散在草群中间，其高度通常在草层之下，形成热性灌草丛类草群结构所特有的景观。

热性灌草丛类草地，由于水、热条件优越，草群生长繁茂，覆盖度较高，其草地的总覆盖往往达到100%，有些草本植物的盖度亦有达郁闭状态的，加之灌木或乔木覆盖的程度较高，热性灌草丛类草地产草量一般较高，平均产草量每公顷为2527kg，养1个羊单位年需草地0.36hm^2。

热性灌草丛类草地面积为1737万hm^2，占全国草地总面积的4.47%，其中可利用草地面积为1329万hm^2。各省区热性灌草丛类草地面积见表2-8。

表2-8 热性灌草丛类草地面积与分布 万hm^2

省区	草地面积		草地可利用面积	
	数量	%	数量	%
江苏	1	0.09	1	0.08
浙江	52	3.01	42	3.17
安徽	25	1.48	22	1.70
江西	19	1.10	15	1.15
河南	192	11.07	163	12.32
湖北	27	1.57	24	1.81
湖南	89	5.16	65	4.92
广东	153	8.86	133	10.07
广西	31	1.80	20	1.56
广西	382	21.99	232	17.49
海南	20	1.15	16	1.24
四川	391	22.55	332	25.01
贵州	78	4.53	56	4.26
云南	268	15.47	199	15.01
西藏	3	0.16	2	0.20
陕西	0.08	—	0.07	—
合计	1737	100.00	1329	100.00

注：引自《中国草地资源》(1996)。

热性灌草丛类草地是我国南方主要的草地资源之一，也是当地农用役畜的主要饲草来源。该类草地生长期长，枯黄晚，牧草生长前期柔嫩，各类家畜均采食。到生长后期，草质粗糙，粗纤维素增多，茎秆坚硬，家畜不愿采食，饲用价值显著降低。该类草地是发展我国南方草食家畜的重要资源，目前开发利用很不充分。随着科学技术和大农业的发展，热性灌草丛类草地资源对我国南方草地畜牧业的发展、对山区水土保持都将具有十分重要的作用。

第三章

草原资源与评价

第一节　草原资源

一、草原资源的概念

我国草原分布十分广泛，跨越 23 个纬度带，包括热带、亚热带、温带、高原寒带等自然地带，具有不同的气候、地形地貌、土壤和动植物种群条件，因此，草原蕴藏着独特的环境资源以及丰富的生物资源，是国土资源重要的组成部分。草原资源不仅是国民经济持续发展的物质基础，而且对维护生态平衡、保护人类赖以生存的环境，具有其他资源不可代替的重要地位和作用。草原资源具有巨大的自然生产力，在国民经济和生态环境中地位十分明显。草原资源是现代农业基础资源的主要组成部分，在我国牧区的畜牧业发展中作为重要的饲料来源和生产资料，是当地国民经济和社会发展的重要支柱。而且，草原资源在自然环境的保护和改善中发挥着重要作用，是不可替代的重要战略资源，可以缓解地球温室效应、调节气候、防风固沙、保持水土、涵养水源。同时，草原资源是丰富的生物多样性基因库，仅天然草地就有饲用植物 6704 种，是天然的植物基因库，在草原上生活的野生动物有 2000 多种，包括鸟类 1200 多种、兽类 400 多种、爬行类和两栖类 500 多种，其中有大量国家级重点保护动物。除植物资源、动物资源外，还有丰富的草原微生物资源，广泛存在于广阔的草原，主要是以土壤微生物资源为主，它们在土壤中进行氧化、硝化、氨化、固氮、硫化等过程，促进土壤有机质的分解和养分的转化，全球变暖、草原群落、土壤退化都与微生物有关。

草原资源属于自然资源，是自然界中存在的、非人类创造的自然体，它蕴藏着能满足人类生活和生产需要的能量与物质。1972 年联合国环境规划署(UNDP)定义“所谓自然资源是指在一定时间条件下，能够产生经济价值以提高人类当前和未来福利的自然环境因素的总称”。因此，草原资源可以定义为具有数量、质量、空间结构特征，有一定面积分布，有生产能力和多种功能，主要用作畜牧业生产资料的一种自然资源。但草原资源的内涵，随着生产的发展，应该扩展为一切天然、人工、副产品饲草料资源的总体。

草原资源的数量是指草原面积的大小、草原区域产草量和载畜量的高低。草原资源的质量是指草原上牧草品质的优劣，草原适用方式、适用季节、适养家畜的范围，草原的自然灾害状况。草原资源的空间分布是指各种类型草原在由纬度、经度和海拔高度组成的三维空间中的分布格局及组成结构。

(一)草原资源的自然属性

1. 草原资源数量的巨大性

草原资源数量的巨大性即指草原的面积大；草原分布最广，类型繁多；草原上的植物量很大，在全世界的植物生物量中有 35%~74% 为森林植物量，36%~64% 为草原植物量，多年的研究表明两者的质量近乎相等。

2. 草原资源质量的差异性

地球上不同的气候带形成许多地域性的草原。例如在世界范围内，热带草原以稀树草原为主，亚热带草原以荒漠为主，温带草原以草原和草甸为主，寒带草原以冻原为主，高寒带草原以高寒草甸为主。草原的自然差异要求人们因地制宜地合理利用不同类型的草原资源，确定草原利用的合理结构与方式，以获取草原利用的最佳效益。

3. 草原资源位置的空间有序性

由于地球表面生态环境空间位置的有序固定性和时间变化的周期性，使草原资源及草原类型在地球表面的分布也是有序固定的，这在一定程度上决定了草原资源的区位差异及使用上的经济价值差异。

4. 草原资源发展的阶段性和动态性

作为活的、不断发展变化的草原资源，在一定的时间范围内，必然处于一定的发展阶段。当草原资源的能量和物质输入与产品输出大体相同时，草原资源处于平衡的稳定阶段；当草原的利用不足，能量与物质的输入大于输出时，草原资源就处于正向发展的聚集与富化状态；当能量与物质的输入小于输出时，草原资源就处于逆向发展的消耗与贫化状态；当草原资源贫化到丧失自我恢复能力时，就会发生质变，使草原资源彻底破坏，不复存在。

（二）草原资源的经济特性

首先，草原大多位于干旱、寒冷地区，生态系统比较脆弱，容易受外力影响而发生不同程度的草原退化。草原资源是容易退化的农业自然资源，由于草原资源在自然条件优越的时候，如气温与降水适宜的条件下，可以自然恢复更新。草原也可以接受人为的能量与物质投入，如施肥、灌溉、改善植物群落结构等措施，因而可以使草原资源不断的恢复。草原资源的自然与人为可更新性是草原资源的首要经济特征。

其次，草原资源的利用具有适宜性与限制性。草原资源的适宜性是指一定地段的草原对特定用途及草原持续利用的适宜程度。草原资源利用适宜程度的差异，取决于利用该地段所获效益与所需投资之间实际或预测的相互关系，可以采用产出—投入的数量分析方法来估算。草原资源利用的价值还必须考虑草原的生态效益和社会效益的衡量与货币化。

再次，草原资源还具有资产性和增值性的特点。在农业自然资源中，草原资源与空气、光照、热量、降水等不可占据的资源不同，它可以被个人、法人或国家垄断，因而它可以和其他资产一样，成为个人、法人或国家的固定资产，从而有租赁和出售的价值。由于草原资源的面积巨大，对它的占有可以影响国计民生，所以草原资源的所有制形式，也就成为决定社会制度的基础之一。

二、草原资源的组成

在草原生态系统中，草原环境与草原生物构成统一的整体，在这个统一整体中，生物与环境之间相互影响、相互制约，并在一定时期内处于相对稳定的动态平衡状态。而在生态系统的平衡中，环境资源和生物资源是维持草原生态系统稳定和改善生态环境的物质基础，同样，也是人类赖以生存和发展的最基本生产资料。

草原资源在组成上是由气候资源、土地资源、生物资源等自然资源和人类生产劳动要素等经济资源有机迭加的总和。草原资源主要研究的是草原资源构成的基本要素，各项基本要素之间的交互影响和由此衍生的发生与发展的现象、过程和规律，利用这些规律达到草原资源高效、稳产并保持草原资源的持续发展。

（一）草原环境资源

草原环境包括草原气候、土壤、地形和地貌等。草原气候资源根据能为草原生产所利用的气候物质、能量和条件，分为热量资源、光能资源、水分资源、风能资源和大气成分资源等，是一种可利用的可再生资源，包括太阳辐射、热量、水分、空气、风等；作为人类生产、生活必不可少的主要自然资源，可被人类直接或间接的利用，或在一定的技术和经济条件下为人类提供物质及能量。草原植被类型和植物物种的分布在很大程度上取决于草原气候资源的数量、质量和气候要素的组合状况。气候资源在草地资源中的重要作用是决定草地类型的地带性分布和净初级潜在生产力。草原土地资源是指可供草原生物生存和人类生产劳动可利用的土地，具有其自然属性和社会属性，包括土地地形、地貌、土壤类型等，是草原植物、动物、微生物生长、发育的基础。不同的土地类型是草原植被类型多样化和分布特征形成的重要因素之一。草原土地资源的重要作用是给草原植物和动物提供栖居地和对光、热、水分和养分进行再分配。

（二）草原生物资源

草原生物资源是草原资源的有机组成部分，是指草原中对人类具有一定经济价值的动物、植物、微生物有机体以及由它们所组成的生物群落，包括植物资源、动物资源和微生物资源三大类。草原植物资源是草原资源的主体，草原植物的种类和属性特征是决定草原植被类型的性质、用途和经济价值的主要因素。草原动物资源是草原资源的基本构成者之一，通常包括驯养的动物资源和野生动物资源等。草原微生物资源，则主要是以土壤微生物资源为主，包括湿地微生物资源、极端环境微生物资源以及植物内生菌资源在内的微生物类群，是聚集的细菌、真菌、放线菌以及其他未知微生物的总称。草原生物资源的重要性使植物和动物成为草原资源中最积极、最活跃的组分，是草地生产和开发的主要对象，植物生产—动物生产的结合关系，是草地生产的特征。

第二节　草原环境资源

环境资源作为资源总和的环境整体，由人类生存和社会发展的各种自然因素构成，包括光热资源、水资源、土壤资源、风资源等。草原作为我国最大的陆地生态系统，面积辽阔，地域分布广阔，海拔高低悬殊，导致草原环境变化多样，各不相同，形成了多种多样的草原气候、土壤类型以及复杂的地貌类型，因此，也造就了丰富的环境资源。

草原环境包括草原气候、土壤、地形、地貌和水文等。它们提供草地植物生活所必需的物质与能量——太阳辐射热、水分、大气成分与风、营养元素等。草原环境是草原植物发生、发育、发展的基础。草原植被的类型、分布、生产力以及生物多样性，主要受环境条件的制约和影响。植物的存在和发展，离不开它们需要的生活物质——光、温、水、肥、气，从限制性因素看，水和热又具有首要的作用。植物的进化过程主要决定于它们不断地对缺水状况的斗争与适应。现代地球上植被的分布与特征，基本上是水分状况和辐射热量条件一起为各种植物分选的结果，而它们又是由气候和土壤条件所决定，地形作为间接因素，也起着重要的作用。千差万别的环境条件，导致了草原植被类型的多样化。同时，大面积的草原植被又在不同程度上影响了环境条件。因此，草原植被和草原环境是紧密相连的整体，草原环境资源可以被看作是草原整体资源的一部分。

土壤是草地植被着生的基础，为植物的生长发育提供生活要素，从土壤本身特征的形成看，它又决定于气候和着生其上的植被。气候、土壤、植被三者相互联系，具有统一性。在相同的气候带范围内，土壤基质的差异导致土壤水、温、肥、气的变化，成为决定植被的重要因素，在干旱地区，基质的作用更为突出。地形不是直接的植物生活因素，是起间接作用的因子，它通过与地形相关的气候因子和土壤因子影响草地植物，但它本身不参与植物的代谢过程。以广域范围看，地形的变化影响于气候和植被的发育，从局部地形看，地形的差异影响到水、热再分配，引起草地植被的变化。

水、热是气候要素，由于不同地理位置的草地，所接受的太阳辐射、大气环流下垫面的影响也不同，在不同气候带内，必然发育有不同的、与之相适应的草地。从冰川的发育、河流、湖泊的存在，到地表径流、地下水等水文条件，直接影响于水分分布与供给，以及一些地形特征的形成和土壤保持，对于草地的形成和分布格局具有深刻的影响。河流和地下水供应的变迁，也引起草地植被的演替。新疆塔里木河下游，铁干里克镇以西，水源断流，造成大片胡杨林和低地草甸的衰退，甚至消亡。水文条件往往是影响特定的隐域性草地形成的要素。大河流域和溢水溢出区，由于水分侧渗、泛滥，地下水位的抬高，乃至潜水流出地面，形成了特殊的水分条件，在大气干旱地区，发育中生性、隐域性草甸草地，同时还常常伴随着盐分的积聚，发生草地盐渍化。水文条件还与地形特征的形成有关，特别在山区河流的切割作用下，形成不同的河谷地形和不同的坡度地段，影响山地草地的形成。

一、光热资源

在草地形成过程中，气候因素通过对生物及非生物环境的影响，形成了草地的地带性分布，我国草原南北纬度相距约50°，跨越热带、亚热带、暖温带、中温带和寒温带5个气候带；东西跨经度62°，年降水量从东南沿海的2000mm向西北逐渐减少至50mm以下，海拔为－100～8000m。我国自然地理条件非常复杂，形成一个以青藏高原最高，向东逐渐降低的阶梯斜面。这样复杂的三维空间造就了复杂多样的草原气候类型，可以概括为东南季风区、西北干旱区和青藏高原区三个气候区。在气候因素中，包括温度、湿度、气压、大气降水和太阳辐射等，对草地形成与分布影响最大的当属温度和降水。太阳辐射作为地球各类生态系统的最主要的能量来源，制约着大气的增热和冷却过程、大气运动的变化过程和自然界水分的循环过程，从而也就决定着气温、湿度、气压、大气降水和风等气候因素。太阳辐射在地球表面的不均匀分布及随时间变化的结果，形成了不同地区间的气候差异和各地气候的季节交替。太阳辐射的能量以热能的形式传递给地面及大气层，引起气温的变化。因此，太阳辐射对生物与非生物的影响，最终是以热的形式得以表现。

(一)太阳辐射决定气候的形成

太阳以辐射形式不断地把巨大的能量——热能传递给地面及大气层。以北半球为例，地球表面全年获得太阳辐射能最多的地方是赤道，随着纬度的增加，辐射量逐渐减少，北极最少，只有赤道的40%。这就是各地年平均气温随着纬度的增高而降低的根本原因。根据热量在各纬度带的分布，从赤道向北可以划分出热带、亚热带、温带、亚寒带和寒带等几个热量带。

夏季获得太阳辐射能最多的地方是北纬20°～25°的地带，由此向南、北两边递减，最小值在北极，但仍可以占25°纬度上的76%。因此，夏季北半球高、低纬度间的温度差异不大。冬季获得太阳辐射能最多的地方是赤道，随着纬度的增加，辐射量的迅速减少，北极点上能量收入为零。因此，冬季北半球高、低纬度之间的温度差异较大。

上述各纬度的辐射总量，主要是由太阳高度角和日照时间的长短决定的。冬季，北方高纬度地区太阳高度角小，昼短夜长，南方低纬度地区太阳高度角大，白昼长于北方。因此，冬季南北方所获得的太阳辐射总量的相差很大。夏季，北方高纬度地区的太阳辐射虽不如南方低纬度地区大，但白昼却比南方长，使得南北方所获得的太阳辐射量相差不大。这就决定了我国的气温具有冬季南北相差大，夏季南北相差小；北方冬季差别大，南方冬季差别小的特点。

（二）大气环流影响温度的分布

大气环流是气候形成的另一个重要因素。如果地球不自转的话，由于极地和赤道间受热不均匀，根据热力环流形成规律，将存在一种地面大气由极地流向赤道，而在赤道极地附近大气上升，上升至高空层则会形成由赤道向极地的闭合环流。但由于地球的自转，这种单圈循环并不存在。实际上，理想的大气环流是由低纬环流、中纬环流和高纬环流组成的三圈环流。以北半球为例，当大气由赤道上空向北流向极地上空时，起初是南风，但由于受地球自转偏向力的影响而逐渐出现风向的偏转，成为西南风。当气流继续向北流动到达北纬30°上空时，风向彻底转为西风。由于北纬30°上空空气由赤道上空源源而来，从而产生下沉气流，使地面形成一个高压带，称为副热带高压带。赤道处则因空气膨胀上升后流向南北两半球而在地面形成一个赤道低压带。这样，近地面气流就由副热带高压带流向赤道低压带，起初是北风，在地球自转偏向力的作用下，风向逐渐变成东北向，叫作东北信风。近地面的东北信风，高空的西南风，赤道的上升气流和北纬30°处的下沉气流，这四者就组成了一个低纬度环流圈，又叫热带环流圈。

从副热带高压流出的气流，除一部分向南流回赤道外，另一部分向北流去，这支气流受地转偏向力影响逐渐从南风转成西南风，称为盛行西风。由于极地非常寒冷，因此其空气密度大，并在近地面形成一个极地高压。在极地高压的作用下，近地面气流从这里向南运行，并在地转偏向力影响下，逐渐转成东北风，称为极地东风。盛行西风和极地东风这两支冷暖不同的气流，在北纬60°附近相遇，暖而轻的西风气流爬升至冷而重的极地东风气流之上，形成副极地上升气流。上升气流在高空又分别流向副热带和极地上空，形成了中纬度和高纬度环流圈。由于副极地上升气流到高空即向南北方向流走，致使北纬60°附近的低空气压降低，形成一个副极地低压带。同时，由于太阳直射点随季节变化而南北移动，地球上的气压带和风带的位置，也随季节变化而被动。就北半球来说，大致是夏季北移，冬季南移。由于各纬度地带的温度差异和大气环流的存在，促进了高、低纬度之间和海、陆之间热量和水汽的交换，调整了全球热量和水分的分布。同时，大气环流还具有削弱太阳辐射的作用。例如，在经常处于低气压控制的地区，因常有大片的云层反射太阳辐射，所以地面能接受的太阳辐射一定少于同纬度其他地区；而高气压经常控制的地区，则与之相反。世界上许多地区，虽然纬度相当，但由于大气环流情况不同，也常形成差别悬殊的气候。例如，我国的长江流域和非洲的撒哈拉大沙漠，按纬度位置都处在亚热带，也同样邻近海洋。但是我国长江流域由于夏季风带来大量水汽，所以雨量丰沛，成为良田沃野；而撒哈拉大沙漠则因终年在副热带高压控制下，所以干燥少雨，形成了广阔的沙漠。由此可见，大气环流对气候的形成起着重要作用。

由于上述热量分布的纬度地带性，草地的形成也表现出明显的地带性规律。如在热带湿润带，形成了炎热潮湿及暖热潮湿类型的草地；低纬度干燥带形成了暖热干燥类型的草地；温带湿润带形成了暖温微润类型的草地；高纬度寒冷带形成了冷湿和寒湿类型的草地。

二、草原水资源

千百年来草原游牧民族在广袤的大草原上，逐水草而居，因时而动，千里迁徙，形成了草原民族独特的生活方式和极具特色的草原文化。逐水草而居的目标只有两个，一是水，二是草，而且是有水就有草，说明草原水资源的极其重要性。

作为资源的水，是人类可直接或间接利用的水，是自然资源的一个重要组成部分。天然水资源包括河川径流、地下水、积雪和冰川、湖泊水、沼泽水、海水。水资源按水质划分为淡水和咸水资源。随着科学技术的发展，被人类所利用的水增多，如海水淡化、人工催化降水、南极大陆冰的利用等。由于气候条件变化，各种水资源的时空分布不均，天然水资源量不等于可利用水量，往往采用修筑水库和地下水库来调蓄水源，或采用回收和处理的办法利用工业和生活污水，扩大水资源的利用。与其他自然资源不同，水资源是可再生的资源，可以重复多次使用，并出现年内和年际量的变化，具有一定的周期和规律，其储存形式和运动过程受自然地理因素和人类活动所影响。

草原水资源具有水资源所共有的一些属性外，草原水资源的保护大大优先于利用，保护草原水资源在很大程度上就是保护草原。草原是许多江河的发源地，丰富的草原水资源，孕育了一片绿茵如织的大草原。

(一)草原水资源的类型

草原水资源主要是指淡水资源。虽然干旱半干旱区的草原上分布着许多咸水湖泊，但草原上的植物、动物所能利用的水资源主要是淡水资源。草原水资源的类型主要包括降水、地表水、地下水以及冰川融雪水。

1. 降水

降水是指空气中的水汽冷凝并降落到地表的现象，它包括两部分，一部分是大气中水汽直接在地面或地物表面及低空的凝结物，如霜、露、雾和雾凇，又称为水平降水；另一部分是由空中降落到地面上的水汽凝结物，如雨、雪、霰雹和雨凇等，又称为垂直降水。国家气象局地面观测规范规定，降水量仅指的是垂直降水，水平降水不作为降水量，发生降水不一定有降水量，只有有效降水才有降水量。

降水量是草原类型划分的重要依据。除了热量条件的区域差异外，我国温带草原区由于受东南太平洋暖湿气流、西伯利亚冷风云系和蒙古高原高压的多重交互作用，降水量从东北向西南递减，地表蒸发量逐渐递增，而且降水量的季节变化和年际变化都很大。湿润度总体呈现半湿润—半干旱—干旱—极干旱的梯次变化，由此形成了年降水量400~800mm半湿润区的森林草原区(草甸草原)、200~400mm半干旱的典型草原区、200mm以下极端干旱的荒漠草原区。草原区降水的规律是，西部热量丰富的阿拉善荒漠草原区降水稀少，东部大兴安岭地区热量相对较少，但降水相对丰沛。另外，草原区降水一般比较集中，降水时空分布不均匀，年际变化大，正是这些降水特征决定了草原只适合草本植物或稀疏灌丛生长。

2. 地表水

草原上的地表水是指河流、湖泊及湿地。

除高山草原外，大多数草原地势平坦，草原河流在流动中受到阻碍而向侧方冲刷，或由于河道弯曲在离心力的作用下向凹岸侵蚀，侧向冲刷侵蚀作用的结果使一侧河岸形成侧蚀凹岸，另一侧河岸由于冲刷后的泥沙淤积形成凸岸，河道弯曲度增大，形成牛轭湖(图3-1)。草原上这些弯弯曲曲的河流，水流平缓，河水不断渗入草原土壤，默默滋润着草原。

(1)草原河流。

草原上主要的河流有：

呼伦贝尔草原河流，主要是黑龙江上游南源的额尔古纳河，由海拉尔河和克鲁伦河汇流而成。其中，海拉尔河发源于大兴安岭西麓吉勒老奇山西坡，全长1430km左右，流域面积5.3万km^2。其支流主要有免渡河、伊

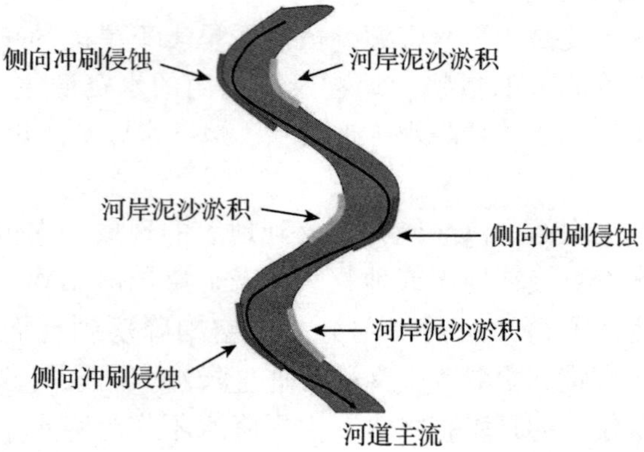

图 3-1 草原河流牛轭湖的形成过程

敏河、莫勒格尔河。在草原上流至阿巴盖图附近汇入额尔古纳河。克鲁伦河发源于蒙古国肯特山脉东坡，河流全长 1264km。至满洲里市东南两河相汇后始称额尔古纳河。

锡林河，属锡林郭勒草原上的一条内陆河，发源于内蒙古自治区克什克腾旗境内。锡林河风光很美，河水在锡林浩特市以南顺地形形成弯弯曲曲河道，犹如一条绿色的彩绸在微风中摆动。登高远望，河水清澈，绿草如茵，牛、羊珍珠般撒满了两岸，是一幅景致优美的草原风景画。

三江源草原区境内的可可西里及唐古拉山脉，终年积雪，冰川广布，河流密布，湖泊、沼泽众多，是世界上海拔最高、面积最大、湿地类型最丰富的草原区。三江源区河流主要分为外流河和内流河两大类，有大小河流约 180 多条。外流河主要是通天河、黄河、澜沧江（上游称扎曲）三大水系，年总径流量 324. 17 亿 m^3。长江总水量的 25%，黄河总水量的 49% 和澜沧江总水量的 15% 都来自于三江源地区，使这里成为我国乃至亚洲的重要水源地，素有“江河源”“中华水塔”“亚洲水塔”之称。

新疆伊犁草原上的伊犁河，是亚洲中部的一条内陆河，又是我国和哈萨克斯坦的国际河流，是我国天山水资源最丰富的地区。上游有 3 条源流，即特克斯河、巩乃斯河和喀什河，主源为特克斯河。伊犁河流域形似向西开口的三角形，有 3 条自西向东逐渐收缩的山脉，北部和中部山段之间为伊犁河谷与喀什河谷，南部和中部山段之间为特克斯河谷与巩乃斯河谷。因向西开口，全流域处于迎风面，降水丰富，河谷地带年降水量约 300mm，山地年降水量 500～1000mm。伊犁河流出国境的年径流量约 130

亿 m^3。

(2)草原湖泊。湖泊，为陆地表面洼地积水形成的比较宽广的水域，与河流水域较快的换流不同，湖泊换流缓慢。草原上的湖泊，有的只有河流注入，没有排泄，或在一定时段内没有排泄。如呼伦湖，也称达赉湖，是内蒙古呼伦贝尔草原第一大湖、中国第五大淡水湖，与贝尔湖为姊妹湖，呼伦贝尔的名称也由此而来。呼伦湖入湖河流有克鲁伦河和乌尔逊河，湖面面积 2315km^2，以前呼伦湖与海拉尔河相通，现已断流成为内陆湖。环湖草原上的青海湖，既是我国最大的内陆湖泊，也是最大的咸水湖。它长 105km、宽 63km，最深处达 38m，湖水面积达 4583km^2。青海湖湖水来源主要依赖地表径流和湖面降水补给。入湖的河流有 40 余条，主要有布哈河、巴戈乌兰河、倒淌河等。青海湖没有排泄河流。

还有一些草原湖泊，既没有地面河流注入，也没有排泄河流，形成地理上孤立的湖泊。这种草原湖泊的水体仅存在草原地面径流补给和湖面降水补给，湖水以下渗或以水面蒸发为排泄通道。这种草原湖泊根据其水域深浅和补给来源的大小，有永久性孤立湖泊和季节性孤立湖泊。

草原上星罗棋布的大小湖泊，在维持生物多样性方面发挥着巨大作用，在草原生态系统保护中具有特殊的地位。

草原湿地，是在较干旱环境条件下，以旱生或中旱生草本植物为主的地域中的暂时或长期渍水、积水的滨河(湖)地带，具有沼泽发育和水生生物群落及水成土壤的特征。依据森林湿地、农田湿地、滨海湿地的名称，草原湿地就是在草原上的湿地。

(3)草原湿地。草原湿地既有与其他类型湿地相同的水文特征，还蕴含了草原特有的植被和气候条件。草原湿地土壤类型主要为泥碳沼泽土、草甸沼泽土以及草原黑钙土、栗钙土。

3. 地下水

埋藏于地表以下的水统称为地下水。根据地下埋藏条件，地下水可分为上层滞水、潜水和承压水三大类。

上层滞水是由于局部的隔水作用，使下渗的大气降水停留在浅层的岩石裂缝或沉积层中所形成的水，它雨季获得补充，积存一定水量，旱季逐渐消耗甚至干涸。上层滞水也称包气带中的水。包气带是地面以下潜水面以上的地带，也称非饱和带，是大气水和地表水同地下水发生联系并进行水分交换的地带，包气带具有吸收水分、保持水分和传递水分的能力。

潜水是埋藏于地表以下第一个稳定隔水层上的地下水，通常所见到的地下水多半是潜水。当潜水流出地面时就形成了泉。

承压水是埋藏较深的、流动于两个隔水层之间的地下水，这种地下水往往具有较大的水压力，特别是当上下两个隔水层呈倾斜状时，隔层中的水体要承受更大的水压力。当井或钻孔穿过上层顶板时，强大的压力就会使水体喷涌而出，形成自流水。

地下水与人类的关系十分密切，井水和泉水是我们日常使用最多的地下水。地下水可作为草原居民生活用水的水源。在地下水位较浅的平原、盆地中，潜水蒸发可能引起土壤盐渍化。在地下水位高，土壤长期过湿可能产生沼泽化。地下水主要有降水入渗、地表水入渗补给、越流补给、侧向补给等。地下水的排泄主要有泉水溢出、潜水蒸发、向地表水体排泄、越流排泄和人工抽取。

4. 冰川融雪水

冰川融雪水是冬季积雪或冰川在春夏季节随着气温升高融化而形成的，主要分布在高纬度地区或海拔较高的山区。若前一年冬季降雪较多，而春夏季节升温迅速，大面积积雪的融化便会形成较大冰川融雪水。在我国冰川、融雪水主要分布在东北和西北的高纬度地区。

在高纬度地区或高海拔地区，年平均气温在0℃以下时，大气降水多为固体状态，形成一定厚度的积雪，经过压实、融冻成为冰川冰。以冰川冰形式储存的固体水资源称为冰川水资源。我国是多冰川国家，山岳冰川总面积占亚洲的1/2，占世界的1/4。这些冰川主要分布在青海、新疆和西南海拔3500m以上的高寒山区，是中国西部河流和湖泊的重要补给来源。每年的降雪和冰川消融是冰川水资源系统的输入输出形式。在气候相对稳定的条件下，冰川消融量与降雪补给量大体保持平衡，多年平均降雪量可以表征其补给资源量。冰川消融产生的液态水为山区的河流、湖泊提供了补给，成为河川径流的一部分。现今所见到的冰川中相当大的固体水量是在数千年甚至上万年的历史中积存下来的，它们属于不可再生资源。如果气候变暖或人为因素使冰川资源减少，可能引发气候变化和生态失衡。

（二）草原水资源的特征

1. 时空分布不均匀

我国草原水资源在分布上具有时空分布不均匀的显著特征。我国草原地域辽阔，从东北大兴安岭、松嫩平原和呼伦贝尔高原起，呈带状向西南延伸，经内蒙古高原、黄土高原到青藏高原。跨跃高、中、低三个纬度带，由于东西距海的远近、南北纬度的高低相差大，降水量和径流量的分布极不均匀，总的趋势是由东南向西北递减。地表径流的分布趋势基本上与降水量相似，但地区分布的不均匀性比降水量更为严重。

我国草原水资源在时间分布上变化很大，水旱灾害频繁。由水循环可知，自然界的水循环在时间上的变化很不稳定，因此水资源在时间分配上具有不均匀性。呼伦贝尔草原受显著的大陆性季风气候影响，降水量由东向西递减，降水季节分配6~8月占全年降水量的70%以上，4~5月降水不足40mm。科尔沁草原6~8月占全年降水量的70%以上，且降水年际变化大，最多年与最少年降水量相差约2倍。锡林郭勒草原年平均降水量在200~350mm，自东向西递减。西部温性荒漠草原地区不足200mm，东部大兴安岭山地草甸草原区接近400mm。6~8月降水量150~250mm，约占全年降水量的70%，多为分布不均的暴雨或阵雨。青海环湖草原降水由于受到干冷的西风环流与温暖的印度洋西南季风的周期性交替控制，冷、暖季变化显著，冷季降水量少强度低，暖季降水量多强度大，并多集中在6~9月。伊犁草原所在的伊犁河流域，属大陆性温带气候，年降水量由河谷西部200mm左右逐渐上升到河谷东部山区的600~700mm。

2. 资源量的有限性

陆地上的淡水资源只占地球上水体总量2.53%左右，其中近70%是固体冰川，即分布在两极地区和中、低纬度地区的高山冰川，还很难加以利用。人类比较容易利用的淡水资源，主要是河流水、淡水湖泊水，以及浅层地下水，储量约占全球淡水总储量的0.3%，只占全球总储水量的十万分之七。

我国水资源总量$2.8\times10^{12}m^3$，总量少于巴西、俄罗斯、加拿大、美国和印度尼西亚，居世界第六位。由于人口众多，人均水资源占有量仅$2100m^3$左右，仅为世界人均水平的28%。另外，我国属于季风气候，水资源时空分布不均匀，年际变化大。我国北方草原区大多处于干旱半干旱地区，以草原单位面积计算属于少水地区。

3. 水的易污染性

水容易被污染的原因，除水在地球上大量存在外，还由水的特殊性质所决定。

(1)水的比热大，即单位质量的水在温度升高1℃时所吸收的热量高。水的比热大，意味着在同样受热或遇冷的情况下，水的温度变化要小些。水的这个特征对气候的影响很大。在受太阳照射条件相同时，白天水域比陆地温升慢，夜晚水域温度降低也小。所以，一天之中，草原湖泊水域温度变化小，陆地温度变化大。

(2)水的溶解能力强，可溶解大多数的液体、固体和气体，所以水是最好的溶剂。草原上的动物排泄物、有机质及进入草原水体的各种污染物很容易被水溶解，最终使水质变差。

草原湖泊水体富营养化是草原水体易污染的典型例证。草原放牧家畜的粪便、草原周边的农田化肥、草原植被枯落物的分解，都可能使其中的氮、磷等营养物质随水流入水体。过多的营养物质促使水域中的浮游植物，如蓝藻、硅藻以及水草的大量繁殖，有时整个水面被藻类覆盖而形成“水花”，藻类死亡后沉积于水底，微生物分解消耗大量溶解氧，导致鱼类缺氧而死亡。水体富营养化会加速草原湖泊向沼泽化发展。

三、土壤资源

草原土壤指草原植被下的富含有机质、盐基饱和度高的暗色土壤(龚子同，张之一，张甘霖，2009)，草原的土壤资源是草原环境资源中的重要组成部分。

(一)土壤资源的定义

土壤资源是草原环境资源中的重要组成部分，是植物着生的地方，同时也是营养基础，吸收水和矿物质养料的地方。除漂浮水生植物和寄生于其他植物体上的植物不固定生长在土壤中外，绝大多数植物都生长在土壤上。土壤的物理、化学和生物学的特性，综合作用于植物，影响植物生长、发育，并影响到整个草原。

(二)土壤资源的组成

土壤固体颗粒是组成土壤的物理基础，约占土壤重量的85%以上。土壤质地是指土壤中不同粒级的矿质颗粒所占的比例。按照国际标准，土粒直径在2～0.2mm的为粗砂；0.2～0.02mm为细砂；0.02～0.002mm为粉砂；0.002mm以下为黏粒。土壤质地对土壤特性有重要的影响。按照土壤质地，可将土壤划分为砂土、黏土和壤土三大类。其中，黏土水分不易通过，蓄水能力强。黏土毛管作用强烈，水分易蒸发而使土壤板结。砂土水分易通过，而毛管性弱，水分不易蒸发散失。砂土降水后，虽然土壤表面迅速干燥，但下层土壤常可较长时间保持一定的湿润，这对干旱荒漠、半荒漠草地植物的生存具有极为重要的生态意义。壤土性质兼有砂土和黏土的优点，土壤的通气、透水性良好，保水、保肥能力强。

植物生长需要的水分和养分主要从土壤中吸收，这种吸收取决于土壤的结构状况。土壤结构是指土壤颗粒排列的状况，如团粒状、块状、片状、柱状、核状等。团粒结构是植物生长最适宜的土壤结构形态，它能协调土壤中水、空气、养分之间的矛盾，是土壤肥力的基础。多年生和一年生牧草发达的根系能把黏重的土壤分割成小的颗粒，也能把分散的土壤黏结成土粒，创造土壤团粒结构。土壤小动物，如蚯蚓等在土壤团粒结构的形成中也具有重要的作用。

土壤空气是植物生长发育的重要因素，影响植物根系的生理机能及土壤微生物的活动。由于土壤呼吸过程不断消耗氧气，释放二氧化碳，使土壤中氧气含量一般较大气中低，而二氧化碳含量比大气中高数十倍。当土壤空气中的二氧化碳含量超过一定的临界值时，就会对植物产生毒害作用，甚至会导致植物死亡。

排水良好的土壤，其土壤空气中的氧气含量一般在 10%~21% 之间，最高值出现在近地表层，因此植物的根系多集中在表层土壤。当土壤空气中的氧气含量下降到 10% 以下时，大多数植物根系的正常生理活动会受到抑制。当根系长期缺氧时，植物会出现叶片萎蔫、褪色，甚至死亡。

(三)土壤资源的分布

草原面积广大，跨越了多个水平和垂直气候带，自然条件复杂，同时储存着数量巨大、种类繁多的植物资源，是人类重要的天然物种基因库。根据不同的水热条件和植被类型，我国天然草原主要被划分为 18 类，其中高寒草甸草原类面积最大，为 6372 万 hm^2，主要分布在青藏高原及新疆地区；其次为半温性荒漠类，面积为 4506 万 hm^2，主要分布在内蒙古、甘肃、宁夏等省(自治区)，高寒草原类 4162 万 hm^2，温性草原类 4110 万 hm^2，这三类各占全国草原面积的 10% 以上。我国有草原面积比重较大的牧业县、半牧业县达 268 个，这 268 个县共有草原面积 2.34 亿 hm^2。

我国的草原 80% 分布在北方，20% 分布在除北方以外的其他区域，北方以传统的天然草原为主，在南方则主要是草山、草坡。我国草原土主要分布在内蒙古、黑龙江、新疆和吉林等省(自治区)内，在甘肃、青海、辽宁、河北、西藏、宁夏、陕西、山西、四川以及贵州、广西、湖北、湖南和南海诸岛均有面积大小不等的分布。西藏、内蒙古、新疆草原面积位列前三。尽管如此，但站在人均占有量的角度上来说，只有 0.33 hm^2，不足世界平均水平的 1/2。

北方草原是我国草原的主体，东起东北平原，向西经黄土高原，延伸至青藏高原和新疆山地。但由于我国北方的干旱与半干旱气候，我国北方草原的承载力有限，生态脆弱。

我国南方的草原由于水热条件充足，牧草生长期较长，单位面积土地生产力高，同时全年无旱灾及雪灾。然而，即使草地面积较大，但草地面积分散，利用率低，同时我国南方，特别是西南云贵高原，是喀斯特地貌集中分布区域，地形复杂，土层薄，生态极度脆弱，水土流失严重。

(四)土壤资源的类型

大多数草原土壤的形成具有明显的生物累积过程和钙化过程，在草原植被下，土壤上层进行着程度不同的腐殖质累积过程，土体中的碳酸盐普遍发生淋溶，并淀积在一定深度(钙化过程)，而易溶性盐类则全部或大部淋失。它们的共同性状特征是：剖面分化清楚，具有明显的"两层性"，即腐殖质层和钙积层；腐殖质含量自表层向下逐渐减少，颜色也相应变淡；土壤一般有石灰反应，土壤中易溶盐含量较少；土壤呈中性至碱性反应；土壤代换量和盐基饱和度很高；土壤矿物组成中二氧化硅和三氧化物在土体中均匀分布，无重新分配特征。这些是草原土壤区别于森林土壤、荒漠土壤以及其他土壤的最基本特征。

下面介绍均腐殖质土纲的黑土和黑钙土，以及钙层土纲的栗钙土、棕钙土和灰钙土。

(1)黑土。黑土主要分布于黑龙江、吉林两省的中部，集中在松嫩平原的东北部。黑土发育于温带半湿润季风气候条件下，年均温0.5~6℃，年降水量500~600mm。植被为草原化草甸，以杂类草群落为主，目前大部分以开垦为耕地。

黑土形成过程的主要特点是明显的生物累积过程，这是由于中生性草甸植物生长茂盛，提供给土壤大量有机物，以及持续4~6个月以上的土壤冻结造成的。黑土具有较强烈的淋溶过程，可溶性盐类都从剖面中淋失。剖面组合为A—AB—B—C。

土壤机械组成较均匀，多为重壤土至轻黏土，具有良好的团粒结构。有机质含量相当丰富，一般为3%~6%。一般呈中性至微碱性反应，剖面中无钙积层，也无石灰反应。阳离子代换量较高，表层为35~45meq/100g土，盐基饱和度80%~90%，营养元素较丰富。

(2)黑钙土。黑钙土分布于黑龙江和吉林省的西部，在新疆的昭苏盆地、天山北坡、阿尔泰山南坡及甘肃祁连山东部的北坡也有零星分布。黑钙土地带属温带半干旱气候，年均温2~3℃，年降水量350~600mm。植被以旱生的针茅属植物为主。在西北是优良的天然放牧牧地，东北的黑钙土则多已垦为耕地。

黑钙土的形成特点是具有明显的腐殖质累积过程和钙化过程。由于植物生长非常茂盛，而土壤冻结后微生物活动受抑，春季解冻后土壤湿度大，氧气不足，只宜于嫌气性微生物活动，有机质分解缓慢，因而使腐殖质得以在土壤中累积。雨量较少，降水只能淋失易溶性盐类，而钙、镁等只部分淋失，部分被淋到下部形成钙积层。土壤剖面组合为：A—BCa—C。

土壤质地较轻，为中壤土和轻壤土。腐殖质含量不及黑土，在2%~3%。代换量亦较黑土低，为20~25meq/100g土。钙积层(BCa)出现在50~90cm处，呈微碱性反应。营养元素中氮和钾比较丰富，磷较少。

(3)栗钙土。栗钙土带与黑钙土毗连，但更接近内陆干旱地区。分布在黑龙江、吉林两省的西部及内蒙古自治区境内，阿尔泰山、天山、阴山、祁连山等山地垂直带谱上也有分布。属温带半干旱气候，年均温 -6~-2℃，年降水量250~450mm。植被为草原类型，由旱生多年生草类组成，以丛生禾本科为主，是良好的天然放牧地。

栗钙土的形成过程与黑钙土相似，唯腐殖质累积过程已渐减弱，而钙化过程相对增强。剖面组合仍为A—BCa—C，但腐殖质层相当薄且腐殖质含量少，团粒或粒状结构弱而不稳，钙积层位比黑钙土高。质地偏轻，多为壤土。代换量为20meq/100g土，土壤反应由A层到C层相应为中性至碱性，石灰反应大多自表层开始，营养元素较丰富。

(4)棕钙土。棕钙土是温带草原向荒漠过渡的一种地带性土壤，主要分布在内蒙古高原和鄂尔多斯高原的中西部、准噶尔盆地的两河流域以及天山北坡，在狼山、贺兰山、祁连山天山、准噶尔界山与昆仑山垂直地带上也有分布。属温带干旱大陆性气候，年均温3.5~8.5℃，年降水量150~250mm。自然植被为荒漠草原和草原化荒漠，蒿属和针茅属是植被组成的主要成分，主要为天然放牧地。

棕钙土的形成特点是成土过程中物理风化较强，化学、生物风化较弱，土壤腐殖质累积强度不及栗钙土，由于风蚀较强，土壤质地较轻，以轻壤、砂壤为主，并且含有砾石。土壤淋溶弱，大部分易溶性盐未从土壤中淋走。剖面分化明显，由三个基本层次构成，即A—BCa—C。腐殖质层较薄，有机质含量为1.0%~2.0%。钙积层位较高，一般出现在15~30cm处，厚而坚实，具有石灰结核。剖面中石膏和盐分累积比较普遍，全剖面呈碱性反应。

(5)灰钙土。灰钙土是荒漠草原地区的地带性土类，广泛散布于华家岭以西的黄土高原西部，河西走廊东段，祁连山与贺兰山山麓及伊犁谷地两侧的山前平原上。与棕钙土相比，这里的气温和雨量略高，年平均气温6~9℃，年降水量200~300mm。植被属荒漠草原，由多年生旱生的丛生禾草、旱生灌木与小半灌木组成，多为耕地。

由于土壤中好气性细菌活动较强烈，有机质的矿质化作用较强，故土壤中腐殖质的积累较少。但由于土壤质地偏砂，腐殖质下渗较深，可达50~70cm，因此剖面上下腐殖质分布较均匀，腐殖质层次不明显。土壤中易溶性盐、碳酸钙与石膏均为季节性弱淋溶。表层有机质含量在0.9%~2.5%。碳酸盐沿剖面均匀分布，无明显的钙积层。土壤中盐基饱和，呈碱性反应。

（五）土壤资源的利用

我国对草原的放牧利用已有3000年以上的历史，开垦土地作为农田的历史也十分悠久，比世界上其他几个国家早得多，可是在草原利用方面却远远落后于其他国家。长期以来草原被视为天然草场，作放牧或刈割用，而传统的畜牧业是自给自足型的自然经济，低投入、低产出，粗放经营，生产力低下。而将草原开垦为农田更是不可取。长期以来，我国总把土地平整、土壤肥沃、土层深厚、草地植被生长好的土地称作宜农荒地，视作开垦对象。1949年以来，为了解决粮食问题，在我国广大的草原地区，兴起了多次开垦浪潮。随着人口增长，对草原的利用程度增加，大片草原被开垦作为农田，或作他用。草原地区的开垦，多是广种薄收，粗放管理，加之这些地区降水量低，一经开垦，有机物质分解很快，且春季风大，农田无植被覆盖，风蚀严重，表层细微土粒极易被吹散，从而造成严重退化。同时，牲畜数量的不断增长，草原超出负载值也引起了退化。以内蒙古牧区草原为例，自1949年以来，人口增加了3.5倍，牲畜头数增加了5倍，草原面积却减少了11%，畜均草场下降了8倍。

在草原利用中，还需因地制宜，确定分区利用方向，对于不同的草原，利用方向也应不同。如温带草甸草原，水热条件较好，土壤肥沃，投入资金可较快地建成人工草场；而在极端干旱的荒漠草原，应以自然保护为主，留给野生动物利用；半干旱草原适于放牧，但要严格控制载畜量，实行季节性划区轮牧；南方低海拔次生草山草坡，可以林、果、农、草综合发展；海拔较高的高山草地，可大面积建植人工草地，发展集约型畜牧业；有些草地还可以建成国家公园或自然保护区，以保护生物多样性生态。

同时，草原利用的季节不平衡问题十分突出，靠天养畜的草原放牧畜牧业存在着“夏饱、秋肥、冬瘦、春乏”的突出问题。因此，为顺应自然规律，根据草场季节不平衡和牧草生长季节变化的特点，除采取夏秋抓膘期和冬春保膘期的一些措施外，应发展季节性放牧畜牧业，扬“夏饱”“秋肥”之长，避“冬瘦”“春乏”之短。例如，以冬春草场和饲料的载畜力为限额来确定冬季家畜存栏率，多余的家畜在夏秋育肥后于入冬时屠宰、出售。另外，还应根据草场资源特点，合理调整畜种结构和生产布局。例如，呼伦贝尔高原东部草甸草原，水源适宜，牧草高大，产草量高，打草场面积大，补饲条件好，适宜发展肉用牛和乳肉兼用牛；呼伦贝尔高原西部干草原，草层高度和产草量中等，牧草含氮量较丰富，适宜发展肉用羊，推行当年肥育屠宰；锡林郭勒高平原东部以草甸草原为主，兼有草原草场，宜重点发展乌珠穆沁肥尾羊。同时，以内蒙古细毛羊为基础，发展毛肉兼用细毛羊。甘新区草原放牧畜牧业的主要问题是草畜不平衡，牧区冬春饲料紧缺；草场因超载而不断退化，而农区畜牧业则又缺乏夏秋放牧草场。其出路在于季节性草原畜牧业与季节性农区畜牧业相结合，即牧区繁育、农区育肥，建成完整的集约化放牧畜牧业生产体系。

四、草原风力资源

风是由空气流动引起的一种自然现象，它是由太阳辐射热引起的。太阳光照射在地球表面上，使地表温度升高，地表的空气受热膨胀变轻而往上升。热空气上升后，低温的冷空气横向流入，上升的空气因逐渐冷却变重而降落，由于地表温度较高又会加热空气使之上升，这种空气的流动就产生了风，而在流动中产生的动能就是风能。风能可以通过风车来提取，当风吹动风轮时，风力带动风轮绕轴旋转，使得风能转化为机械能。而风能转化量直接与空气密度、风轮扫过的面积和风速的平方成正比。国际能源组织估计到达地球的太阳能中虽然只有大约2%转化为风能，但其总量仍十分可观。全球的风能约为2.74×10^{9}MW，其中可利用的风能为2×10^{7}MW，比地球上可开发利用的水能总量还要大10倍。

风能与其他能源相比，具有蕴量巨大、无污染、可再生、分布广的优点。在我国空旷的草原上，为风力发电的兴建提供了充分的空间和资源，早在2006年国家发展和改革委员会、科技部、财政部等八部门就联合出台了《第十一个五年规划十大重点节能工程实施意见》。依据十项节能重点工程的标准以及政府支持环保节能产业的政策导向，未来工业设备节能更新改造、建筑节能、节油及石油替代以及可再生能源这几大节能领域将获得快速发展。风能作为一种目前最有利用前景的能源和可再生能源，有着广阔的发展前景。我国属于能源进口大国，利用可再生能源是当务之急，特别是在我国风资源丰富的广阔草原。

我国是风力资源丰富的国家，全国理论可开发的风能储量为10亿kW，实际可开发的风能储量为2.53亿kW，其中草原地区的风能资源占全国资源50%以上。对于草原牧区，因地制宜地利用风力发电，非常适合，大有可为。我国东北、华北、西北草原地区风能资源十分丰富，根据风力专家测定内蒙古北部、甘肃和青海等地的平均风速为4~6m/s，3~20m/s的风速累计每年4000~5000h。著名的新疆阿拉山口、达坂城、内蒙古辉腾锡勒、锡林浩特的灰腾梁等地，风能的可利用小时数在5000h以上，最高7000h。甘肃省瓜州县被称为风库，玉门市被称为风口。在全市19.2万km^2的土地上，风能资源理论储量约6000万kW，可开发约1400万kW，占全省可开发利用风能储量的60%以上，年平均风速每秒达3.7m，最高风力达12级，被称为“世界风库”。在海拔较高的青藏高原，由于昼夜温差大，气压梯度大，导致与同纬度带的其他地区相比风速更大、风力更强，而由于该地区气候环境极端，空气密度较小，风能密度相对也较小，维修和运输成本巨大，目前对当地的风资源开发还有待提升。

草原风能的利用形式主要是风力发电、风力提水灌溉。我国是世界上最早利用风能的国家之一，利用风能的历史可追溯公元前。但用风力提水灌溉、用风力发电在我国得到发展还是近些年才开始，至今已经建成了一批大型风力发电场。根据我国政府提出的风电发展目标，我国的风电装机目标2020年达到2000万kW，届时风电装机将占全国电力装机的2%。草原牧区人口分散，难通电网，利用风力深井提水机组为牧民和牲畜提供饮水或进行小面积草场灌溉，对于改善当地牧民的生活、生产条件具有明显的社会效益。甘肃、新疆北部及松花江下游也属于风能丰富的地区，适合发展风力提水，小型风力提水机已在广大牧区应用，根据农牧部门的统计2005年全国草原风力提水的灌溉面积共达4.12万hm^2。

第三节　草原生物资源

草原生物资源是草原资源的有机组成部分，是指草原中对人类具有一定经济价值的动物、植物、微生物有机体以及由它们所组成的生物群落。

草原生物资源包括基因、物种以及生态系统三个层次，对人类具有一定的现实和潜在价值，它们是草原生物多样性的物质体现。草原生物资源是草原中一切动物、植物和微生物组成的生物群落的总和，包括植物资源、动物资源和微生物资源三大类。

一、草原植物资源

草原植物资源是一种蕴藏着生产价值和生态价值，具有数量、质量和分布地域的草原植物群体。草原植物资源是草原资源的主体，是草原植被的主要成分。草原跨越多种气候带，自然环境多样，以独立的科、属、种以及种下各生态型构成了丰富多彩的植物物种多样性和遗传多样性，蕴藏着丰富的生物种质资源，是草原遗传基因库的核心。

草原植物的种类和属性特征是决定草原植被类型的性质、用途和经济价值的主要因素。草原植物具有多种属性，传统的草原植物调查侧重于植物的分类学、群落学和饲用特性等，但这已不满足作为草原植物资源研究的需要。草原植物资源的研究不仅应以植物分类学、植物群落学为基础，突出草原植物作为资源的属性，增加植物生态生物学和经济评价的基础；还应以个体性状研究为基础，逐渐上升到植物群落层次，形成从个性归纳为共性的特征群体。

(一) 草原饲用植物资源

我国草原资源分布于多种自然地理区域，孕育着多种多样的草原植物。草原饲用植物资源是指草原上供给家畜饲料的草本和木本植物(包括半灌木、灌木、小乔木和乔木的枝叶等)的总称，是草原植物资源的基本内涵，其种类和属性特征决定着草地性质、用途和经济价值。

1. 饲用植物概述

根据全国草地资源调查资料统计，我国共有草原饲用植物 6704 种(包括亚种、变种和变型)，分属 5 个植物门 246 个科 1545 个属(表 3-1)。

以多年生草本植物和半灌木、灌木为主，另外还包括一些乔木、一年生植物和低等植物。依据 1994 年出版的《中国饲料植物资源》的资料统计，最常见的饲用植物有豆科、禾本科、菊科、莎草科、蔷薇科、藜科、百合科、蓼科、杨柳科等，其中禾本科和豆科占优势地位。

禾本科饲用植物不仅数量多、在草地上的参与度高，而且在天然草地上起优势作用的种类也比较集中，分布面积大，饲用价值高。据调查，我

表 3-1 中国草原饲用植物种类组成

类别	科/个	%	属/个	%	种/个	%
地衣	5	2	7	0.45	16	0.24
苔藓	14	6	17	1.1	31	0.46
蕨类	40	16	103	6.67	294	4.39
裸子植物	10	4	27	1.75	100	1.49
被子植物	177	72	1391	90.03	6263	93.42
合计	246	100	1545	100	6704	100

注：引自《中国草地资源》。

国天然草地总计有禾本科牧草 210 个属 1148 种，分别占我国禾本科植物属、种总数的 96.8% 和 88.6%。在不同类型的天然草地上，禾本科牧草均占有重要的地位。在全国各类草地中(高寒荒漠类草地除外)，都有以禾本科饲用植物占优势的草地类型。天然草地上许多优势禾本科牧草多为家畜的优良饲草。据不完全统计，在我国天然草地上起优势作用的禾本科牧草 135 种，占天然草地优势饲用植物总数的 42.59%；其中针茅属中的种类最多，有 20 种，占优势禾本科牧草的 14.81%；其次是早熟禾属，有 11 种，占 8.15%；单种属达 34 个，占 54.8%。这些单种属的饲用禾草，虽然种数少，但在草地上分布广、面积大、饲用价值高，如赖草属中的羊草。

豆科饲用植物种类多、营养价值高，但参与度低。豆科牧草在我国天然草地上分布有 125 属 1239 种，在我国草地饲用植物中居于首位，占饲用植物总数的 18.53%，营养价值高，是天然草地上蛋白质饲料的主要来源之一。但是，除个别少数种外，绝大多数的种在草地上参与度都很低。

大莎草科饲用植物的种类虽然不及豆科和禾本科饲用植物的种类多，但它们在天然草地的分布和参与度均较高，特别是在沼泽类和草甸类非地带性草地上，尤其是在高山草甸亚类上的参与度最高，饲用价值也最大。据调查资料表明，全国天然草地上统计有莎草科饲用植物 24 个属 358 种，其中在天然草地上起优势作用的有 6 个属 37 种，分别占草地莎草科饲用植物属、种总数的 25% 和 10.34%。

由于我国复杂的自然地理条件，孕育了我国特有的饲用植物资源。根据不完全统计，我国草地特有饲用植物有 24 个科 171 个属 493 个种。其中，禾本科饲用植物有 62 个属 287 个种，豆科饲用植物拥有 33 个属 93 个种，菊科有 12 属 31 种，藜科 8 属 18 种，蔷薇科 6 属 11 种，莎草科 4 属 10 种。

2. 饲用植物的经济类群

我国草原幅员辽阔、地形复杂、气候多样，优越的自然地理条件造就了我国丰富的草地饲用植物资源，它们是经过漫长的自然选择和人工培育形成的可再生自然资源。对草地饲用植物的经济类群的划分，通过大量国内外专家的研究总结完善，目前将其主要划分为禾本科草类、豆科草本类、莎草类、杂草类、半灌木类、灌木类、乔木类和有毒有害植物类8类。

(1)禾草类。禾草类饲用植物在我国草地饲用资源中分布最广、参与度最高、饲用价值最大。主要特点是禾本科草类富含碳水化合物和纤维素，可食植物的数量较多，家畜不喜食或不食的数量极少，有毒的亦很少，易调制干草和青贮。禾草类饲用植物在天然草地上饲用价值较高，参与度较大的主要有根茎型禾草羊草、无芒雀麦等；丛生禾草有贝加尔针茅、大针茅、克氏针茅、糙隐子草、冰草、碱茅、羊茅、早熟禾等。

(2)豆科草本类。豆科草本类是天然草地上放牧家畜主要的蛋白质饲料来源，饲用价值较高。但不同的草地类型，豆科牧草参与度差异较大，因而饲用价值有较大差别。豆科草本植物在温性草甸草原中参与度较高，饲用价值较大，而在其他类型中因参与度低，尽管种类较多，但饲用价值不大。主要特点是根上具有根瘤，能固定大气中游离态的氮以供自身营养的需要和增加土壤的含氮量。豆科牧草在栽培牧草中具有重要地位。豆科牧草的适口性一般是很好的，豆科草类中毒草较多，约有6%的种。豆科草类的一个重大缺陷是调制干草时叶片易于脱落，降低其饲用价值，同时因含碳水化合物较低，不易制作青贮饲料。主要有作用的饲用植物有紫花苜蓿、斜茎黄芪、草木樨状黄芪、糙芪、乳白花黄芪、黄花苜蓿、华北岩黄芪、短翼岩黄芪、锡金岩黄芪、五脉山黎野火球、白三叶、红三叶、多叶棘豆、广播野豌豆、草木樨等。

(3)莎草类。莎草科牧草在草甸类和沼泽类草地上分布和参与度均较高，是主要的饲用植物资源。主要特点是在我国高山亚高山草地类组中，薹草属和嵩草属有较大饲用价值。在饲用价值上，莎草科草类仅次于禾本科和豆科草类而居第三位。缺点是含有较多丹宁、酚酸等，味淡薄、较粗糙，因而适口性较禾本科差。而且莎科草类一般植株低矮，产草量低。其中，在草地上起作用较大的有高山嵩草、矮生嵩草、线叶嵩草、四川嵩草、甘肃嵩草、西藏嵩草、北方嵩草、粗壮嵩草、藏北嵩草、大花嵩草、黑褐薹草、黑花薹草、白克薹草、细果薹草、脚薹草、披针叶薹草、无脉薹草、乌拉薹草、灰脉薹草、漂筏薹草、毛果薹草、木里薹草、异穗薹草、芒尖薹草、扁穗草和华扁穗草等。

(4)其他杂草类。杂草类饲用植物种类较多，包括除禾草、豆科草本、莎草类以外的各科饲用植物。杂草类种类多，广泛分布于天然草地，但不同草地类型，其种类、参与度与作用都不同，在草地上起优势作用的种类较少，大都处于伴生地位，饲用价值差异比较大。有些科、属的植物饲用价值很高，如蓼科在山地草原中分类较广，其营养价值优于禾草，籽实富含淀粉，适口性良好，各类家畜均喜食；百合科葱属植物具有特殊的饲用价值，绵羊采食后易于上膘，因其含有丰富的蛋白质，而纤维素的含量低，水分含量也高，所以，绵羊在葱属草地上放牧，可以适当减少饮水量，增加采食、卧息的时间。杂草类在利用上，不论放牧或调制干草，均不如禾本科、豆科和莎草科草类。但在天然草原上作为放牧家畜的饲草仍具有重要意义。其中，饲用价值较高的主要有：蓼科的西伯利亚蓼、长梗蓼、扁蓄蓼；蔷薇科的地榆、菊叶委陵菜、鹅绒委陵菜、阿尔泰羽衣草等；藜科的猪毛菜、角果藜、碱蓬、角果碱蓬等；菊科的狗娃花、茵陈蒿、线叶菊、麻花头等；百合科的矮韭、细叶百合等；鸢尾科的马蔺、紫花鸢尾等；玄参科的红花马先蒿、班唇马先蒿；唇形科的山地糙苏、草原糙苏；茜草科的蓬子菜；伞形科的曲茎柴胡、防风等。

(5)半灌木类。半灌木类饲用植物是指植物体无明显主干，当年生枝条先端呈草质，多年生枝条木质化的一类植物。在温带草原区和荒漠区分布较广，适口性较好，营养价值较高，饲用价值较大，种类比较多，但不同草地上分布有所不同。如温性草原类草地上常见的有白莲蒿、细裂叶莲蒿、尖叶胡枝子、冷蒿、达乌里胡枝子、百里香、山竹岩黄芪、西藏蒿、草麻黄、蓍状亚菊等；高寒草原类中主要有藏沙蒿、藏白蒿、冻原白蒿、灰包蒿等；温性荒漠类草地上主要有纤细绢蒿、驼绒藜、合头藜、旱蒿、白沙蒿、木地肤、戈壁藜、短舌菊等；高寒荒漠类草地主要有高山绢蒿、垫状驼绒藜、藏亚菊等。

(6)灌木类。灌木类饲用植物是指无主干、丛生的木本饲用植物。种类比较多，中生灌木主要分布在温性草原类的草甸草原亚类和草甸类草地的山地草甸亚类中，主要种类有山杏、绣线菊、虎榛子、小红柳、黄柳、沙生桦；温性典型草原亚类中有小叶锦鸡儿、中间锦鸡儿、大果榆、东北木蓼等；温性荒漠类草地灌木种类较多，也是构成本类草地的主体，主要种类有木本猪毛菜、四合木、绵刺、霸王、泡泡刺、唐古特白刺、裸果木、柽柳、多枝柽柳、沙拐枣、藏锦鸡儿、白皮锦鸡儿等。

(7)乔木类。乔木类饲用植物主要指当年枝叶可作为饲料用的乔木。一般草地上分布较少，其中饲用价值较大的是分布在温性荒漠中的小乔木，梭梭和白梭梭最具代表性，是沙漠之舟——骆驼的优良饲料；在阔叶乔木中，饲用价值较大的有蒙古榆、家榆、胡杨、洋槐、银合欢、羊蹄甲等；针叶乔木饲用价值极低。

(8)有毒有害植物类。有毒有害植物是草地上一种特殊的类型，是指那些植物体内含有有毒物质或在形态构造上具有芒刺或特殊物质，易造成家畜中毒或机械损伤和降低畜产品品质的植物。这些植物在草地上分布不均，家畜一般不采食，但在特殊年份或退化严重地段，因草地缺草而误食引起中毒。有毒植物主要有乌头、小花棘豆、黄花棘豆、狼毒、乳浆大戟等；有害植物主要有鹤虱、苍耳、蒺藜等。

(二)草原植物的其他经济类群

经济植物为有经济用途的植物。草地经济植物，即草地中各种经济用途植物的总称。在全国草地资源调查成果的基础上，结合其他资料将草地经济植物资源按其主要用途初步分为五大类群，即除了饲用植物外，还包括食用植物、药用植物、工用植物和环境用植物。

1. 食用植物

食用植物是指可被用于制作食品，被人类食用的那些植物。按其食用方式和重要性，可划分为菜蔬植物、果品植物、蜜源植物、饮料和其他植物。草地中的食用植物种类多，分布广，储藏量大。菜蔬植物主要以大型真菌、藻类、蕨类等草本植物组成，有较高的营养价值，同时许多种类还兼具药用功效，如发菜、芡实、苦荬菜等；果品植物主要以蔷薇科、松科、葡萄科、五加科等灌木、乔木组成，如山楂属、蔷薇属、栎属等植物；蜜源植物在草地种类也较多，主要有旱柳、沙枣、沙棘、草木樨等植物；草地中的饮料植物主要有山里红、黄芪、宁夏枸杞等；草地中还有其他食用油料播娘蒿等，食用香料百里香、葱等。

2. 药用植物

草原中的药用植物多达6000种，按其用途及重要性分为中草药植物、特种药源植物、兽用药植物及农药植物。中草药以疗效独特、毒副作用小而颇受欢迎，草地中的中草药植物极多，著名的有黄芪、甘草、防风、柴胡、贝母等，名贵的有冬虫夏草、雪莲等。特种药用植物是指用于提取治疗重大病症的有效成分的植物，其作用大，经济效益高，对人类健康有益。主要植物有桃儿气、龙葵、龙牙草、麻黄、五味子、龙胆、草芸香等。农药植物应用广泛，因其低毒性、无污染、成本低、使用方便而受重视，其植物大多是有毒植物，结合改良草地，两全其美。

3. 工业用植物

草地中工用植物资源丰富，其中纤维植物、糖类植物蕴藏量较大。重要的纤维植物有用于麻类的冬葵、木棉、芨芨草、灯心草、罗布麻等；用于编织的芦苇、旱柳、柽柳等；用于造纸的构树、香蒲、斑茅等。重要的油料植物有播娘蒿、黑莎草、灰绿碱蓬、沙棘、沙枣等，芳香油植物有藿香、薄荷、黄花蒿、香附子等。糖类植物有蕨、鹅绒委陵菜、火棘、莲、芡实等。

4. 环境用植物

环境用植物狭义可指用于改造环境的重要种类，按用途可分为环境改造植物、环保植物、美化植物。环境改造类植物主要包括用于防风固沙的柽柳、旱柳、柠条锦鸡儿、梭梭等，用于水土保持的芨芨草、芦苇等，用于草地建设的枸杞、沙棘、沙枣、白刺等。环保植物是指用于环境污染监测和改造的植物，主要有酢浆草、三叶草、羊茅、芦苇、灯心草、香蒲等。美化植物一般是用作花卉观赏和绿化的植物，主要是菊属、铁线莲属、百合属等植物。

二、草原动物资源

(一) 草原动物资源的概念及其重要意义

草原动物资源是以草原环境为栖居地的生态地理动物类群。通常包括驯养的动物资源和野生动物资源等。它与人类的经济生活关系密切，不仅可以提供肉、乳、皮毛和畜力，而且是发展食品、轻纺、医药等工业的重要原料。野生动物资源在维持生物圈的生态平衡中起重要作用。

每一个物种都有一个基因库，而每一个草原动物都是一个独特的基因库，研究他们对于改良家畜、生命科学研究、生态平衡和社会经济可持续发展等都有至关重要的作用。草原上的植物、动物和微生物，共同推动着草原生态系统的形成、发展和功能的完善，并共同维系着草原生态系统的平衡。物种、特有物种、珍稀物种及其分布形式均被用来作为表示某一地区生物多样性的重要指标。该地区的生物多样性是否亟待保护也取决于其物种的生存状况和受威胁的程度。

我国草原牧草类型复杂，草原牧草繁茂，为食草动物提供了丰富的饲料，众多的食草动物又为食肉动物的生存和发展提供了物质基础，于是草原上出现了种类繁多的野生动物。

我国的草原湿地野生动物资源也很丰富，为了保护野生动物资源，我国建立了许多自然保护区。草原湿地不但为水生动物提供了优良的生存场所，也为多种濒危野生动物，特别是水禽的迁徙、越冬和繁殖的场所。

(二)草原动物资源的分类

1. 家畜类

草原是食草性家畜的天然场地，草原中不仅孕育着种类丰富的野生牧草资源，而且也供养着种类繁多、遗传形状各异的食草动物的遗传资源。其中，放牧家畜是构成草原地区食草动物的主体，此外还有野生食草动物。这些动物资源不仅是草原地区重要放牧家畜优良的遗传种质，而且也是未来人类开发利用草原的重要物质基础。

统计资料显示，由于我国草原牧草区所处的地理气候条件和植被类型各具特点，家畜种类、数量及畜群结构也存在着较大差异。据不完全统计，我国北方草原地区人工放牧驯养和管理的主要食草家畜遗传资源(含地方品种、培育品种和引入品种)共有 253 个，经过多年驯化的地方品种 169 个，育成品种 40 个，从国外引进品种 41 个。主要食草动物种类有黄牛、牦牛、绵羊、山羊、羚羊、马、骆驼、兔、梅花鹿、马鹿等，此外还有许多家养动物的野生亲缘种和近缘种，如野牦牛、大额牛、野骆驼、野驴、黄羊、野兔等(表 3-2)。

表 3-2 我国草原区主要食草家畜遗传资源种、品种

序号	品种名称	家畜种类小计	野生种数	地方品系	培育品系	引入品系
1	黄牛	69		52	5	12
2	牦牛	2	1		1	
3	绵羊	50		31	9	10
4	山羊	50		43	4	3
5	马	47		23	17	7
6	骆驼	5	1	4		
7	梅花鹿	3			3	
8	马鹿	2		1	1	
9	家兔	15	2	4		9
	合计	253	4	158	40	41

注：引自《中国草业可持续发展战略》。

2. 野生动物类

草原有种类繁多的野生动物，它们广泛分布在辽阔的草原上，有的出没于崇山峻岭，有的在浩瀚无际的平原奔驰，有的飞翔于蓝天，有的栖息于草丛与洞穴。它们有各自的生态位，并且一代代地繁衍下去。我国草原区的各种野生动物达2000余种。其中不少种数量少、种类珍奇，被列为国家重点保护动物。

根据1973年我国国务院颁布的《野生动物资源保护条例(草案)》，完全生活在天然草地地带，属国家第一类保护动物的有雪豹、羚羊、野驴、野马、野骆驼、野牛、野牦牛等14种。温带季节生活繁殖于草地、灌丛草地，寒冷季节进入森林、灌木丛或农区与南方沼泽草地越冬的国家第一类保护动物有丹顶鹤、黑颈鹅、藏马鸡等10种。生活于各类草原，包括典型草原、荒漠草原、高寒草原、沼泽草地山的国家第二类保护野生动物有30余种，其中食草类动物数量大、种类多；属国家第二类保护类草原食肉动物有兔狲、草原斑猫等4种。

3. 草原鸟类

在我国大约1250种的鸟类中，与草原或草地有关的夏候鸟、旅鸟及冬候鸟近400种，其中，在草原繁殖的鸟类约200种，绿草如茵的草原养育了众多适应于草原环境的鸟类。草原以草本植物为建群种，多数草本植物以其发达的须根，似海绵一样充分吸收雨雪水，草原虽然干旱，但草籽却总能丰收，为鸟类提供了充足的食物。干松的地表很适合蝗虫等虫卵的孵化，瓢虫、螽斯、蝗虫、蚂蚁、蚱蜢等数量很多，蛾蝶类在草丛间翩翩起舞，随处可见，很多鸟类可以轻而易举地享用到昆虫大餐。

大型草原鸟类有鹤科的蓑羽鹤、白枕鹤，鸨科的大鸨、波斑鸨及小鸨等。草原上处于顶极营养的猛禽以鹰科的大鵟、普通鵟、草原雕、金雕、白尾鹞、草原鹞、白腹鹞及隼科的红隼、红脚隼最为常见，还有鸱鸮科的雕鸮、纵纹腹小鸮、长耳鸮等。属国家第二类保护的草原留鸟及草原猛禽有高山雪鸟、草原雕等多种，第二类保护的草原候鸟有天鹅等4种。

此外，我国草原湿地野生动物资源丰富，世界15种鹤类在我国仅记录到的就有9种，大部分分布在草原湿地。我国草原湿地在全球生物多样性保护中占有十分重要的地位。

中国草原和草地共分布有麻雀形目百灵鸟类13种，其中，蒙古百灵、长嘴百灵、亚洲短趾百灵、凤头百灵为终年留居出生地而不做长距离迁徙的留鸟。短趾百灵、细嘴短趾百灵、歌百灵、云雀、小云雀是春夏之季在中国境内繁殖，深秋迁往越冬地的夏候鸟。角百灵在中温型草原为夏候鸟，在青藏高原和新疆为留鸟。黑百灵是偶然出现于新疆的迷鸟，二斑百灵、白翅百灵为在新疆草原上过冬的冬候鸟。沙鸡科是中等体型的草原栖居者，主要包括毛腿沙鸡、西藏毛腿沙鸡及黑腹沙鸡。它们飞行迅速，转弯灵活，有利于寻找水源和逃避敌害。沙鸡常把巢筑在干燥的地面，雏鸟出生后的前几天静卧巢中，双亲到水源地以腹部海绵状的绒羽吸水后带回巢区，喂哺幼鸟。

在许多草原河滩湿地上特别适于体型高大的鹤类繁殖。内蒙古呼伦贝尔草原上的辉河河滩湿地是名副其实的“鹤苑”，辉河河道 6000 多万年前曾为湖泊，故河床平坦宽阔，河曲发育，芦荡遍布，这样的环境特别适于体型高大的鹤类繁殖。在候鸟迁徙季节辉河地区还可见到白枕鹤、白鹤、白头鹤，还有瓣蹼鹬、赤颈鸊鹏等珍稀种类。每年在青藏高原繁殖的黑颈鹤属于国家一级保护动物，冬季在南方越冬。每年 4 月迁至可可西里，在高寒草甸沼泽地或湖泊河流沼泽地中活动，并选择合适的地方繁殖。

4. 草原昆虫类

我国草原上常见的昆虫有直翅目的 100 余种蝗虫，如分布于温带草原的东亚飞蝗、新疆的新疆西伯利亚蝗、西藏高寒草原的西藏大足蝗以及蝼蛄、中华蚱蜢等。草原上五彩缤纷的蝴蝶和蛾类是鳞翅目昆虫，有几百种之多，蝶类触角顶端呈棒槌形，停歇时两翅竖立在背上。蛾类的触角多为梳状，停歇时双翅展开并下垂呈屋脊状，大多夜间活动。金龟子、天牛、瓢虫是鞘翅目昆虫，双翅目中的蚊、蝇与人类的关系更加密切，我国分布有伊蚊、按蚊和库蚊共约 100 种。

大多数昆虫是草原生态系统的初级消费者和生产力极高的次级生产者，是青蛙、蟾蜍、蜥蜴、蛇、鸟类及哺乳类的主要食物。

(三) 草原动物与植物和微生物的共同作用

草原上的植物通过光合作用吸收水分和二氧化碳利用太阳光合成有机物，动物则通过采食绿色植物利用现成的有机物，草原微生物分解植物的枯枝败叶、动物的遗骸获得物质和能量。可见草原上的各种生物在草原生态系统中不断进行新陈代谢，通过摄食、吸收、分解，使化学元素进行连续的化合和分解。在这种作用过程中，草原改变了物质的性状、构造，保证了基本物质元素的循环利用，促进了全球生物物质的大循环，从而成为维持地球生物圈持续稳定的重要力量。

三、草原微生物资源

(一) 草原微生物资源概念

动物、植物是资源，这是众所周知的，因为动植物是人类食物的主要来源，而微生物是一种资源却远远没有被公众所认识。

微生物是一切肉眼看不见或看不清的微小生物的总称，是个体微小、结构简单的低等生物。微生物资源是指具有经济价值、有助于改善人类活动和生存环境的微生物，主要包括土壤微生物资源、海洋微生物资源、湿地微生物资源、极端环境微生物资源、固氮放线菌资源、植物内生菌资源、动物肠道菌资源、太空微生物资源以及微生物基因资源 9 种。

草原微生物资源，则主要是以土壤微生物资源为主，土壤微生物群落受植物凋落物、根系分泌物、植物生产力等的影响，包括湿地微生物资源、极端环境微生物资源以及植物内生菌资源在内的微生物类群，是聚集的细菌、真菌、放线菌以及其他未知微生物的总称。草原微生物资源的组成与结构不仅受土壤水分、温度、pH 值、养分、质地等性质的影响，还与植物生长过程密不可分。

(二) 草原微生物资源种类与特点

草原微生物资源主要包括真菌资源、古菌资源、细菌资源以及其他未知的微生物资源。真菌资源包括接合菌门、子囊菌门、担子菌门和壶菌门，目前有 7 万多种的真菌已经定名，是各国菌种保藏中心保存量最大的微生物资源；古菌资源包括初古菌门、纳古菌门、广古菌门；细菌资源包括酸杆菌门、革兰阳性菌的放线菌门、芽单胞菌门、硝化螺旋菌门等 23 种细菌资源，目前约 1 万种的细菌已定名，其中约有 4000 种是放线菌(表 3-3)。

表 3-3　草原微生物资源的种类

类群	已知种	估计种	已知种占比/%
病毒	5000	1.3 万	4
细菌	6000	50 万~150 万	<1
放线菌	4000	3.5 万~8 万	2~11
真菌	69 000	150 万至几百万	5
藻类	40 000	6 万~40 万	1~6

注：引自《微生物资源学》。

草原微生物资源主要有代谢类型多样化、生长速度快、物种丰富且未知种较多、变异性大、开发利用潜力大等特点。

(三) 草原微生物细菌资源

草原微生物细菌资源主要包括土壤微生物细菌资源和植物内生菌资源。

1. 土壤细菌

草原上的细菌微生物资源以放线菌资源为主。放线菌资源广泛分布于世界各地，对放线菌的研究工作已有约 100 年的历史，我国对放线菌分布的研究主要集中在云南及青藏高原地区，而青藏高原地区主要以高寒草甸及草地为主要植被类型。王启兰等曾于 2001—2002 年在青海地区高寒草甸进行土样采集，并分离出放线菌 300 余株，其中 200 株为中温菌，110 株属于低温菌，根据其形态和分类特征鉴定出至少 5 个属，其中链霉菌属是优势类群。高山灌丛草甸土、高山草甸土壤的放线菌组成比较复杂，分离得到的放线菌种群比较丰富；高山冻漠土、藏嵩草沼泽草甸土和小嵩草高山草甸土壤的放线菌组成则较为简单。

2. 植物内生细菌

草原植物内生环境为植物内生菌提供了丰富的栖息地，依据内生菌的生活方式，可以将其分为专性与兼性两大类。兼性内生菌可以独立于宿主植物存在；而专性内生菌主要依靠宿主植物存活生长，通常定殖于细胞间隙，且在各个植物器官中均有分布，在植物根内种群密度较高，可达 10^5cfu/g 鲜重，通常情况下，其种群密度从根部到顶部逐渐降低。随着人们对植物内生菌研究的深入，越来越多的内生细菌被分离获取，一些内生固氮菌和人类病原细菌也被研究人员从植物中提取出。内生细菌在植物体内有着稳定的生存空间，不易受环境条件的影响，可在植物体内独立进行分裂繁殖及传递，是生物防治中有潜力的微生物农药及潜在生物防治载体菌。

(四) 草原微生物真菌资源

真菌是一类巨大的资源，其种类估计达 150 万种以上，是种类最多的一类微生物，目前国内对真菌的研究主要集中于云南、安徽、西北干旱区及青海地区，西北干旱地区 (新疆和甘肃的河西走廊以西) 以草甸草地、森林草甸、典型草地等为主要植被类型。草原微生物真菌资源也分为土壤真菌及植物内生真菌。

1. 土壤真菌

云南省已发现的真菌有6500~7000种，以青霉属、拟青霉属等为优势属；在安徽地区的研究多集中于虫生真菌；而在青藏高原地区的高寒草甸及草原上，对土壤微生物的研究则主要集中于丛枝菌根真菌。

丛枝菌根(AM)真菌是连接地上生态系统与地下生态系统的桥梁，在调节植物群落结构、植物生物多样性及植物生态系统等过程中起到重要作用。不同的植被类型中，AM真菌的分布不同，其丰度和孢子的密度也有不同。

草原草甸、典型草原及荒漠草原三种类型的草原中均以球囊霉属的种类最多，其次为无梗囊霉属，其他的种类较少；相同的种类有无梗囊霉和缩球囊霉。草甸草原和典型草原相同的种类较多：苏格兰球囊霉、缩球囊霉、地表球囊霉、美丽盾巨孢囊霉，而荒漠草原与草甸草原的相同种类较少。同时，各草原类型均有自己的特有种。

2. 植物内生真菌

不同于菌根真菌，植物内生真菌完全生活于植物组织内，而且在根茎叶均有分布。依其宿主类别、定殖方式、生态功能及进化关系可分为麦角类内生真菌和非麦角类内生真菌。麦角类内生真菌可与一些禾草、牧草等共生，非麦角类真菌能从无症状的非维管植物、裸子、被子植物等维管植物中分离获得。

麦角类内生真菌较难培养且仅与一些冷暖季型草种共生，它们通常在植物茎内形成细胞间的系统性感染。这类真菌可以促进植物生物量的积累，提高其耐旱性，产生一些对动物有毒害的化学物质，这些功能也因宿主的物种及基因型而异。牧草中的麦角类真菌主要集中在子囊菌门麦角菌科瘤座菌族的两属中。

非麦角类真菌主要分为三类。第一类属于子囊菌门及担子菌门，它们通常能够在植物根、茎、叶形成广泛定殖，通过种皮和(或)地下茎传播，在根际分布较少，可赋予宿主植物非环境适应性及环境适应性。生长于恶劣环境的植物被此类内生真菌感染的频率高达90%~100%。第二类内生真菌多集中于子囊菌门，它们主要或只在植物地上部分的组织内存在，水平传播，形成高局部性的感染，对宿主植物的有益或有害作用不存在环境特异性，多样性水平高。此类内生真菌既能与热带树木的叶共生，也能与非维管植物、蕨类、针叶树、木本或草本植物地上部分共生，生物群系跨越多个区域。第三类内生真菌专指深色有隔内生真菌，即一群固定繁殖于植物根内的小型土壤真菌。这类真菌广泛存在于健康植物根的表皮、皮层甚至维管束组织中，菌丝颜色较深，具有明显的横隔，能够在植物细胞内或细胞间形成“微菌核”。

（五）草原微生物资源的应用及发展前景

当前对草原微生物资源的利用主要集中在生物防治及环境治理和修复方面。在生物防治方面，微生物的作用主要体现在以下三方面：

（1）增加土壤肥力。各种固氮微生物通过自生、联合、共生来增加土壤中的氮素来源，许多解磷、解钾微生物可促进植物对磷、钾的吸收；用AM真菌制成的微生物肥料可与多种植物根系共生，通过菌丝吸收更多营养以供给植物吸收利用。

（2）产生植物激素类物质刺激作物生长。土壤微生物能够产生刺激和调节作物生长的植物激素类物质，使植物对营养元素的吸收及利用率得到提升。

（3）防治病虫害。通过在植物根部接种微生物，使之大量繁殖成为优势菌种，能够限制其他病原微生物的繁殖并起到拮抗作用，以达到减轻植物病害的目的。

在环境治理方面，土壤微生物能够通过自身生长过程中的氧化、还原、甲基化等作用，减少重金属毒性，降低污染；还有微生物能够降解有机物及农药，从而达到治理污染、修复环境的目的。

微生物还能够制成微生物饲料，通过利用微生物的分解与转化改造作用使植物饲料中的纤维素类物质更容易被牲畜消化吸收利用，通过增加微生物蛋白质提高饲料的营养价值等，对现代养殖业具有重要意义。

第四节　草原资源评价

草原资源是草原自然资源和经济资源的总称，蕴藏着一定的生产能力和生态功能，具有数量、质量和分布地域的属性，不仅是畜牧业的生产资料，而且是具有多种功能的自然综合体。我国拥有各类天然草原近4亿hm^2，面积居世界第二位，占全球草原面积的13%，占国土面积的41.7%。该节重点对我国草原健康状况、草原植物饲用价值、草原生产力和草原载畜能力评价的标准、方法和系统及基本状况进行介绍。

一、草原健康评价

草原作为有生命的不断发展的农业自然资源，在一定的时空范围内，必然处于一定的发展阶段，表现其阶段特征。草原健康状况就是指草原生长发育和发展演替的基本情况。草原健康状况评价是对草原群落学和生态学特征进行综合鉴定评价，也是对草原基本健康状况的诊断，以便于说明和比较草原实际和潜在生态—生产能力的差异。

在科学研究和具体生产实际工作中，国内常使用的有以下三种有关草原健康评价的标准、方法和系统。

(1)早在1961年任继周院士就从草原放牧演替规律的角度来综合考虑，以草地植物经济类群和特征植物、地表状况、水土流失现象、土壤有机质和酸度为评价指标，在国内率先提出了草原健康评价的五级综合评价系统。

第一级是长久放牧过轻阶段，即草原上有倒伏或未倒伏的常年宿茎大量存在；土壤有机质增加，并表现出与此相联系的一系列草原演变过程的劣化现象；当土壤呈酸性时，往往有柳属灌木出现；高大杂类草逐渐取得优势。

第二级是放牧适度阶段，即草原植被正常生长，没有牲畜践踏痕迹，盖度较高，无水土流失现象。

第三级是放牧稍略过重阶段，即在干旱地区，杂类草及根茎、疏丛型禾本科草受到抑制，短小密丛禾本科草比重增大；湿润地区，早熟禾一类略受抑制，羊茅类增多；各类草原均可出现因践踏过度所出现的沟纹，而山坡上的最为明显；植被成分与第二级没有显著差异，只在产量上有较明显的区别，水土流失现象较重。

第四级是明显的放牧过渡阶段，即草原上株体高大的优良牧草显见减少，小型密丛禾本科草和蒿属植物增加，毒草较多；践踏过度所出现的沟纹在山坡上大量出现，平地上也普遍可见；中等雨量即可出现水土流失现象，表土有些地方已全部丧失。

第五级是严重过度放牧阶段，即优良牧草已少见，蒿属和杂类草的数量也显见减少，只有稀疏矮小的一年生或深根多年生植物，毒草大量生存；践踏过度生成的沟纹在山坡上密如鱼鳞，交错排列，平地上也很密集；由于水土流失等原因，土层已变薄，表土层流失，成土母质常常暴露，草原遭受毁灭性破坏。

(2)1998 年任继周院士进一步从“草原土壤稳定性和流域功能、草原生态系统能量和物质分配、草原恢复机制”三个角度出发，建立了草原健康评价系统，并将草原划分为健康阈、警戒阈、不健康阈和系统崩溃四个阶段(图 3-2)。

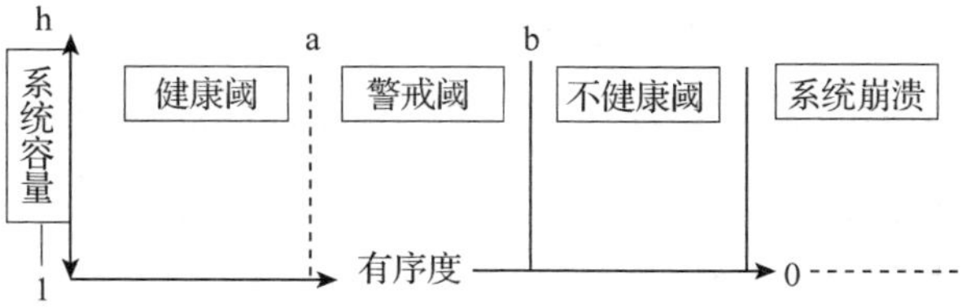

图 3-2　草原健康状况示意

a. 警戒线：健康阈下限、警戒阈上限；b. 警戒阈下限、不健康阈上限

有序度由高(1)到低(0)；生态系统容量从低(1)到高(h)

当草原土壤无明显移动、有机质含量稳定或略有增长，新鲜植物体和凋落物分布均匀，在整个植物生长季内光合作用能够正常进行，植物根分布于整个可利用土层，植物年龄多样性和活力充分，草原即处于健康状态；当草原土壤发生移动但仍留在本区，土壤有机质含量呈减少趋势，新鲜植物体和凋落物开始呈现不均匀分布，光合作用仅局限于生长季的一部分，群落中植物幼苗和幼年植物缺乏，此时草原已处于警戒状态；而当草原土壤发生移动并流出本区，土壤有机质含量明显减少，新鲜植物体和凋落物呈不均匀分布，凋落物之间出现大量裸地，光合作用也仅局限于生长季更少的一部分，入侵的临时植物已经占据优势，幼苗和幼年植物极为罕见，土壤移动或结皮阻碍了大部分植物的种子发芽，此时草原已处于不健康状态。

(3)草原健康的评价系统由中国农业科学院北京畜牧兽医研究所负责组织起草，由中华人民共和国国家质量监督检验检疫总局和中国国家标准管理委员会于 2008 年颁布实施的国家标准《草原健康状况评价》(GB/T 21439—2008)。

该标准认为草原健康是指草原生态系统中的生物和非生物结构的完整性、生态过程的平衡及其可持续的程度。通过对草原生态系统中的土壤(地境)稳定性(包括裸地分布、受风蚀移走表层土壤厚度、0～20cm 土壤有机质和土壤紧实度)、水文功能(包括水流痕迹、细沟数量、切沟数量和凋落物移动程度)和生物完整性(包括建群种相对重要值、凋落物量、地上现存量和侵入种所占地位）三大属性中的12项具体指标进行分级定量赋值，计算出草原健康综合指数。当草原健康综合指数的计算分值分别为>4.5、4.5~3.5、3.5~2.5、2.5~1.5、≤1.5，则草原健康状况依次分别为极好、好、中等、差、极差5个级别。

二、草原植物饲用价值评价

根据草食家畜对草原植物的采食状况及适口性的综合分析，将天然草原牧草的饲用价值评价为嗜食牧草、喜食牧草、乐食牧草、可食牧草、偶食牧草和不食牧草六级标准。

嗜食牧草是指在任何情况下草群植物不仅首先被牲畜采食，表现为贪食，而且其草质柔嫩，营养价值较高。在《中国草地资源》专著中统计的中国草原类型360种优势牧草中属于嗜食牧草52种，占我国天然优势牧草总数的14.44%。其中，禾草类牧草最多达38种，草原上分布范围较广、面积较大的主要有羊草、糙隐子草、羊茅、细叶早熟禾、冰草、碱茅和垂穗披碱草等；豆科牧草有白三叶、红三叶、野豌豆等；菊科牧草有冷蒿、多种绢蒿等。

喜食牧草是指某种草原植物被牲畜经常采食，从不厌食，且具有较丰富的叶量。在我国草原类型360种优势牧草中，属于喜食牧草的有99种，占我国天然优势牧草总数的27.50%。其中，多年生禾草多达55种，在草原中起较大作用的有多种鹅观草，多种偃麦草，贝加尔针茅、大针茅、克氏针茅、短花针茅等多种针茅和白羊草等；其次是莎草科类牧草32种，主要有矮生嵩草、黑花薹草、细果薹草、草原薹草、西藏薹草等；还有部分半灌木类。

乐食牧草是指牲畜经常采食，但采食一定量后便在草群中挑选嗜食和喜食的饲用植物。在统计的我国草原类型360种优势牧草中，属于乐食牧草的有114种，占我国天然优势牧草总数的31.67%。其中，多年生禾草有53种，如多种芒草、多种茅草等；莎草类牧草有24种，包括多种薹草；半灌木类牧草有30种，如小叶锦鸡儿、柠条锦鸡儿等多种锦鸡儿，黑沙蒿、差巴嘎蒿等多种蒿类；还有部分灌木类牧草，如沙拐枣、梭梭等。

可食牧草是指草质较粗糙或仅能利用植株的某一部位，或某个时期有浓郁的特殊气味牲畜拒绝采食，具有明显季节适口性。在统计的我国草原类型360种优势牧草中，属于可食牧草的有67种，占我国天然优势牧草总数的18.61%。其中主要有五节芒、拂子茅、线叶菊、猪毛蒿、油蒿、刺旋花等。

偶食牧草是指牲畜偶尔采食，或因饲草极度缺乏而被迫采食的饲用植物，其草质低劣、粗糙，某个时期对牲畜有毒害作用或含有多量的盐分。在统计的我国草原类型360种优势牧草中，属于可食牧草的有22种，占我国天然优势牧草总数的6.11%。常见的有三棱草、紫茎泽兰、白刺、盐爪爪、盐穗木等。

不食牧草是牲畜不食的一类植物。在统计的我国草原类型360种优势牧草中，属于不食牧草的有6种，占我国天然优势牧草总数的1.67%。常见的如芒萁、红景天、白喉乌头等。

三、草原生产力评价

草原生产力是草地植物通过光合作用固定光能，吸收无机物质，合成有机物质，完成自身生长、发育和繁殖的过程，反映草地植物从日光能和无机物转化为植物产品的效率和状况。它决定着草原次级生产的质量和数量，是草原生产最基础的生产力，其评价方法可以归纳为草原产草量评价、草原营养物质产量评价和草原等级评价三个方面。

1. 草原产草量评价

草原产草量的评价多是单指标的评价，采用的指标如产草量或可食牧草产量。通常情况下，先按某一调查区或行政单位的草地类型分类体系进行草地型或亚型地上生物产量的测试和分析，然后再按可利用面积加权统计出草地类型高级分类单位——草地类的产草量和可利用产草量，并进行草原产草量的比较和评价。

按《中国草地资源数据》(1994)统计分析，如果以草地类的平均产草量单产进行比较评价，年产干草2500 kg/hm^2以上的有热性草丛、热性灌草丛和干热稀疏灌草丛三个草地类；年产干草2000~2500 kg/hm^2的有沼泽类；年产干草1500~2000 kg/hm^2的有低地草甸、山地草甸、暖性草丛和暖性灌草丛4个草地类；年产干草1000~1500 kg/hm^2的有温性草甸草原类；年产干草500~1000 kg/hm^2的有温性草原类、高寒草甸类；年产干草低于500 kg/hm^2的有温性草原化荒漠、温性荒漠草原、温性荒漠、高寒草甸草原、高寒草原、高寒荒漠草原和高寒荒漠等草地类。

中国现有3.3099×10^8 hm^2的可利用草原，年产干草总量3.0099×10^{11} kg。按照各类草原的总产量统计分析，占全国草原总产量10%以上的有高寒草甸类(17.24%)、低地草甸类(12.10%)、热性灌草丛类(11.16%)、温性草原类(10.74%)和热性草丛类(10.03%)；占全国草原总产量5%~10%的有山地草甸类(8.17%)、温性草甸草原类(6.24%)和暖性灌草丛类(5.83%)；占全国草原总产量1%~5%的有高寒草原类(3.34%)、温性荒漠类(3.34%)、暖性草丛类(3.19%)、温性荒漠草原类(2.57%)和沼泽类(1.63%)；占全国草原总产量均不足1%的有高寒荒漠草原类、高寒荒漠类、高寒草甸草原类和干热稀疏灌草丛类。

从草原植被类组的状况分析，草甸类组草原总产量最高，占全国草原总产量的37.56%，草原类组占24.00%，次生灌草丛类组占30.58%，荒漠类组占4.97%，沼泽类组占1.63%。

参考中国自然地理区划、中国植被区划、中国气候区划及县级行政边界的完整性进一步归纳划分为9个草原产草量分区(干草)，并给出不同草原产草量区域的最高、最低和多年平均产草量。其中，华中和华南地区的多年平均产草量达2074.60kg/hm^2，多年平均产草量居于1000~2000kg/hm^{2}的有东北平原湿润草原区、黄土高原区、西南山地区和华北平原区，多年平均产草量低于1000kg/hm^{2}的有西北干旱区、内蒙古温性草原区、青藏高原高寒草原区(表3-4)。

表3-4 不同草原区域的产草量参数 kg/hm^2

	最高产草量	最低产草量	多年平均产草量
全国平均	1267.66	669.97	892.43
东北平原湿润草原区	2076.65	917.40	1362.80
内蒙古温性草原区	1115.86	521.31	759.12
西北干旱区	861.39	396.27	586.69
青藏高原高寒草原区	1163.29	584.61	781.76
黄土高原区	1371.85	693.27	1057.42
西南山地区	2370.91	1341.77	1773.34
华中和华南地区	2862.84	1528.60	2074.60
华北平原区	1964.43	902.44	1437.79

注：该数据来源于国家农业遥感中心及中国农业科学院农业自然资源与区划研究所。

2. *草原营养物质产量评价*

草原营养物质产量评价是指草原牧草中含有家畜存活和生产所需要的各种营养成分的量来评价草原的方法，主要目的是用草原生产的营养成分或家畜可消化营养成分的多少来表明和比较草原的生产能力。

草原饲用植物的营养成分含量是评定其饲用价值的重要指标，可归纳为三类：第一类是常见的概略养分指标，包括粗蛋白质、粗脂肪、粗纤维、粗灰分、无氮浸出物、钙、磷和胡萝卜素；第二类是纯养分指标，包括各种常量矿物质、各种微量元素、各种维生素及蛋白质中的各种氨基酸与粗纤维中的纤维素、半纤维素、木质素等；第三类是能量指标，即单位重量牧草干物质的总能(GE)、消化能(DE)、代谢能(ME)、净能(NE)等能量含量。这三类指标中常使用的是数据容易获得的概略养分指标，而纯养分指标因数据难以获得，能量指标数据的获得还需借助动物消化试验和代谢试验，这两类评价指标经常在科学试验研究中涉及并使用。

根据20世纪80年代中国草地资源调查成果资料的汇总，选用天然草原优势植物抽穗期和开花期的粗蛋白质、粗纤维、无氮浸出物等概略营养成分作为评价指标，对全国18个草地类的营养成分进行统计分析，建立了单一指标的草原营养成分评价系统。如以草原牧草的粗蛋白质含量为指标，中国草原划分为高粗蛋白质草地(>13%)、中粗蛋白质草地(10.01%~12.99%)和低粗蛋白质草地(<10%)；以草原牧草的粗纤维含量为指标，划分为高粗纤维草地(>34%)、中粗纤维草地(30.01%~33.99%)、低粗纤维草地(<30%)和特殊低粗纤维草地(<25.89%)；以草原牧草的无氮浸出物含量为指标，又可划分为高无氮浸出物草地(>44%)、中无氮浸出物草地(37.01%~43.99%)和低无氮浸出物草地(<37%)。

根据草原牧草的碳氮营养比和粗灰分含量的三个区段，将中国草原划分为12个类型，形成了我国天然草原营养类型的划分标准，并对全国草原资源的营养类型进行了综合评价(表3-5)。其中，N型草地宜发展奶品生产，CN型草地宜发展肉品生产，NC型草地宜发展细毛羊生产，NC-A型草地宜发展西藏羊的毛肉生产，C型草地宜发展肉牛生产，A-NC型草地宜发展山羊绒和裘皮生产。

表3-5　中国草地营养类型标准

碳氮(C:N)营养比	粗灰分(A)含量					
	<10%		10%~20%		>20%	
	营养类型	符号	营养类型	符号	营养类型	符号
<3.75	氮型	N	氮—灰分型	N-A	灰分—氮型	A-N
3.76~7.25	氮碳型	NC	氮碳—灰分型	NC-A	灰分—氮碳型	A-NC
7.26~14.25	碳氮型	CN	碳氮—灰分型	CN-A	灰分—碳氮型	A-CN
>14.26	碳型	C	碳—灰分型	C-A	灰分—碳型	A-C

注：引自《中国草地资源》(1996)。

3. 草原等级评价

草原资源的牧用经济价值，可用质量特征和数量特征分别来体现，也可以将两者结合起来进行评价。草原等级评价就是以草原牧草的质量指标评价为“草原等”，以草原牧草的产量指标评价为“草原级”，再将两者结合成“草原等级”，用以对草原资源等级进行综合评价的一种方法。

我国因不同专家研究的草原区域不同，考虑出发点和侧重点的角度不同，截至目前就有不同的有关草原等级评价的原则、标准方法及系统的介绍和报道。例如：①中国科学院内蒙古宁夏综合考察队早在19世纪80年代针对内蒙古自治区及东西毗邻地区天然草原生产力状况，重点以天然草原牧草的饲用价值、地形和水源情况等为主要评价指标，提出了天然草原资源“五等六级”的评价系统。②章祖同先生(1981)从天然草原经营利用的角度综合考虑，在分析决定天然草原经济价值基本因素的基础上，选用天然草原草群的经济价值、水源、地形条件、利用时期、土壤基质条件和地表状况6个评价指标，建立了天然草原资源的“五等八级”评价系统。③北方草场资源调查办公室(1986)以草原植被的好坏和地上部分产草量高低为标准划分草原等级，规定“草原等”表示草原草群的品质优劣(包括草群饲用植物适口性、利用率和营养价值)，“草原级”表示草原草群地上部分的产草量，建立并完善了北方草原资源“五等八级”的等级评价系统，国家编制出版《1:1000000 中国草地资源图》就采用了该评价方案。

2007年，农业部组织行业专家将《中国草地资源》著作中草原资源等级的评价标准、方法和系统作为我国农业行业标准之一进行了规范，制定了农业行业标准《天然草原等级评定技术规范》并颁布实施。该评价方案由农业部草原监理中心、内蒙古草原勘察设计院共同制定，采用“草原等”和“草原级”两个指标作为评价草原资源“质与量”的指标，规定“草原等”表示草原草群的饲用品质优劣，用不同饲用价值的牧草占草群总产量的重量百分比确定；“草原级”表示草原可食牧草产量高低，用单位面积可食牧草风干重确定；将“草原等”和“草原级”叠加组合，组成草原质量和生产力评定的综合指标，进行草原等级的综合评价。

“草原等”评价时，综合考虑草原上牧草适口性、牧草营养价值、牧草耐牧性和牧草冷季保存率，将草原牧草的饲用价值综合评定为优等、良等、中等、低等和劣等，当优等牧草产量占草群总产量>60%时为I等草原，当良等以上牧草产量占总产量>60%时为II等草原，当中等以上牧草和低等以上牧草分别占总产量>60%时为III等草原和IV等草原，当劣等和不可食牧草产量占总产量>40%时为V等草原。

“草原级”评价时，根据单位面积可食牧草风干重确定。可食牧草产量≥4000kg/hm²、3000～4000kg/hm²、2000～3000kg/hm²、1500～2000kg/hm²、1000～1500kg/hm²、500～1000kg/hm²、250～500kg/hm²、<250kg/hm²分别评价为1级、2级、3级、4级、5级、6级、7级和8级草原。

在“草原等”和“草原级”评定的基础上，对“草原等”和“草原级”叠加组合为40个不同草原等级，并将草原五等再归并为优质、中质、劣质，草原八级再归并为高产、中产、低产(表3-6)，草原等级综合评定指标归并为9类，按产量优先排序(表3-7)。

表3-6　草原等级归并的依据

等级组合		高产		中产				低产	
		1级	2级	3级	4级	5级	6级	7级	8级
优质	Ⅰ等	Ⅰ1	Ⅰ2	Ⅰ3	Ⅰ4	Ⅰ5	Ⅰ6	Ⅰ7	Ⅰ8
	Ⅱ等	Ⅱ1	Ⅱ2	Ⅱ3	Ⅱ4	Ⅱ5	Ⅱ6	Ⅱ7	Ⅱ8
中质	Ⅲ等	Ⅲ1	Ⅲ2	Ⅲ3	Ⅲ4	Ⅲ5	Ⅲ6	Ⅲ7	Ⅲ8
	Ⅳ等	Ⅳ1	Ⅳ2	Ⅳ3	Ⅳ4	Ⅳ5	Ⅳ6	Ⅳ7	Ⅳ8
劣质	Ⅴ等	Ⅴ1	Ⅴ2	Ⅴ3	Ⅴ4	Ⅴ5	Ⅴ6	Ⅴ7	Ⅴ8

表3-7　草原等级综合评定方案

等级组合	高产	中产	低产
优质	优质高产	优质中产	优质低产
中质	中质高产	中质中产	中质低产
劣质	劣质高产	劣质中产	劣质低产

依据我国建立的“五等八级”草原等级评价标准，全国草原资源等级结构分析统计的结果表明(表3-8)，天然草原资源属于中质低产草原占全国草原面积的24.8%，中质中产草原占14.5%，中质高产占7.9%；优质低产占11.2%，优质中产占12.0%，优质高产占6.2%；低质低产占12.2%，低质中产占7.6%，低质高产占3.5%。

由表3-8可知，III等8级草原面积最大，为3574.7509万hm²，占全国草原面积的10.8%，其次是III等6级和II等6级，分别占全国草原面积的7.6%和7.5%，第四位的是III等7级，占6.4%；占全国草原面积

表 3-8 全国草原资源等级组合结构统计表 hm^2

		1 级	2 级	3 级	4 级	5 级	6 级	7 级	8 级	等合计
I 等	面积	2 316 968	1 323 982	1 654 977	2 316 968	4 633 936	8 605 882	10 922 850	2 316 968	34 092 531
	%	0.7	0.4	0.5	0.7	1.4	2.6	3.3	0.7	10.3
II 等	面积	4 633 936	3 971 945	6 619 909	10 260 859	14 232 805	24 824 659	15 225 791	8 605 882	88 375 787
	%	1.4	1.2	2.0	3.1	4.3	7.5	4.6	2.6	26.7
III 等	面积	6 288 914	5 295 927	14 563 800	10 922 850	11 915 836	25 155 655	21 183 709	35 747 509	131 074 201
	%	1.9	1.6	4.4	3.3	3.6	7.6	6.4	10.8	39.6
IV 等	面积	2 316 968	2 316 968	4 964 932	4 964 932	7 281 900	8 274 886	9 929 864	17 542 759	57 593 210
	%	0.7	0.7	1.5	1.5	2.2	2.5	3.0	5.3	17.4
V 等	面积	661 991	330 995	992 986	992 986	1 323 982	2 316 968	3 640 950	9 598 868	19 859 727
	%	0.2	0.1	0.3	0.3	0.4	0.7	1.1	2.9	6.0
级合计	面积	16 218 777	13 239 818	28 796 605	29 458 596	39 388 460	69 178 051	60 903 164	73 811 987	330 995 458
	%	4.9	4.0	8.7	8.9	11.9	20.9	18.4	22.3	100

注：引自《中国草业可持续发展战略》(2006)。

3%~5%的有 II 等的4、5、7 级，III 等的3、4、5 级，IV 等的7、8 级；V 等1 级和 V 等2 级草原面积仅为66.1991 万 hm^2 和33.0995 万 hm^2，分别占全国草原面积的0.2%和0.1%。

四、家畜载畜量评价

载畜量作为评定草地生产能力的一种指标，其含义是以一定的草地面积，在适度利用原则下，能够使家畜正常生长繁殖的饲养天数及头数。家畜载畜量有三种表示方式：即家畜单位、时间单位和草地单位。家畜单位是以家畜数目为变数，即在一定时间内，单位面积的草地上可以养活的家畜数量；时间单位是以放牧时间为变数，即在单位面积的草地上，可供一头家畜放牧的天数或月数；面积单位是以草地面积为变数，即在单位时间内，一头家畜所需要的草地面积。

王栋教授早在1955 年制订了绵羊单位来表示草地家畜载畜量，其含义是在放牧季节中，能供给1 只体重为40kg 的母羊及其哺乳1 只羔羊的营养需要量为一个标准羊单位。一个羊单位每日约需牧食青草5~7.5kg。

中国草地资源调查中对我国北方11 片牧区制订的绵羊单位，是根据不同地区绵羊的体重和生产性能，并结合各有关单位生产试验所测得的资料，确定以各地成年绵羊体重和生产性能平均值为一个绵羊单位。我国重点牧区 11 片草地的一个绵羊单位每日食鲜草标准：内蒙古呼伦贝尔、新疆伊犁、新疆阿勒泰片为 6kg，内蒙古科尔沁、内蒙古锡林郭勒、四川甘孜、四川阿坝片为 5kg，内蒙古乌兰察布、甘肃甘南、青海环湖片为 4 kg。

农业部畜牧兽医司早在 1995 年就提出了各种家畜对绵羊单位的折算比例如下：1 峰骆驼 =7 绵羊单位，1 匹马 =6 绵羊单位，1 头黄牛 =5 绵羊单位，1 头牦牛 =4 绵羊单位，1 匹驴 =3 绵羊单位，1 匹骡 =5 绵羊单位，1 只山羊 =0. 8 绵羊单位，1 只兔 =0. 14 绵羊单位。

家畜载畜量最常用的表示方式为草地单位，以牧草产量为基础进行计算，其计算公式如下：

$$\frac{\text{一个绵羊单位某段时间}}{\text{所需要草地面积(hm}^2\text{)}} = \frac{\text{绵羊日食量(kg/d)} \times \text{某时期放牧天数(d)}}{\text{草地单位面积产草量(kg/hm}^2\text{)} \times \text{草地利用率(\%)}}$$

全国 18 个草原类的载畜量总体平均水平为 0. 93 公顷/(年・羊单位)，但各类型之间相差悬殊，一个羊单位所需各草原类的面积，热性草丛类为 0. 3hm^2，而高寒荒漠类需 9. 27hm^2，二者相差近 30 倍。

载畜能力高于全国平均水平的草原类有热性草丛类、热性灌草丛类和干热稀疏灌草丛类，因水、热条件好，载畜能力平均为 0. 33 公顷/(年・羊单位)；温性草甸草原类的载畜能力为 0. 79 公顷/(年・羊单位)；高寒草甸类载畜能力为 0. 98 公顷/(年・羊单位)；温性草原类和温性荒漠草原类为 1~3 公顷/(年・羊单位)；高寒草原类和温性草原化荒漠类载畜能力在 3~4 公顷/(年・羊单位)；温性荒漠类和高寒荒漠类载畜能力为 4~6 公顷/(年・羊单位)；载畜能力最低的是高寒荒漠类，1 个羊单位年需 9hm^2 以上(表 3-9)。

从草原类组的载畜能力的分析数据来看，其载畜能力具有较明显的地带性格局。其中，热性草丛类组和暖性草丛类组的理论载畜量分别为 0. 33 羊单位/(年・公顷)和 0. 45 羊单位/(年・公顷)，温性草原类组和温性荒漠类组的理论载畜量分别为 1. 42 羊单位/(年・公顷)和 3. 67 羊单位/(年・公顷)，高寒草原类组、高寒荒漠类组和高寒草甸类组的理论载畜量分别为 3. 73 羊单位/(年・公顷)、9. 27 羊单位/(年・公顷)和 0. 98 羊单位/(年・公顷)，草甸类组为 0. 51 羊单位/(年・公顷)。这种分布格局受纬向、径向和山地、高原垂直向的综合影响，全国草原载畜能力呈现东部高、西部低的总体格局，东、西部又呈现由南向北递减的基本格局。

表 3-9 中国草原类型和类组载畜量统计表

草原类与类组	载畜能力/公顷/(年·羊单位)	全年总载畜量/万羊单位	占全国成片草原载畜量的/%	各草原类载畜量排序
温性草甸草原类	0.79	1615.35	5.1	8
温性草原类	1.48	2445.12	7.6	6
温性荒漠草原类	2.78	612.90	1.9	12
(温性草原类组)	(1.42)	(4673.37)	(14.6)	—
高寒草甸草原类	3.53	169.56	0.5	16
高寒草原类	3.44	1029.25	3.2	10
高寒荒漠草原类	6.10	127.15	0.4	17
(高寒草原类组)	(3.73)	(1316.96)	(4.1)	—
温性草原化荒漠类	3.32	274.58	0.9	14
温性荒漠类	4.21	726.98	2.4	11
(温性荒漠类组)	(3.67)	(1001.56)	(3.3)	—
高寒荒漠类(组)	9.27	60.34	0.3	18
暖性草丛类	0.43	1334.45	4.2	9
暖性灌草丛类	0.46	2123.75	6.6	7
(暖性灌草丛类组)	(0.45)	(3468.20)	(10.8)	—
热性草丛类	0.30	3798.26	11.9	3
热性灌草丛类	0.36	3704.41	11.6	4
干热稀疏灌草丛类	0.32	237.45	0.7	15
(热性灌草丛类组)	(0.33)	(7740.12)	(24.2)	—
低地草甸类	0.52	4054.00	12.7	2
山地草甸类	0.50	2981.02	9.3	5
(草甸类组)	(0.51)	(7035.02)	(22.0)	—
高寒草甸类(组)	0.98	6013.15	18.8	1
沼泽类(组)	0.39	573.04	1.8	13
总计	0.93	31 890.76	100.00	—

注：①计算零星草地，改良草原载畜量在内，全国草原载畜量为44 981.54万羊单位，平均载畜能力为0.73羊单位/(年·公顷)，其中全国天然草原载畜量为43 036万羊单位。

②引自《中国草地资源》(1996)。

第四章

草原退化及成因

草原退化是全球性生态环境问题之一，已经成为我国草地生态系统功能发挥的限制性因素。在我国，草原多为边疆及少数民族聚集区，草原退化尤为严重，已经成为危及我国北方生态安全和边疆少数民族国际民生的重大难题，引起党和国家高度重视和国民的广泛关注。

关于草原退化，研究者和实践者从不同角度有过大量研究和论述。本章将综合以往研究，对草原退化概念、分类以及我国草原退化的现状、成因和机理进行分析探讨，为人们了解草原退化的本质、严重性及防治对策提供一定参考。

第一节　草原退化的概念

草原退化是土地退化的一种类型，是土地荒漠化的主要表现形式之一。广义上的草原退化还包含了草原沙化、盐渍化和石漠化。本节将对草原退化涉及的几个概念和草原退化的主要表现进行详细表述。

一、概念

(一)土地退化

土地退化是指土地受到人为因素或自然因素或人为、自然综合因素的干扰、破坏而改变土地原有的内部结构、理化性状，土地环境日趋恶劣，逐步减少或失去该土地原先所具有的综合生产潜力的演替过程；是土地受自然力或人类不合理开发利用导致土地质量下降、生产力衰退的过程。例如，干旱、洪水、大风、暴雨、海潮等自然力，可导致土地沙化、流失、盐碱化等；人类不适当的开垦、乱伐，不合理的种植制度和灌溉，农药、化肥使用不当等，会引起土地沙化、土壤侵蚀、土壤盐碱化、土壤肥力下降、土壤污染等。

(二)土地荒漠化

土地荒漠化，即土地沙漠化，是指在脆弱的生态系统下，由于人为过度的经济活动，破坏其平衡，使原非沙漠地区出现了类似沙漠景观的环境变化过程。

1992年联合国环境与发展大会对荒漠化的概念做了这样的定义：荒漠化是由于气候变化和人类不合理的经济活动等因素，使干旱、半干旱和具有干旱灾害的半湿润地区的土地发生了退化。

(三)草原退化

草原退化，又称草地退化、草场退化，是草原生态系统在其演化过程中，其结构特征和能流与物质循环等功能过程的恶化，即生物群落(植物、动物、微生物群落)及其赖以生存环境的恶化。它既包括"草"的退化，也包括"地"的退化。它不仅反映在构成草地生态系统的非生物因素上，也反映在生产者、消费者、分解者三个生物组成上。具体来说，草地退化，就是指天然草原在干旱、风沙、水蚀、盐碱、内涝、地下水位变化等不利自然因素的影响下，或过度放牧与割草等不合理利用，或滥挖、滥割、樵采破坏草地植被，引起草原生态环境恶化，草原牧草生物产量降低，品质下降，草原利用性能降低，甚至失去利用价值的过程。草原退化包括草原退化、沙化、盐渍化和石漠化。

(四)草原沙化

草原沙化，是指不同气候带具有沙质地表环境的草地受风蚀、水蚀、干旱、鼠虫害和人为不当经济活动等因素影响，使天然草地遭受不同程度破坏，土壤受侵蚀，土质沙化，土壤有机质含量下降，营养物质流失，草地生产力减退，致使原非沙漠地区的草地出现以风沙活动为主要特征的类似沙漠景观的草地退化过程。草原沙化是草原退化特殊类型之一。

(五)草原盐渍化

草地盐渍化，是指干旱、半干旱和半湿润半干旱区的河湖平原草地、内陆高原低湿地草地及沿海泥沙质海岸带草地，在受含盐(碱)地下水或海水浸渍，或受内涝，或受人为不合理的利用与灌溉影响，其土壤处于近代积盐，形成草地土壤次生盐渍化的过程。

草地盐渍化是草地土壤的盐(碱)含量增加到足以阻碍牧草生长，导致耐盐(碱)力弱的优良牧草减少，盐生植物比例增加，牧草生物产量降低，草地利用性能降低，盐(碱)斑面积扩大的草地退化过程。土壤本底盐(碱)

含量较高的盐化低地草甸草地、滩涂盐生草甸草地、盐生荒漠草地，其草地植被组成及生物产量变化不大，土壤盐(碱)含量与原本底盐(碱)含量相比增加不明显，不属于草地盐渍化。生盐渍化草原是特殊的退化草原类型。

(六)草原石漠化

草原石漠化，是在自然和人类活动影响下，草原植被遭受破坏、生产力下降、水土流失加剧、岩石裸露的过程和现象。草原石漠化是草原退化的一种形式，主要发生在西南方岩溶地区。

二、主要表现

草原退化主要表现植被衰退和生境条件恶化。

(一)植被衰退

植被衰退主要体现在草原植被中优势种、建群种逐渐衰退或消失并被杂草代替，草原植被的质量和产量下降，优良牧草种类减少，可食牧草产量降低，有害、有毒植物增多，单位面积产草量下降。植被衰退的过程或阶段可通过指示植物和优势种来判定。

指示植物是标志草原出现草地退化、沙化、盐渍化具有指示意义的植物，如碱蓬、狼毒、醉马草、小花棘豆、星毛萎陵菜等。

优势种是指草地群落中作用最大的植物种，既群落中其个体数量、覆盖度、生物量等均占优势，并对其他植物种的生存有很大影响与控制作用的植物种，一般用综合算术优势度来判定。

(二)生境条件恶化

生境条件恶化主要体现在生、土、水、气所构成的生态环境条件劣化。如土壤物质损失和理化性质变劣，土壤旱化、沙化及盐碱化；土壤受风蚀、水蚀侵害严重；地表出现秃斑或沙化现象，地面裸露；野生动物的数量逐渐减少，鼠、虫害频发；载畜量下降，家畜质量下降；风沙活动加强，降水减少，地表水和地下水减少等。

三、退化阶段

草原的退化一般可分为三个阶段：

第一阶段，轻度退化阶段，草群变矮，盖度、产量下降，这时的草地如果给予适当的利用或休歇，可望短期内恢复。

第二阶段，中度退化阶段，植被组成成分发生变化，劣质、低质杂草及毒草大量滋生，这时采取一定的管理措施可在较长时间内恢复。

第三阶段，重度退化阶段，生草土层完全破坏，这时植物成分和生境都发生了变化，难以恢复。

第二节 草原退化的类型

我国草原面积辽阔，所处的气候带差异较大，草原利用方式也不径相同，涉及的退化区域范围很广，使得草原退化的原因也不相同，进而导致退化所表现出的形式和程度自然也不同。因此，专家和学者们对草原退化进行分类分级。本节将详细介绍草原退化类型以及如何进行分级。

一、草原退化分类

纵观我国从北到南、从东到西，草原退化的表现形式多样，许多学者对此开展研究。

(一)类型

张自和(2000)将草原退化的类型，按其所在区域、成因及表观等大致分为荒漠型退化、盐渍型退化、黑土滩型退化及毒杂草型退化、水土流失型退化(黄土高原区)、鼠虫害型退化(青藏高原区)及石漠型退化(南方多石山区)等。

根据中华人民共和国国家标准 GB 19377—2003《天然草地退化、沙化、盐渍化分级指标》和 GB/T 29391—2012《岩溶地区草地石漠化遥感监测技术规程》，将退化草原划分为 4 种类型：草原退化、草原沙化、草原盐渍化及草原石漠化。其中，草原退化是我国草原退化最为普遍的一种形式。

(二)等级

根据草原退化发生发展程度或阶段，学者们还将退化草原划分为不同的等级，不同学者对草原退化等级的划分各有偏重。

李博(1997)在天然草地放牧(割草)系统的退化方面，已针对草食家畜利用的退化指标，包括能量、质量、环境、草地生态系统的结构与食物链和草地自我恢复功能等，将草地退化程度分为四级，即轻度退化、中度退化、重度退化及极度退化。任继周(1998)根据放牧过程中草地植物的复合对策的表现，提出了草地退化的 5 个级别，即轻度退化、明显退化、严重退化、极度退化、彻底破坏，以及判断草地退化等级的标准系统。此外，王德利(1996)和董全民等(2007)分别针对内蒙古呼伦贝尔市羊草草地及青海省的“黑土型”退化草地开展研究，并划分成不同退化程度。刘育红(2003)则从景观生态学的角度上主要对草地景观格局、生物多样性、景观恢复等内容进行了分析，来确定草地退化等级。

目前，全国草原资源普查一般采用2003年11月发布、2004年4月实施的GB 19377—2003《天然草地退化、沙化、盐渍化的分级指标》的草原退化等级，即轻度、中度和重度3个退化等级。如退化草原划分为轻度退化、中度退化和重度退化3个退化等级，沙化草原划分为轻度沙化、中度沙化和重度沙化3个沙化等级，盐渍化草原划分为轻度盐渍化、中度盐渍化和重度盐渍化3个盐渍化等级。

关于草原石漠化，则是根据GB/T 29391—2012《岩溶地区草地石漠化遥感监测技术规程》将石漠化草原划分为潜在石漠化、轻度石漠化、中度石漠化和重度石漠化4个石漠化等级。

二、草原退化分级

在第一节中我们谈到草原退化的主要表现是植被衰退和生境条件恶化，不同退化程度或阶段植被衰退和生境条件恶化的程度不同。因此，草原退化是通过分析植被和生境的发展变化程度或阶段来进行分级。一般根据GB 19377—2003《天然草地退化、沙化、盐渍化的分级指标》，采用群落特征、群落植物结构、指示植物、地上部产草量、土壤养分等指标的变化来确定草原退化等级，也即草原退化分级。

(一)分级指标

1. 退化草原分级指标

植被指标：植物群落特征、植物群落结构、指示植物和地上部产草量。

生境指标：土壤养分。

分级指标详见表4-1。

表4-1　草地退化程度的分级与分级指标

监测项目及指标			退化程度分级		
			轻度	中度	重度
必须监测项目	植物群落特征	总覆盖度相对百分数的减少率(%)	11~20	21~30	>30
		草层高度相对百分数的减少率(%)	11~20	21~50	>50
	植物群落结构	优势种牧草综合算术优势度相对百分数的减少率(%)	11~20	21~40	>40
		可食草种个体数相对百分数的减少率(%)	11~20	21~40	>40
		不可食草与毒草个体数相对百分数的增加率(%)	11~20	21~40	>40

（续）

监测项目及指标			退化程度分级		
			轻度	中度	重度
必须监测项目	指示植物	草地退化指示植物种个体数相对百分数的增加率(%)	11～20	21～30	>30
		草地沙化指示植物种数相对百分数的增加率(%)	11～20	21～30	>30
		草地盐渍化指示植物种数相对百分数的增加率(%)	11～20	21～30	>30
	地上部产草量	总产草量相对百分数的减少率(%)	11～20	21～50	>50
		可食草产量相对百分数的减少率(%)	11～20	21～50	>50
		不可食草与毒草产量相对百分数的增加率(%)	11～20	21～50	>50
	土壤养分	0～20cm 土层有机质含量相对百分数的减少率(%)	11～20	21～40	>40
辅助监测项目	地表特征	浮沙堆积面积占草地面积相对百分数的增加率(%)	11～20	21～30	>30
		土壤侵蚀模数相对百分数的增加率(%)	11～20	21～30	>30
		鼠洞面积占草地面积相对百分数的增加率(%)	11～20	21～30	>30
	土壤理化特性	0～20cm 土壤容重相对百分数的增加率(%)	11～20	21～30	>30
		0～20cm 土层全氮含量相对百分数的减少率(%)	11～20	21～25	>25

注：监测已达到鼠害防治标准的草地，须将“鼠洞面积占草地面积相对百分数的增加率(%)”指标列入必须监测项目。

2. 草原沙化分级指标

植被指标：植物群落特征、指示植物和地上部产草量。

生境指标：地表状态。

分级指标见表 4-2。

3. 草原盐渍化分级指标

植被指标：植物群落特征和地上部产草量。

生境指标：0～20cm 土壤理化性质。

分级指标见表 4-3。

表 4-2 草地沙化程度的分级与分级指标

监测项目及指标			退化程度分级		
			轻度	中度	重度
必须监测项目	植物群落特征	植被组成	沙生植物成为主要伴生种	沙生植物成为优势种	植被很稀疏，仅存少量沙生植物
		总覆盖度相对百分数的减少率(%)	6～20	21～50	>50
	指示植物	草地沙漠化指示植物个体数相对百分数的增加率(%)	6～10	11～40	>40

（续）

监测项目及指标				退化程度分级		
				轻度	中度	重度
必须监测项目	地上部产草量	总产草量相对百分数的减少率(%)		11~15	16~40	>40
		可食草产量占地上部总产量相对百分数的减少率(%)		11~20	21~60	>60
	地表状态	地形特征		较平缓的沙地，固定沙丘	平缓沙地，小型风蚀坑，基本固定或半固定沙丘	中、大型沙丘，大型风蚀坑，半流动沙丘
		裸沙面积占草地地表面积相对百分数的增加率(%)		11~20	21~25	>25
辅助监测项目	0~20cm土壤理化特性	机械组成	>0.05mm粗砂粒含量相对百分数的增加率(%)	11~20	21~40	>40
			<0.01m物理性黏粒含量相对百分数的减少率(%)	11~20	21~40	>40
		养分含量	有机质含量相对百分数的减少率(%)	11~20	21~40	>40
			全氮含量相对百分数的减少率(%)	11~20	21~25	>25

表 4-3 草地盐渍化程度的分级与分级指标

监测项目及指标			退化程度分级		
			轻度	中度	重度
必须监测项目	植物群落特征	耐盐碱指示植物	耐盐碱植物成为主要伴生种	耐盐碱植物占绝对优势	仅存少量稀疏耐盐碱植物，不耐盐碱的植物消失
		草地总覆盖度相对百分数的减少率(%)	6~20	21~50	> 50
	地上部产草量	总产草量相对百分数的减少率(%)	11~20	21~70	> 70
		可食草产量占地上部总产量相对百分数的减少率(%)	11~20	21~40	> 40
	地表特征	盐碱斑面积占草地总面积相对百分数的增加率(%)	11~15	16~30	> 30
	0~20cm土壤理化性质	土坡含盐量相对百分数的增加率(%)	11~40	41~60	> 60
		pH值相对百分数的增加率(%)	11~20	21~40	> 40

（续）

监测项目及指标			退化程度分级		
			轻度	中度	重度
辅助监测项目	地下水	矿化度相对百分数的增加率（%）	11～20	21～30	＞30
	0～20cm 土壤养分含量	有机质含量相对百分数的减少率（%）	11～20	21～40	＞40
		全氮含量相对百分数的减少率（%）	11～20	21～25	＞25

4. 草原石漠化分级指标

植被指标：植被盖度、植被类别及秋季当年地上生物量。

生境指标：坡度、岩石裸露程度。

（二）分级方法

1. 草原退化分级的参照依据

（1）未退化草地以监测点附近相同水、热条件草地自然保护区中合理利用示范区相同草地类型的植被特征与地表、土壤状况为基准。

（2）监测点附近没有草地自然保护区，或草地自然保护区没有与需要评定是否退化的相同草地类型时，用20世纪80年代初、中期全国首次统一草地资调查所获被监测地区相同草地类型中的未退化植被特征与地表、土壤状况为基准。

（3）监测点附近既没有草地自然保护区，又缺少20世纪80年代初、中期全国首次统一草地资调查的资料时，用正式出版的以20世纪80年代初、中期全国首次统一草地资调查资料编写的各省（自治区、直辖市）草地资源专著中未退化的相同类型草地资料为准。

2. 退化、沙化、盐渍化草原分级方法

（1）50%以上的必须监测项目指标达到某一退化级（或沙化、或盐渍化）规定值时，则该草地视为退化（或沙化、或盐渍化）草地，并以必须监测到项目达标最多的退化（或沙化、或盐渍化）等级确定为该草地退化（或沙化、或盐渍化）等级。

（2）70%以上的必须监测项目指标未达到各级退化（或沙化、或盐渍化）草地标准时，则认定该草地为未退化（或沙化、或盐渍化）草地。

（3）当达到各级退化（或沙化、或盐渍化）标准的必须监测项目指标占必须监测项目指标总数的30%～50%时，需要用辅助监测项目指标进一步评定。

当必须监测项目指标中的30%~50%的项目指标达到轻度以上退化(或沙化、或盐渍化)且辅助监测项目指标中40%以上的指标达到轻度以上退化(或沙化、或盐化)等级时，则认定为退化草地，并以必须监测项目达标最多的退化(或沙化、或盐渍化)等级认定其为退化(或沙化、或盐渍化)。

当必须监测项目指标中30%~50%的项目指标达到轻度以上退化(或沙化、或盐渍化)等级，而辅助监测项目指标中达到轻度以上退化(或沙化、或盐渍化)等级的少于40%时，视为未退化(或沙化、或盐渍化)草地。

(4)轻度沙化草地、轻度盐渍化草地为中度退化草地。

(5)中度或重度沙化草地、中度或重度盐渍化草地现为重度退化草地。

3. 石漠化草原分级方法

依据中华人民共和国国家标准GB/T 29391—2012《岩溶地区草地石漠化遥感监测技术规程》，采用石漠化分级指标，计算出草地石漠化指数，按照石漠化指数的大小来分级(表4-4)。

表4-4　草地石漠化程度的分级与分级指标

	石漠化程度	石漠化指数 RDI
1	无石漠化	RDI≤0.2
2	潜在石漠化	0.2 < RDI≤0.4
3	轻度石漠化	0.4 < RDI≤0.6
4	中度石漠化	0.6 < RDI≤0.8
5	重度石漠化	0.8 < RDI≤1.0

第三节　我国草原退化现状

草原退化不但影响到牧区经济的可持续发展，而且危机到我国乃至全球的生态安全，随着国际社会对生态环境问题的日益重视，草原退化研究已成为各国学者研究的热点。开展草原退化研究的前提就是掌握草原退化的现状。我国草原退化的现状主要体现在以下四个方面。

一、草原数量减少

(一)草原面积缩减

自20世纪60年代至21世纪初，我国草原面积逐渐减少，天然草原面积每年减少约65万~70万hm^2。例如内蒙古，在中华人民共和国成立之初，草原总面积约为8800万hm^2，约占全国天然草地面积的22%，占内蒙古国土面积的74.38%；20世纪60年代草原总面积减少至8495万hm^2，减少了3.46%；20世纪80年代，草原面积约为7880万hm^2，较20世纪60年代减少了7.24%；21世纪初，草原面积约为7499万hm^2，较20世纪80年代减少了4.84%；2010年草原总面积约为7587万hm^2，较20世纪80年代减少了3.72%，较21世纪初增加了1.17%。青海省20世纪80年代草原总面积约3860hm^2，约占全国天然草地面积的9.7%，占全省国土面积的53.54%；2000年草原总面积为$3.65\times10^7hm^2$，较20世纪80年代减少了5.5%；2008年草原总面积约为3690万hm^2，较20世纪80年代减少了4.4%，较2000年增加了1.1%。

近15年来，随着草原生态保护建设的推进，内蒙古、青海等省(自治区)草原面积有增加的趋势，且借机构改革的契机，国家林业和草原局正着力在全国范围内开展退耕还林还草工作，在未来的几年内，草原面积有增加的可能，但无法达到中华人民共和国成立之初的草原面积水平。

(二)草原退化面积占比较大

自20世纪70年代至21世纪初，我国草原退化面积以每年近200万hm^2的速度扩展。20世纪70年代，我国草原退化率(沙化、退化面积占可利用草原面积的比例)为15%，20世纪80年代中期达到30%以上，至21世纪初上升到57%左右。近十几年来(2000年至今)，随着京津风沙源、退牧还草，退耕还林还草、草原生态保护补助奖励等生态保护工程和政策的实施，草原退化趋势有所缓解。

自20世纪60年代至21世纪初，内蒙古草原退化沙化面积以每年667万hm^2的速度扩展，退化率由20世纪60年代的18%发展到20世纪80年代的39%，2000年达到64.50%。至2010年退化率为60.97%，较2000年草原退化率减少了3.53%。截至2010年，内蒙古草原退化面积4626万hm^2，较20世纪80年代的2504万hm^2增加了2122万hm^2，较2000年的4837万hm^2减少了211万hm^2。详见图4-1。

西藏草原退化沙化面积每年以57万hm^2的速度扩展，截至2003年，草地退化、沙化的面积已达1133万hm^2，占全区草地总面积的14.17%，截至2016年草地退化面积达到2353万hm^2，占全区草地总面积的26.71%，如果除去无人区草地和不能利用的草地面积，退化草地面积超过50%。

青海在20世纪80年代共有退化草原620万hm^2，占草原面积的

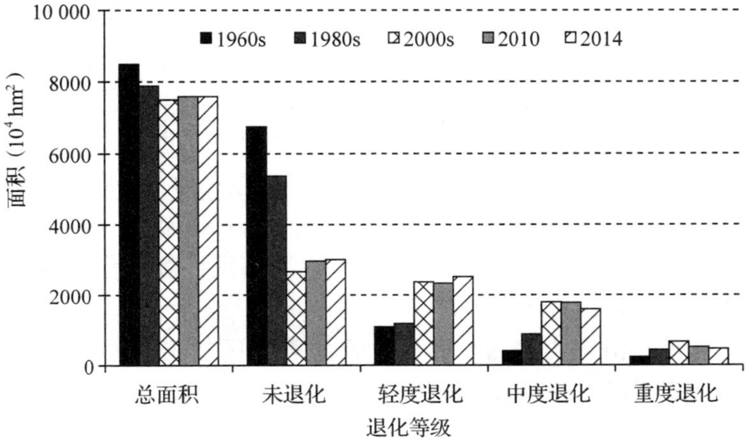

图 4-1 内蒙古草原退化面积分布

16.04%；2000 年共有退化草原 3280 万 hm^2，占草原面积的 89.85%；2008 年共有退化草地 2880 万 hm^2，占草原面积的 77.99%。详见图 4-2。20 世纪 80 年代末到 21 世纪初草地退化十分明显，草原退化面积增长了 5.29 倍；2000—2008 年草地退化面积有所下降，退化趋势减缓。青藏高原高寒缺氧，生态脆弱，自然条件严酷，草场资源长期重复过度使用，草原畜牧业生产陷入了超载过牧—草场退化—牲畜无草可食—牧民无法养畜的困境，致使草地大面积退化，草原涵养水源和保持水土能力降低，水土流失面积不断扩大，湿地萎缩，区域水源涵养功能下降。

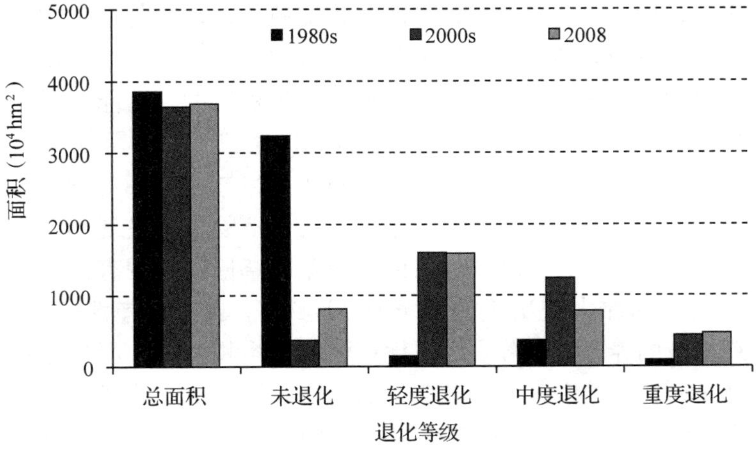

图 4-2 青海草原退化面积分布

新疆草地退化同样严重，退化面积高达2133万hm^2，严重退化面积达670万hm^2，草地可利用面积已减少240万hm^2。目前，已经认定的草地年退化速率在29万hm^2，更有人认为达66.7万hm^2。20世纪50年代新疆草原几乎不存在退化问题，20世纪60年代时新疆草原退化面积占可利用面积的18%左右，到20世纪70年代后期有30%左右的草原有了不同程度的退化，到20世纪90年代中后期草原退化面积进一步扩大，已达到全区草地面积50%左右。截至2002年，新疆草原勘察设计院所作的新疆草原退化分布图显示沙化比重达到了59%。

由此可见，由于内蒙古、西藏、青海等省区加强草原生态保护与建设，陆续开展实施了京津风沙源治理、退牧还草、草原生态补奖等生态保护工程和政策，草原退化趋势正处于缓解状态，草原生态状况向好，补奖等政策的生态效益正在逐渐增加；但草原退化现状依然很严峻，仍需加大力度进行草原生态保护和建设。

二、草原质量不断下降

草原退化，不仅导致草原数量的变化，还造成草原质量下降，主要表现在植物群落结构发生改变和生产力水平的降低，即草群中优良牧草的种类和数量大幅度减少，有毒、有害及不可食的植物种类和数量增多，草群平均高度和覆盖度下降；草原的单位面积产草量大幅度降低。

（一）植被群落结构发生变化

草原退化是草原生态系统在其演化过程中、在人类活动与自然条件的共同作用下结构特征与功能过程的恶化，即植物、动物与微生物群落及其赖以生存的环境的总体恶化。退化草原的植物种类组成和结构发生明显变化，从稳定的、功能较强的多层结构演化为欠稳定的、功能较弱的单层结构，生物多样性降低，植物群落的结构、高度、盖度以及外貌等明显劣化，优质的、可饲的豆科、禾本科、菊科等牧草减少，不可饲、劣质、有毒、有害的毛茛科、大戟科等植物滋生蔓延，植物群落呈现小型化与矮化特征，其高度与盖度大大降低。目前，内蒙古草原已发现有毒、有害植物50多种，青海草原大量出现的毒草有20多种。有毒、有害植物的蔓延，不仅消耗土壤的养分和水分，妨碍优良牧草的生长发育，而且经常造成牲畜中毒甚至死亡，给畜牧业带来严重的危害。轻度退化草场可食牧草产量减少20%~40%，植被覆盖度减少20%；中度退化草场可食牧草产量减少40%~60%，植被覆盖度减少20%~50%；重度退化草场可食牧草产量减少

60%以上，植被覆盖度减少60%以上。重度退化草原植物群落平均高度仅相当于未退化草原植物群落平均高度的1/5左右。退化草原的生物多样性降低甚至丧失，许多珍稀植物与名贵动物消失或大大减少，如内蒙古锡林郭勒典型草原的单花郁金香消失，口蘑、黄花苜蓿等变得十分稀少；黄羊基本消失，百灵鸟、猛禽也很少了。

（二）草原生产力水平降低

草原的第一性生产力及第二性生产力水平降低。全国草原产草量下降了30%～60%，每头家畜的产品产量也有明显降低。我国单位面积草原的畜产品产量不足美国、新西兰等国家的5%，单位面积草原的产值仅相当于美国的1/20、澳大利亚的1/10、荷兰的1/50。20世纪80年代与20世纪50年代相比，我国北方草原牧区在纯放牧条件下，平均每头牛的体重减轻25～50kg，平均每只羊的体重减少2.5～5kg。青藏高寒草原产草量减少30%～50%，牦牛、藏羊的活重也减少了30%～50%。新疆草原产草量减少了30%～50%，这导致新疆37个牧业与半牧业县载畜能力由20世纪80年代末期的2261万个羊单位减少到近几年来的1392万个羊单位。内蒙古草原产草量降低了40%～70%。20世纪50年代平均鲜草产量1711.80kg/hm^2，20世纪80年代平均鲜草产量1068.75kg/hm^2；20世纪50年代内蒙古草原载畜能力为8700万个羊单位，20世纪80年代降到5800万个羊单位，21世纪初（2002年）降到3500万个羊单位。2013年内蒙古天然草原生产力为968.10kg/hm^2，较20世纪80年代下降了9.42%；2013年草原植被平均覆盖度为44.10%，较20世纪80年代降低了0.44%；且一年生植物比例较高，其中锡林郭勒盟草原一年生牧草所占比例较20世纪80年代增加4.73%，草原生产力、覆盖度和多年生植物比例均未恢复到20世纪80年代的水平。

三、草原生态环境变劣

草原退化造成草原生态环境变劣，主要表现在地表裸露、地下水位下降、大气降水减少、鼠虫害频发、沙尘天气增多。

（一）干旱加剧

草原退化在导致草原资源数量减少、质量变差的同时，还促进了草原的干旱化进程。例如，与20世纪50年代相比，内蒙古通辽市降水减少102mm、锡林浩特市减少84mm、巴彦浩特镇减少59mm，而年平均气温分别上升1.0℃、1.4℃和0.9℃。由于降水减少、气候干燥造成河水断流，湖泊缩减或干涸。与20世纪80年代相比河流水量减少1/3。干旱成灾能使牧草在生长季枯萎，产草量直线下降，造成草食家畜的大批死亡或乏瘦。1999—2001年，内蒙古草原牧区连续遭受旱灾，使得草原"赤野千里、寸草不生"，牲畜大量死亡，草原畜牧业与牧区生态经济的发展受到严重的影响。

(二)草原鼠虫害频发

退化、沙化、盐渍化的草原给草原鼠虫害的滋生、蔓延提供了生态条件，而鼠虫害的发生又加剧了草原的退化，形成了恶性生态循环。草地鼠害主要表现为啃食牧草、挖掘洞穴、破坏植被。草地鼠害的主要种类有：高原鼠兔、高原鼢鼠、大沙鼠、草原鼢鼠、布氏田鼠等。草地虫害主要表现为啃食牧草地上部分或咬断牧草地下根系，致使牧草损失其茎、叶或断根而枯死，使草地减产，进而引起牲畜缺草而形成灾害。草地虫害的主要种类有：草原蝗虫、草原毛虫、草地螟、草原叶甲等。

全国草原鼠虫灾害空间上分布广阔，大部分省区都有分布，涉及的面积超过草原总面积的1/4。据全国草原监测数据显示，2004—2017年全国平均鼠害面积为$35.90\times10^6\ hm^2$、虫害面积为$17.89\times10^6\ hm^2$(图4-3)。2009—2016年，我国草原鼠、虫害面积逐年下降，草原鼠害由2009年的$40.87\times10^6\ hm^2$下降到$28.07\times10^6\ hm^2$，草原虫害由2009年的$20.76\times10^6\ hm^2$下降到2016年的$12.51\times10^6\ hm^2$。在2017年，草原鼠、虫害面积略有所升高，全国鼠害面积为$28.44\times10^6\ hm^2$，虫害面积为$12.96\times10^6\ hm^2$。其

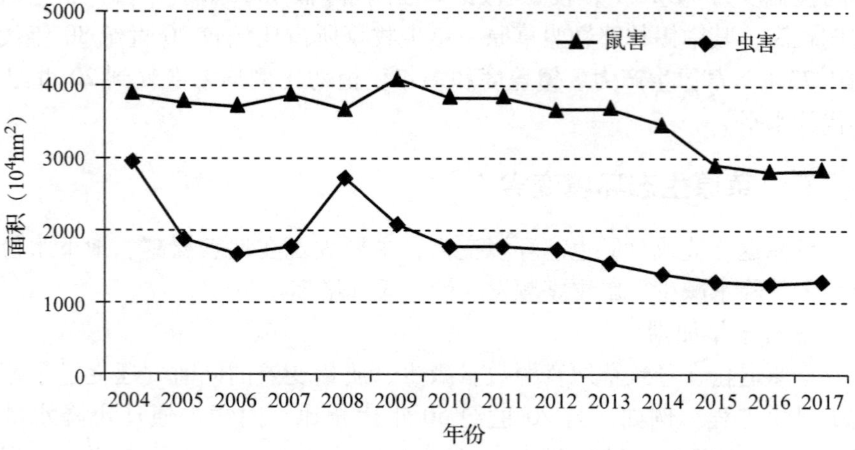

图4-3　2004—2017年全国草原鼠虫害危害面积

中，青海省鼠害发生面积比 20 世纪 80 年代增加 $2.6\times10^6hm^2$；虫害发生面积比 20 世纪 80 年代增加 $0.3\times10^6hm^2$。各省、自治区 2004—2017 年草原鼠害和虫害发生面积如图 4-4 ~ 图 4-16。

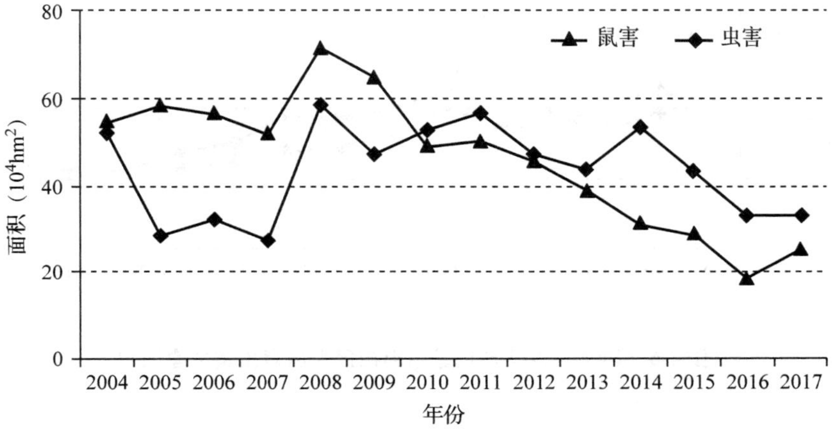

图 4-4　2004—2017 年河北省草原鼠虫害危害面积

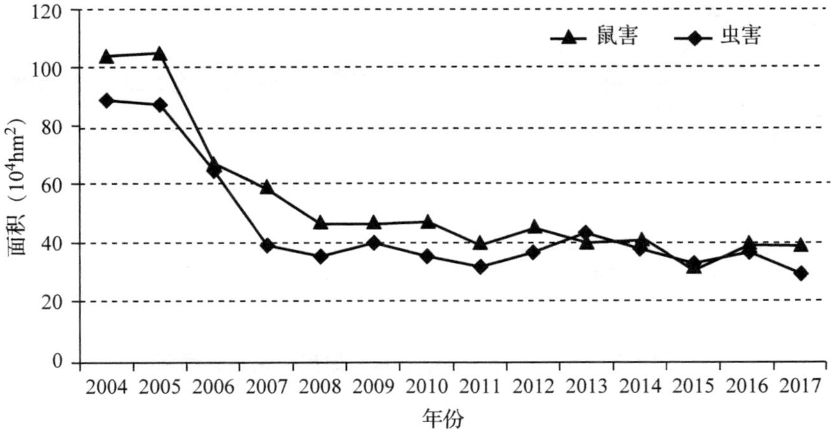

图 4-5　2004—2017 年山西省草原鼠虫害危害面积

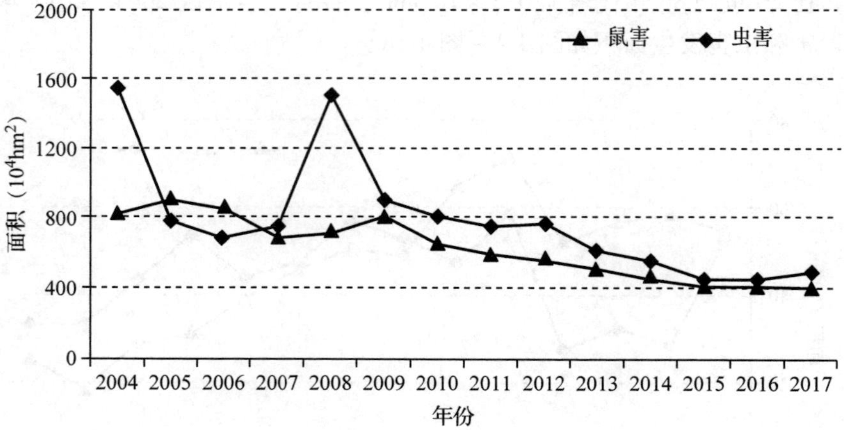

图 4-6　2004—2017 年内蒙古自治区草原鼠虫害危害面积

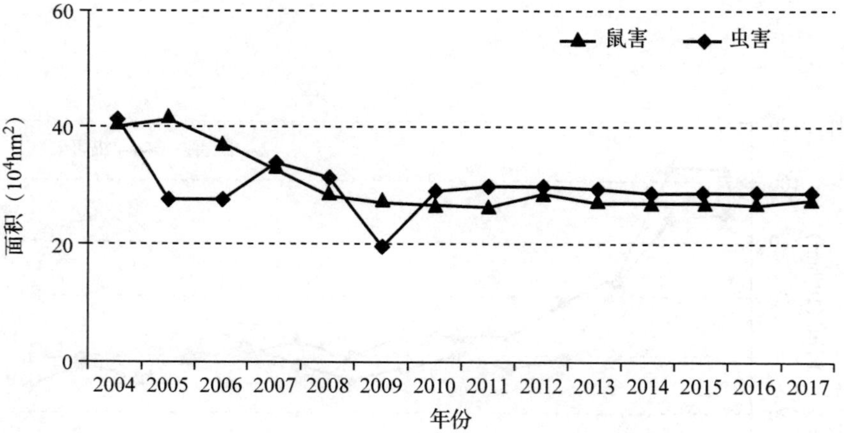

图 4-7　2004—2017 年辽宁省草原鼠虫害危害面积

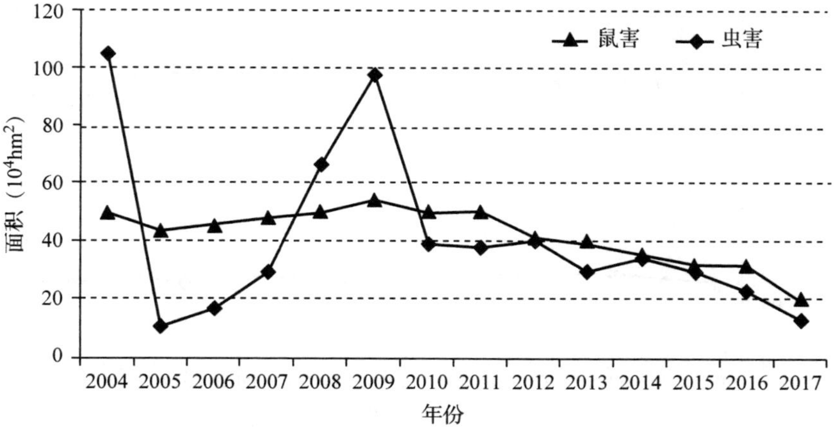

图 4-8　2004—2017 年吉林省草原鼠虫害危害面积

图 4-9　2004—2017 年黑龙江省草原鼠虫害危害面积

图 4-10　2004—2017 年四川省草原鼠虫害危害面积

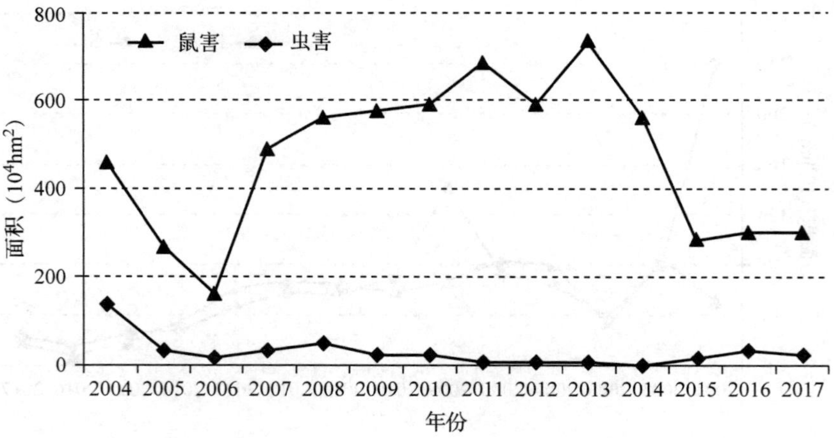

图 4-11　2004—2017 年西藏自治区草原鼠虫害危害面积

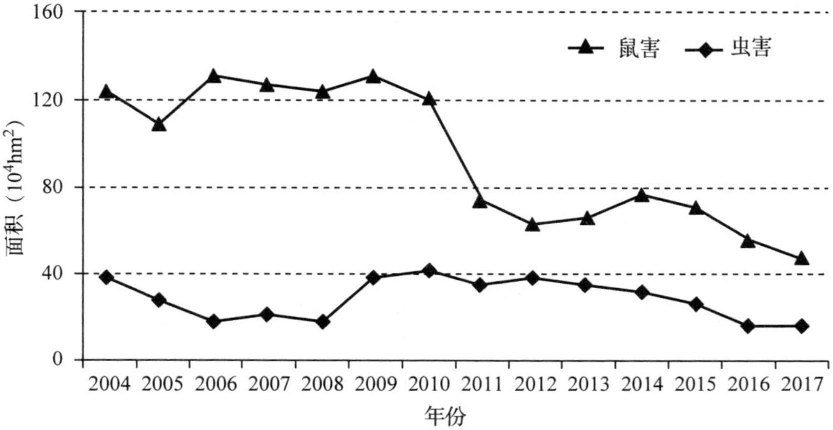

图 4-12　2004—2017 年陕西省草原鼠虫害危害面积

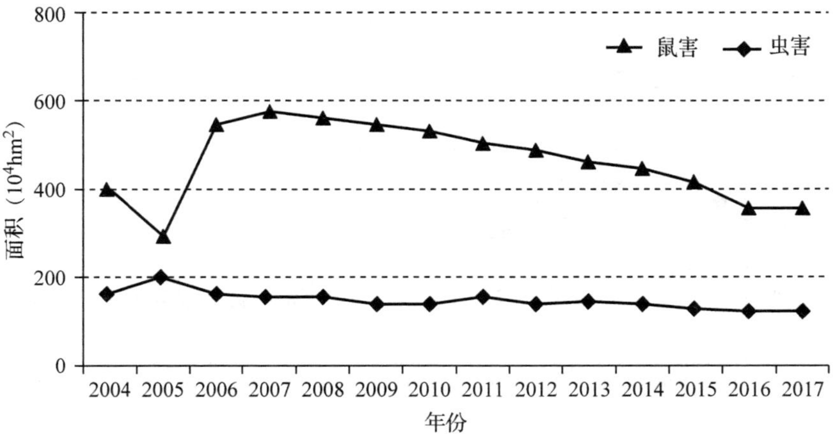

图 4-13　2004—2017 年甘肃省草原鼠虫害危害面积

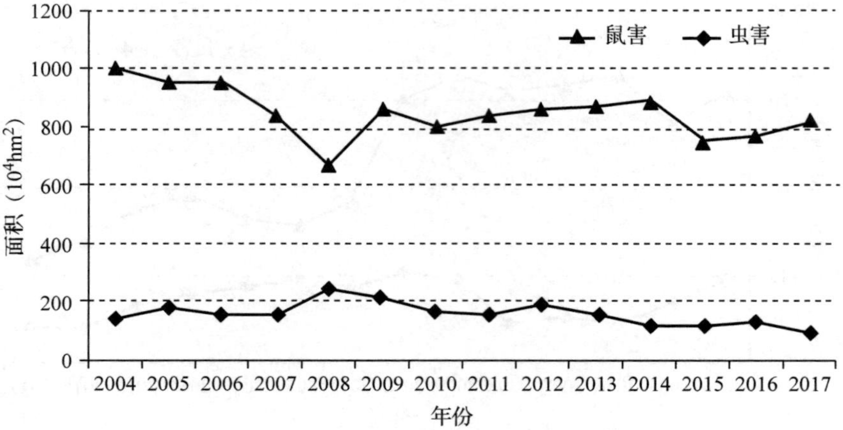

图 4-14　2004—2017 年青海省草原鼠虫害危害面积

图 4-15　2004—2017 年宁夏回族自治区草原鼠虫害危害面积

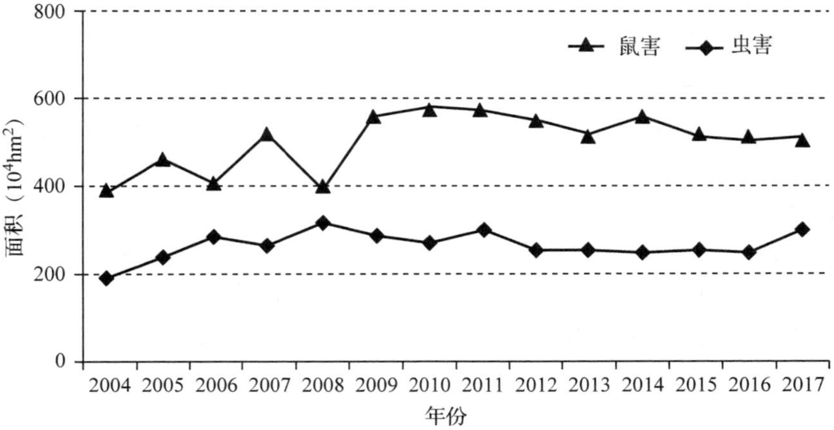

图 4-16　2004—2017 年新疆维吾尔自治区草原鼠虫害危害面积

(三)沙尘暴频发

草原退化、沙化面积的不断扩大，导致年均大风日数明显增加，每遇大风天气，风给沙势，沙助风威，往往就形成沙尘天气甚至沙尘暴，对草原地域的人、草、畜以及京津和“三北”等地的生态安全构成严重威胁。有关资料表明，我国的沙尘暴与沙尘天气很大部分源自草原退化、沙化最严重的西北地区，严重退化、沙化的草原(其实原来是草原)已成为沙尘暴的发源地。内蒙古草原牧区沙尘暴与沙尘天气，1950—1990 年间，平均每两年发生一次；1991 年以后几乎每年发生多次，如 1998 年在 40 天内连续发生 6 次，2000 年发生 13 次。2001 年，我国发生了 32 次沙尘暴，其中 14 次源起于内蒙古地区。退化、沙化草原的地表虚土层因干旱与强风力的作用每年流失 1cm 左右，大量的氮、磷、钾等营养物质也随之流失，如锡林郭勒盟每年每公顷草原流失氮 1. 19kg、磷 0. 22kg，近 30 年来，该盟草原的有机质含量下降了 1/2，严重制约着草原生态经济系统的生态功能与经济功能的发挥。

四、草原生态功能降低

草原退化导致植被减少了其对二氧化碳的吸收能力，增强了大气的温室效应，使草原调节气候、防风固沙、保持水土、净化空气的功能明显减退。受草原生态环境变劣的影响，草原地区有些动、植物物种正在消失或减少。如草原上优良牧草中的羊草、黄花苜蓿、山厘豆等数量锐减；药用价值较高的内蒙古黄芪、草麻黄也在明显减少。绿色植物的减少，必然导致动物种类的衰败和减少，野马已在草原上消失，野岩羊、青羊、野骆驼等野生动物的数量也在锐减。

据统计，内蒙古草原每年因退化造成的生态系统服务功能价值损失32亿元。若按30年计，生态系统服务功能价值损失是内蒙古草原畜牧业50年总产值的1.42倍；青海省草原因退化造成的草原生态资产损失量达4.38亿美元，占全国总价值损失量的13.16%；西藏草原因退化造成的草原生态资产损失量达3.40亿美元，占全国总价值损失量的10.22%。新疆草原因退化造成的草原生态资产损失量达3.40亿美元，占全国总价值损失量的10.10%。

第四节 草原退化的成因

草原退化既有自然因素，更有人为影响，是多种因素交互作用的结果，有学者将其定义为自然因素和人为因素共同作用下形成的一种特殊的自然社会现象，是草原系统内部的两大因子——自然环境和人类活动不协调的相互作用下导致的原状态偏离且无法自我恢复，进而自然环境要素退化、生态系统出现逆向演替的过程和结果。由此可见，草原退化的发生发展是受多种影响因素的驱动，并遵循生态学演替理论。

一、成因

草原出现退化的原因有诸多方面，包括气候变化、滥垦乱挖、过度放牧以及矿产开采及工程建设等。气候变化是造成草原退化的自然因素驱动因子，可以通过对土壤水分、土壤氮素、土壤有机质及土壤微生物的影响来干扰草原植被，而气候变化带来的温度升高、降水量减少及草原鼠虫害等则是最为主要的自然因素。

（一）气候干旱化

气候干旱化是由温度升高明显、降水量变化区域差异显著而造成的，是气候变化的主要表征之一。由于受气候干旱化以及草原生态系统自然演变的规律性影响，近年来草原区域频繁出现平均气温上升、降水量季度间的分布不均匀特别是牧草生长季节无雨或少雨，而秋季雨水较充足等不稳定的气象现象，导致草原区域地面干燥度增强，植被返青时间晚，牧草密度、高度均不如正常年份，严重影响牧草产量，较大程度推动了草原退化的发展。无论在全球还是国家尺度，都有大量的研究数据可以证明。

以内蒙古为例，据内蒙古自治区草原勘察规划院(《2014 年内蒙古草原生态状况监测评估技术报告》)研究结果，气候干旱是危害内蒙古地区农牧业生产和促使生态环境恶化的第一灾害。自 1982—2016 年(图 4-17)，内蒙古地区干旱发生频率为 18. 18%(年降水量低于 1982—2016 年平均水平 15%以下的年份)，其中，20 世纪 80 年代干旱发生频率为 11. 11%，到 20 世纪 90 年代发生频率明显减少，而进入 21 世纪以来，干旱发生频率达到了 35. 71%。从区域来看，自 1958—2008 年内蒙古东部地区[含锡林郭勒盟(图 4-18)东乌珠穆沁旗和西乌珠穆沁旗以东地区]干旱发生频率为 21. 21%，中部地区(锡林郭勒盟及乌兰察布市)干旱发生频率为 18. 18%，西部地区(乌兰察布市以西地区)干旱发生频率为 27. 27%。自进入 2000 年以来，东部地区干旱发生频率达到 42. 86%，中部地区和西部地区为 35. 71%，干旱频发严重影响草原植被的生长。据研究资料显示，内蒙古锡林郭勒草原地区近 40 年气候呈波动性的升高趋势，与 20 世纪 70 年代相比，年平均气温升高 1. 4℃，年降水量减少 97. 1mm，而且温度和降水年际间的变幅近年来明显加大。气候变化是草原荒漠化的重要成因。

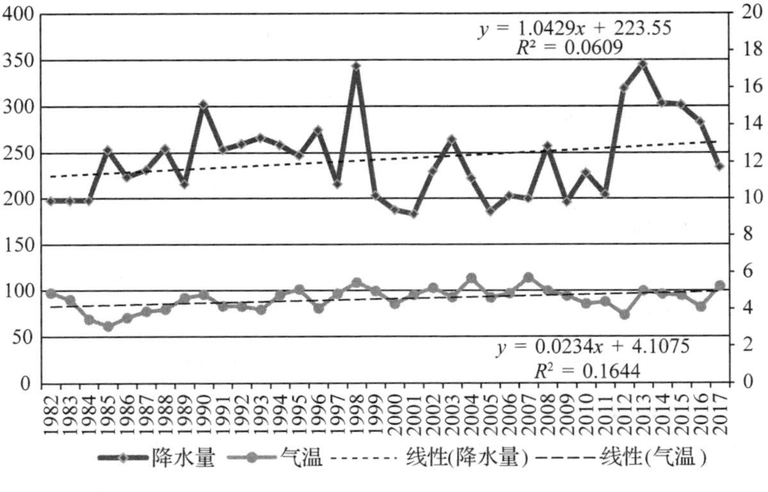

图 4-17　1982—2017 年内蒙古年均降水和气温变化图

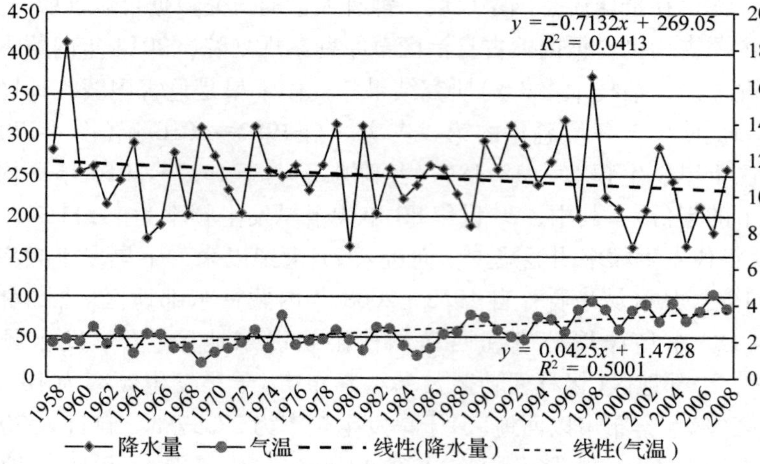

图 4-18　1958—2008 年锡林郭勒盟降水和气温变化图

根据 1961—2004 年青海省气候资料分析，年平均气温变化倾向率为每 10 年 0.33℃，年降水量变化倾向率为每 10 年 -1.09mm，形成了暖干化为主的气候变化趋势，见表 4-5。

表 4-5　三江源区与环青海湖地区近 44 年代际气温、降水量动态变化

区域	项目	1961—1970	1971—1980	1981—1990	1991—2000	2000—2004
三江源地区	降水/mm	463.8	465.9	484.4	449.5	463.6
	与 44 年比较/mm	-1.9	0.2	18.7	-16.2	-2.1
	气温/℃	-1.3	-1	-1.1	-0.8	-0.1
	与 44 年比较/℃	-0.3	0	-0.1	0.2	0.9
环青海湖地区	降水/mm	316.1	303.4	339.2	311.4	308.6
	与 44 年比较/mm	-0.6	-13.3	22.5	-5.3	-8.1
	气温/℃	0.2	0.5	0.6	1.1	1.5
	与 44 年比较/℃	-0.5	0.2	0.1	0.4	0.8

（二）人口增加

人口增加是草原退化加剧的基础性原因之一。特别是 1949 年以来，草原牧区人口增长速度过快，人口压力不断增大，成为现实草原退化加剧的基础性原因之一。我国五大草原省区之一，内蒙古的人口密度（图 4-19），公元 2 年仅为每平方千米 1.26 人，截至 2002 年达到了每平方千米 20.11 人；1953—2000 年，内蒙古的人口密度增长了 295.67%，全国的人口密度

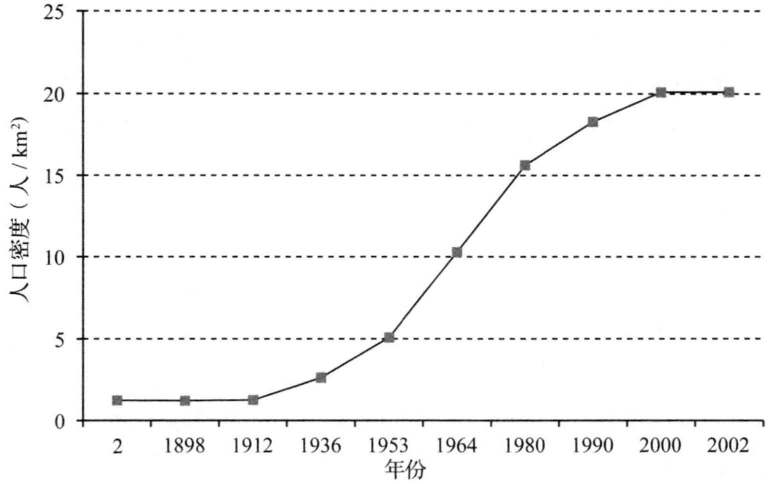

图 4-19　公元 2 年至 2002 年内蒙古人口密度

增长了 112.98%，内蒙古比全国多增长了 182.69%。内蒙古 33 个牧区旗县，1950—1980 年年均增加人口约 9 万人；1981—2000 年年均增加人口 4 万多人；总人口由 1950 年的不足百万增加到 2000 年的 500 多万人，全区人口的年均增长率为 2.71%，1953—2000 年，全国人口的年均增长率为 1.62%。由此可见，草原牧区人口增长率都大大超过内蒙古全区人口的增长率和全国人口的增长幅度。然而，草原牧区人口的自然增长率并不高，草原牧区人口的增长主要是非自然的外来有组织迁入或自发流入式增长，即机械增长，增长的人口非当地主体民族，主要是以汉族为主。

人口增长过快、人口规模过大，主要体现在人口增长超过了自然资源尤其是草原资源的增殖，即资源的可承载能力，超过了环境容量与生态阈限。自然资源的增量已远不能满足供养如此之多的人口的需求，于是自然资源的存量也逐渐被利用、蚕食，致使自然资源的恢复、更新能力下降，资源的数量减少、质量变劣，从而导致资源生态环境的总体恶化。由于我国内地的人口密度要比西北部边远地区大，于是便出现了一次又一次机械式的大量移民，使草原牧区人口也超过其生态环境资源的承纳量，大片的垦草种粮及大量的毁林开荒等，使得中国西北部，特别是草原牧区的荒漠化面积以惊人的速度扩展。草原牧区既是生态脆弱地带、敏感地带，也是生态屏障带，其人口的承纳能力比内地和沿海低得多；过高地估计草原地区的环境容量、资源承载量，采取大量移民的政策，也不能不说是自然资源和环境破坏的主要原因之一。草原牧区的人口承载力很低，而且随着草原退化、沙化的加剧，草原环境的人口容纳能力还有降低的趋势。据专家的估计，我国森林草原每平方千米能容纳 10~13 人，典型草原每平方千米可容纳 5~7 人，荒漠草原每平方千米可容纳 2~2.5 人。按照此标准衡量内蒙古的 33 个牧区旗县，目前已有 23 个旗县的人口超过其环境容量，占内蒙古全部牧区旗县的 70%。

(三)过度放牧

放牧是天然草原植被的类型和构建中极其重要作用的生态影响因子，其过牧行为带来的“竭泽而渔”效应也是造成草原退化的最主要人为因素。放牧主要通过家畜的采食和践踏来影响植物的生长，进而影响整个生态系统的物质和能量的流动。过牧行为会造成草原生态系统的能量流和物质流的断流，进而造成系统能量和物质的枯竭，最终导致生态系统退化。

我国北方的温性草原地带由于历经数千年的游牧畜牧业活动而普遍退化，随之在近半个多世纪中相继遭遇到 4 个巨大冲击——20 世纪 70 年代的草原垦荒种粮浪潮、20 世纪 80 年代以来草原因牲畜数量激增而加剧过牧的浪潮、20 世纪 90 年代以来的全球增暖和草原旱化浪潮以及 21 世纪将不可遏止地揭开整个草原肥沃表层的露天煤矿开采狂潮。

以我国 5 个草原省区的草地生产力和草地畜牧业的基本数字来剖析我国的草原退化。我国北方草地由于气候增暖、干旱、灾害频发和严重的超载过牧，草地的生产力低下，承载力微弱，平均每只羊单位每年需 1.3~1.7 hm^2 草地，在高寒的西藏每只羊单位平均需要近 2.7 hm^2 草地。我国的 5 个草原省区，在 21 世纪初，除了草地面积最小的宁夏之外，内蒙古、西藏、新疆、青海 4 省区的绝大面积草地都是严重超载和强度退化(表 4-6)。

表 4-6 我国草原省区的放牧草地状况

省区	可利用草地 /10^6 hm^2	平均产草量 /(kg /hm^2)	单位载畜量 /(hm^2/羊)	理论载畜量 /10^6羊只	实际载畜量 /10^6羊只	超载率 /%	实际需求草地 /10^6 hm^2	尚欠缺草地 /$10^6$$hm^2$
内蒙古	63.6	1069	1.42	44.66	96.79	116.7	137.44	73.84
西藏	70.8	373	2.61	27.10	48.26	78.1	125.96	55.16
新疆	48.0	568	1.49	32.20	57.21	77.7	85.24	37.24
青海	31.5	780	1.07	29.00	36.33	25.3	39.60	8.1
宁夏	26.3	622	1.62	16.20	10.25	—	16.60	9.7

由于牲畜头数增加，我国畜均占有草场由1949年的6.2hm^{2}减少到2002年的0.64hm^2。2002年内蒙古的理论载畜量为3500万羊单位，而年末实际牲畜饲养头数是6670个羊单位，超载过牧90.6%。内蒙古20世纪50年代全区牲畜头数(图4-20)为956.3万(2166.3万羊单位)，每个羊单位拥有的草场面积约为11hm^2，20世纪80年代牲畜数量增长至4058.3万(7039.6万羊单位)，每个羊单位拥有的草场面积约为1.98hm^2；2000年增长到6209.6万(9194.5万羊单位)，2012年末增长到9844.1万头只(14 466.8万羊单位)，是中华人民共和国成立初期的10.3倍(6.7倍羊单位)；近期下降到1.07hm^{2}左右。其中，牧区牲畜头数增长更为明显，内蒙古33个牧区旗县，2004年总体的超载率达到75.1%。内蒙古锡林郭勒盟，牲畜头数1989年突破1000万，到1999年达到1823万头只，与1949年比，牲畜头数增加了近11倍，牲畜增长带来的过牧压力加剧草原退化。内蒙古锡林郭勒盟阿巴嘎旗1950年代的草场利用率仅为29%左右，到1970年代后期已增加到近80%，由超载过牧、草场过度利用而引发的草原退化，使得牧草的高度、盖度均不同程度下降，遇到雪灾，牲畜采食不到牧草，就要饿、冻而死。

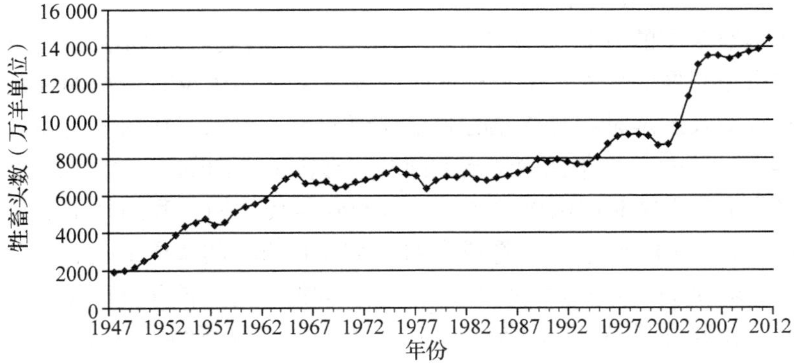

图4-20　1947—2012年末内蒙古牲畜头数增长趋势图

新疆草原近年来的超载率一般为60%~70%，局部地区可达100%以上。例如，新疆巩留县塔斯托别乡现有可利用草场2.62万hm^2，涉及牧户521户，牧民人口3250人，年末草食家畜存栏16.01万头，草场最高饲养量19.21万头，放牧农区牲畜数量达到了7.85万头。这样大批量的牲畜依靠草原来生活，致使草原发生严重的退化问题。

青海省20世纪80年代初天然草场理论载畜量为3625.45万个羊单位，

由于草地退化，目前全省草原理论载畜量为2537.82～2900.36万羊单位，相当于20世纪80年代的70%～80%。1980—2003年全省超载35.58～1229.96万羊单位，1990—1996年平均超载率达33.58%。青海省每年冬春季草场超载现象严重，使得草场失去了自身恢复机会。

总之，过度放牧造成植被稀疏、低矮和退化，毒杂草丛生，不仅破坏了原生植被优势种的生长发育规律，致使草群结构发生变化；还导致土壤肥力衰弱枯竭，从而加速了草地退化的速度。随牲畜头数的不断增长，加之草原退化加剧、草原面积有所减少等原因，草原牧区的草畜矛盾愈加激烈，大多数草场处于超载过牧的状态，对草原的利用远非是永续利用，而是粗放、掠夺式利用，草原生态经济系统衰退就成了其必然的后果。

(四)开垦开矿

大量、无序的垦殖草原使得大片丰美的草原变成了贫瘠的、极易沙化的农田(大部分已变成了荒漠)，而草原农耕化、牧区农村化的最终结果就是沙漠化。据研究，我国草原荒漠化的人为成因中，过度农垦占25.4%，过度放牧占28.3%，过度樵采占31.8%。而过度农垦导致草原面积大量减少、牧区人口大幅度增加(大量的农民流入牧区)，才使得超载过牧、滥樵乱采等不断产生并加重。

我国对草原的开垦大致开始于秦汉时代，唐朝与元朝也零星有过一些，但由于开垦的规模较小，对草原资源及生态环境没有造成明显的负面影响；晚清及民国时期对草原的开垦规模增大，清末，在内蒙古累计开垦约$2.94 \times 10^6 hm^2$，中华民国统治期间，仅在内蒙古西部就开垦草原$2.17 \times 10^6 hm^2$。中华人民共和国成立到20世纪90年代初期，我国开垦的草原面积可达$1.87 \times 10^7 hm^2$左右，造成大约$2.53 \times 10^7 hm^2$的草原退化、沙化，其中约$8.0 \times 10^6 hm^2$草原退化为永久性沙漠；同期，内蒙古开垦草原约$3.46 \times 10^6 hm^2$，新疆开垦草原约$3 \times 10^6 hm^2$，甘肃开垦草原约$1.06 \times 10^6 hm^2$等，而在内蒙古等地每开垦$1hm^2$草原往往就会引起周围$3hm^2$左右草地沙化。1958—1976年，内蒙古开垦草原大约$3 \times 10^6 hm^2$，其中约$9.33 \times 10^5 hm^2$为部队、兵团、学校、机关等在16个牧业旗累计开垦的；另据内蒙古草原勘测设计院研究数据显示，内蒙古东中六盟市(呼伦贝尔市、兴安盟、通辽市、赤峰市、锡林郭勒盟及乌兰察布市)，1988年共有耕地面积$5.57 \times 10^6 hm^2$；2000年耕地面积增加到$7.40 \times 10^6 hm^2$；截至2009年，草原开垦状况有所遏制，但面积仍维持在$7.50 \times 10^6 hm^2$，不断的开垦导致草原放牧压力加大，水土流失加剧，并且都是开垦的优良草场。盲目地开垦草原，使得贫瘠、极易沙化的耕地无节制地增加，大片丰美草原的原生植被与土壤遭受破坏；而开出的耕地往往几年后就撂荒变成沙地或沙漠，于是再去开垦新的草原，这样周而复始，草原面积越来越小，沙地、沙漠的面积越来越大，草原退化沙化不断加剧，草原资源及生态环境急剧恶化，草原生态经济系统恶性循环、逆行演替。

此外，不适当地开矿、建厂、修路以及城镇建设等也对草原及其生态环境造成破坏、污染。在油田建设、煤田开采、电厂建设及采金活动中，普遍存在对周围草原植被不同程度的破坏，轻者使草原生态系统结构单一化、功能衰退、草原生产力下降，重者导致草原植被完全消失。如二连油田开发区，开发前草地生产力为 2111 kg/hm^2，开发后变为 1095kg/hm^2左右，盖度由原来的 45%~55% 降为 28%~38%，严重地段仅为 10% 左右。露天煤矿同时也在急速扩张蚕食草原。托克托县电厂和准噶尔煤田建设都造成草原沙化问题，据有关专家估算，准噶尔煤田建设区的沙化面积以每年大约 4% 的速度增长。据监测，20 世纪 80 年代，锡林郭勒盟境内露天煤矿坑口面积仅为 506hm^2，到 2000 年，露天煤矿坑口面积增加到 1167hm^2，截至 2009 年，露天煤矿扩张坑口面积已达到 $1.27\times10^4hm^2$，分别是 20 世纪 80 年代和 2000 年的 25.23 倍和 10.91 倍，占用了大量优质天然草原的同时，还严重破坏了植被和威胁周边生态环境。

（五）滥采乱占

滥采乱占、不合理地利用水资源等，也是导致草原退化沙化、草原生态经济系统恶性循环不可忽视的因素。

半农半牧区、牧区的广大农牧民以草原植物为日常生活的主要燃料之一。内蒙古半农半牧区、牧区每年用做薪柴的牧草灌木就有上百亿公斤。内蒙古鄂尔多斯市的农牧民，20 世纪七八十年代为了解决薪柴等问题，每年要大量樵采沙蒿、沙柳、乌柳、柠条等，每户每年仅为烧柴就要破坏草原 2.67hm^2左右。

我国北方草原出产甘草、麻黄、黄芩、苁蓉以及发菜、蘑菇等。这些野生珍稀植物，有的是名贵药材，有的是珍品野菜。一方面，由于有法不依、管理任务艰巨；另一方面由于经济利益的驱动，多年来人们（主要是草原牧区周边的农民等）滥挖甘草、麻黄、黄芩、苁蓉等药材，滥搂发菜的行为屡禁不止。21 世纪初期，在宁夏与内蒙古等地区，每年要爆发滥挖药材的大战，成千上万农民挥锹上阵，使得累计近 $1.33\times10^7hm^2$的草原遭受破坏、沙化（数据来自内蒙古自治区农牧业厅草原监理站）。滥搂严重的年份，内蒙古周边地区的200余万人奔赴锡林郭勒、乌兰察布、鄂尔多斯、阿拉善等草原牧区抢搂发菜。

20世纪50~80年代，草原牧区的滥猎非常严重，使得大量的珍禽异兽减少甚至彻底消失，导致草原生态经济系统的生物多样性下降。

水资源的不合理利用对草原牧区的不良影响也较严重。一是中上游用水太多，致使河水断流，下游的湖泊与绿洲消失，草原荒漠化。如新疆的塔里木河，因中上游消耗水量过大，到达下游的水很少甚至没有，使得阿拉干以下草原地区的荒漠化不断加剧；由于中上游用水量过多，黑河水流不到阿拉善，使得居延海干涸，绿洲开始消失、胡杨林大片干枯，生态环境严重恶化。二是过量开采草原牧区的地下水，使得生态用水不断减少，草原植被衰退，生态环境恶化。如盲目开发高耗水饲草料地、打井灌溉等行为，耗竭了生态用水。

（六）草原牧区产业结构单一

草原牧区三次产业中，第一产业特别是草原畜牧业占有较大的比重。2000年，内蒙古牧区旗县第一产业增加值占其国内生产总值的比重为35.45%，同比高出农区13.4%，高出全内蒙古8.1%；牧区旗县草原畜牧业的增加值占其国内生产总值的比重高达20.4%。草原牧区牧民人均纯收入的绝大部分来自畜牧业。2002年，牧民人均纯收入来自畜牧业的比重，内蒙古为91.7%，新疆为83.9%，青海为90.0%，西藏为95.7%。说明草原牧区产业结构单一，导致收入来源单一，草原资源承受的压力很大。

我国草原地区的经济发展水平比较低下，表现为资金短缺、技术落后、工业化程度不高、教育不发达等；加之人口过快增长、人口压力不断增大，人们为了生存和生活必然要开发利用更多的自然资源。因为工业化水平低，产业结构及收入来源结构单一，层次低，绝大部分人口的生产生活还主要依赖草原及其畜牧业，这就决定了人们开发利用的自然资源主要是草原及土地、森林等农业资源；而资金短缺、技术不足，决定了人们对资源的利用必然是劳动密集型的；教育、科技的落后，又决定了人口素质和劳动力素质的低下。这样素质低下的劳动力密集开发利用这些资源，其开发利用方式往往就是粗放的、落后的、掠夺式的，对自然资源环境，主要是草原资源环境的破坏也就难以避免。

（七）草原产权不明晰、经营规模过小

长期以来人们总是认为，自然资源是天然生成的，没有凝结人类的劳动，所以没有价值，即坚持所谓的“资源无价论”；也认为自然资源是取之不尽、用之不竭的，即坚持所谓的“资源无限论”，这就在一定程度上造成了人们对自然资源尤其是草原资源的不珍视，无节制的耗损、浪费，使得大量资源遭受破坏，部分资源出现枯竭，生态环境随之恶化。

草原资源作为国土资源和生态生物资源的一部分，总体上是国有的，而有的省(自治区)草场为国家所有，有的省(自治区)为集体所有，或边远的、条件差的草场为国有、其他是集体所有，存在着所有权的不清晰；草场的使用权，有的地区通过草场家庭承包经营落实到了牧户，但存在界线不清；有的地区还是谁有牲畜谁就使用草场，使用权混乱。草原资源所有权、使用权等模糊，造成草场特别是公共草场的过度利用和破坏。1980 年初期开始的“草场公有承包，牲畜私有户养”的改革，主要是集体所有、集体经营的草场由牧户承包经营，集体所有、经营的牲畜通过作价归户等形式变为牧户所有和饲养，草场的所有权与使用经营权发生了分离，草原的产权有所明晰。草原牧区基本经营制度的变革，调动了广大牧民发展畜牧业生产的积极性，然而，由于牲畜是自己的，而草场归根到底还不是自己的等原因，人们就更加珍视牲畜，更加关注牲畜牧养量的增加、自有财富的积累；这也是草原畜牧业承包经营制度建立以来，牲畜头数大幅度增加、超载过牧日趋严重、草原退化沙化不断加剧的原因之一。近年来，还出现了围栏外的草场比围栏内的草场破坏严重，无畜或少畜户的草场比养畜大户的草场破坏严重，通过租赁等形式发生了流转的草场比没有发生的破坏严重的现象，主要是围栏外的草场牲畜可以随便啃食、踩踏，无畜或少畜户管理经营自身承包草场的能力弱，有的甚至被一些大户任意牧用，租赁来的草场不是使用者承包的草场、只要交清租赁费便可无节制的利用等现象，需要草原确权制度的进一步完善来解决。

草原牧区人口增多，草场分包到户草场及经营规模随着子女的分户逐渐缩小。经营规模狭小造成牧户生产效率低下、畜产品生产成本较高而竞争力较弱。不管是原来“逐水草而居”的游牧即大区域的轮牧，还是现在的四季轮牧、两季轮牧等，科学知识与历史经验都告诉我们，以草定畜、草畜平衡的利用草原可以说是实现草原资源永续利用、牧区生态经济可持续发展的最佳方式，而轮牧式则是最佳的草原放牧方式。当今草原牧区的大部分地方单一牧户不具备轮牧的条件，就需要以联户或者合作社的方式将草场集中起来，根据草场质量制订合理轮牧计划，达到草原合理利用且可持续发展的目的。

（八）草原保护建设投入不足

我国生态建设、环境保护投资占 GDP 的比重相当于发达国家的1/3~1/2，与某些发展中国家也有相当的差距。有关国际金融组织规定，第一产业贷款的 50%、第二产业贷款的 20%，要用于生态建设，而这一比例在我国均在 10% 以下。美国从 20 世纪 30 年代起，政府通过法令采取了一系列草原建设措施，经过半个世纪的努力，投资百亿美元以上，改良了退化草原，实现了草原围栏化，建立人工草地 $2466.7\times10^4hm^2$。许多国家对草原施肥也十分普遍，如丹麦的草原，除施 $1.0\times10^5kg/hm^2$优质厩肥外，每年还喷施氮肥 $250kg/hm^2$。

多年以来，我国虽然对草原建设投入了一定资金，但投资总量少，草原牧区基础设施差，效益未能发挥。截止到 2000 年，我国对草原的投入累计为每公顷 7.5 元。草原的投入与产出不成比例，造成资源消耗过重，基础设施的修建与维修都跟不上生产的需要。长期以来，草原重利用、轻保护，重索取、轻投入，导致草原牧区的植被遭受破坏，生态条件恶化，自然灾害周期有缩短的趋势。

从经济角度来说，收支不平衡指从草原索取畜产品价值远大于对草原保护和建设的投入，这是草原生态系统难以维持良性循环的主要因素。对草原的资源只出不进的掠夺造成的草原生态经济系统、经济物质、经济能量的输入严重缺乏，从而使系统的社会经济结构与自然生态结构不相协调，自然再生产与经济再生产不相适应。社会需要系统有更多的输出，特别是市场对畜产品等的需求以及维护生态安全、对系统生态效用的需求越来越大，而又主要依赖自然物质和自然能量的输入使系统运转，这样行为短期化、掠夺式的系统操作，使得系统的自然生态组成结构遭受严重破坏，且衰败、萎缩，系统总体功能不断下降。如内蒙古白音锡勒牧场草原生态经济系统，1953—1980 年间由于出售牲畜及其产品和燃烧牲畜粪便共输出氮素 15.73×10^6kg，要维持该草原生态经济系统的氮素平衡，每年至少要输入 5.60×10^5kg 的纯氮，而实际上根本没有经济性氮肥的输入，不但系统输入、经济输入不足，输入结构也不尽合理。经济输入的绝大部分用在草的转化即牲畜的饲养和畜产品的加工上，而用在草的恢复保护、生产加工上却较少。这样系统物质能量的正金字塔效用与经济输入的倒金字塔作用矛盾激烈，影响了系统整体的长远功能。

从 1949—1980 年初期，国家对草原及其畜牧业的投资共约 40 亿元，其中 63% 用于家畜疫病防治设施的建设，用于草原保护建设的投资约 15

亿元，平均每公顷草原只有4.8元左右；同期，内蒙古草原及畜牧业基建投入约1.8亿元，平均每公顷草场仅有1.95元。从1990年随着牧区经济体制改革的展开，草场承包到户，草场的集体所有权与其使用权和经营权分离，牲畜作价或无偿归户、牲畜户有户养实现后，逐步形成了以户营经济为主体的草原畜牧业基本经营制度，调动了广大牧民发展畜牧业生产、增加牲畜牧养量的积极性，牲畜头数与畜产品产量的增长幅度很大；而相应的是国家和集体对草原及畜牧业的投入，特别是对草原保护建设的投入却有减少的趋势，牧户自身的投入也极其有限，因此草原生态经济系统的经济输入与输出更加不协调，草原生态系统由于"竭泽而渔"的掠夺性利用遭受严重破坏，草原退化沙化面积激增，草原资源、环境恶化，草原生态经济系统开始出现恶性循环的态势。如90年代初，典型草原每公顷年投入仅有0.75元，而产出是28.5元，投入产出之比是1∶38。内蒙古1990—1997年，草原建设保护共投入3.5亿元，每公顷草原年平均投入0.6元；1998—2001年，共投入9.32亿元，每公顷草原年平均2.4元。1999年西部大开发战略启动后，特别是2003年国家"退牧还草"工程实施以来，北方草原保护恢复建设的投入有所增加，2011年开始至今的两轮草原生态补助奖励机制的禁牧和休牧补贴资金由开始的每公顷90元和22.5元增长到112.5元和37.5元(按每标准亩折算)，但投入力度与其他产业相比还是较小；关键需要长期坚持不懈地投入、保护、建设，才可能达到期望的恢复草原生态系统，推进草原生态经济良性循环的效果。

二、机理

草地退化是指草地生态系统从一个稳定状态逆向演替到脆弱的不稳定状态，在草地退化过程中草地系统的组成、结构、过程和功能等方面发生量和质的变化；草地退化程度是对这一过程中不同阶段的生态要素和生态系统整体状态的一种描述性概念。

(一)草原退化的驱动力

生态系统是由生物有机体和无机环境组成的物质实体，它具有一般物体的特征，依靠外部的各种力或能量维持其正常的运转和发展，即生态系统具有物体运动的特征，也会发生"位移"，不同的是生态系统发生的位移不是空间位置的改变，而是系统状态或性质的变化。生态系统在不断地发生演替，草地退化是草地生态系统运动的一种形式，是系统偏离正常演替或某一平衡状态的逆向运动过程。

草地生态系统作为一个具有三维结构的生态实体，它不断受到外界的各种“生态效应力”的作用；主要包括由于地球吸引而形成的重力，地表对生态系统向上的支持力、热力、火力、风力、水力等外营力，地壳活动的内营力，人类对草地系统进行管理而投入的物质和能量，以及放牧、割草等干扰作用表现出来的各种效应力。草地生态系统的运动是由这些生态效应力的合力的大小和作用效应方向来决定的。

施加于草地生态系统的各种生态效应力往往具有不同的作用效应方向。这里所谓的“作用效应方向”是指自然作用和人为干扰效应力使生态系统发生变化的方向，而不是各种作用力本身的方向；凡是促进生态系统向进化方向运动的，该力的作用效应方向为正，凡是推动生态系统向退化方向演替的，该力的作用效应方向为负。当草地处于稳定平衡状态时，一定限度内的风力、水力对草地系统起着正向作用，有利于物质循环和能量流动，有利于系统更新。然而，当草地处于不稳平衡或脆弱(如荒漠生态系统或喀斯特生态系统)的状态时，风力、水力等自然作用力则变为加速生态系统退化的驱动力，表现为负面作用。

各种自然作用力和人为干扰力的不同组合决定着草地生态系统进程，它们对生态系统进行着不断的“雕饰”，控制着生态系统发育的基本方向和模式。通常，一些自然作用(如热力、水力和风力等)是“塑造”生态系统的基本牵引力，它们决定着草地发生演替的方向，它们的作用一般来说是长期的、缓慢的。然而，当这些作用力发生剧烈波动或变化时，就会切断或破坏生态过程的某一链节，扰乱生态系统的固有“秩序”，导致草地生态系统的无序化，使之向退化方向发展。例如，地表径流是显著的动能因子，当水动力的传输过程与其他环境因子(如土壤因子的自我维持能力)不协调时，就会形成强大的水力作用，造成地面冲刷和水土流失，并导致原生生态环境的消失；当它与地貌因子不协调时，便会改变地表形态，造成原生环境的急剧改变等，这是我国黄土高原和我国南方丘陵地区出现沟壑纵横、“红色砂岗”等土地退化现象的主要动力原因。风的动能作用，尤其是大风，在干旱、半干旱区域，是吹蚀表土、加强干旱、推移沙丘、加速脆弱环境逆向演化的驱动力，这是我国西北地区土地沙化和荒漠化的主导作用因子。

生态退化除在自然作用的驱动外，人为活动干扰力也往往起着重要的诱发与推动作用。人类活动的强烈干扰力往往会加速生态系统退化的进程，它可将潜在的草地退化转化为现实的草地退化。人为活动对生态系统的影响往往是不断累加的、多方面的、全方位的、深远的；与自然作用力相比，人为干扰对生态系统作用的方向通常是不确定的，它既可加速生态退化，又可阻止逆向的生态演替。例如，人口增长对环境具有负方向的效应，而人类的生态建设和保护具有正方向的效应。

（二）草原退化的过程和特征

从退化的本质与植物特征来看，草地退化是一个由量变到质变的发展过程，表现为草地生态系统的物种个体、种群特征、群落组成和群落环境发生着不同程度的演变，并在某一阶段占主导地位。

1. 量变阶段

量变阶段，在退化驱动力的胁迫下引起的草地产量下降、植被高度降低，但群落中各物种地位不发生本质改变，主要体现在群落高度、盖度等数量特征的降低及产量的少量下降；而这种变化是短暂的、非本质的，一旦胁迫解除即可恢复。此阶段也是治理退化草地最容易的时期，但也是最不易察觉的时期。

2. 量变与质变交互阶段

在量变阶段的基础上，退化驱动力的强度和持续时间继续加强，群落中原有优势种的优势地位显著降低，对胁迫敏感的物种会发生密度及覆盖度上的变化，伴生种、侵入种的种群密度相继增加。此阶段群落极其不稳定，物种多样性相对较高，群落中植物的生活型发生较大改变，潜在恢复能力较强。不同区域或不同草地类型的植物种群总体数量特征因自身的差异性而呈现上升或下降趋势。

3. 质变阶段

随着干扰的持续、破坏性进一步累积到一定程度后，草地退化进入质变阶段，即群落发生改变，群落优势种基本被耐胁迫性较强的物种取代，草地植物饲用品质发生劣变，突出地反映在茎叶比的下降及茎秆木质化的加强。该阶段的特点是干扰的持续性，作用时间较长，系统自身抵抗力逐渐丧失；群落第一性生产力严重下降，物种组成趋向简单，存在物种多样性丧失的风险，气候波动可能会引起系统的崩溃，草地恢复具有一定的难度。

（三）草原退化演替

草地退化是指一定生境条件下的草地植被与该生境的顶极或亚顶极植被状态下的背离。草地退化是整个草地生态系统的退化。从生态学角度而言的草地植被退化，是草地生态系统背离顶极的一切演替过程（逆行演替）；而从草地经营角度而言的草地退化，则是指草地生产力降低、质量下降和生境变劣等。这一切都是不利于草地生产的演替过程。对于人工草地而言，在停止放牧或管理措施不当而向自然植被恢复演替中出现大量无饲用价值的杂类草，是草地退化演替，但却是生态恢复演替。所以，草地退化是一定生境条件下的草地植被逆行演替阶段，表现为现在情况下较顶极植被（人工草地为偏途顶极植被）的质量和可食产量的下降，致使草地的利用价值降低和生境条件变坏。

不同类型草原退化演替阶段也不同。现以温性草原退化演替为例，介绍各类型草原的演替序列。

1. 温性草原退化演替

贝加尔针茅、大针茅、克氏针茅、短花针茅、小针茅、羊草等草原是温性草原的主要类型。草原退化的演替序列如下：

针茅（或羊草等）草原→针茅（或羊草等）+冷蒿草原→冷蒿+糙隐子草（或无芒隐子草或莎草科植物）草原→星毛委陵菜+冷蒿+糙隐子草草原→星毛委陵菜草原

2. 高寒嵩草草甸退化演替

高寒嵩草草甸为青藏高原的地带性植被，由于过度放牧和鼠害所致退化而形成“黑土型”次生裸地。高寒嵩草草甸退化演替序列如下：

异针茅+羊茅-矮嵩草群落→矮嵩草群落→小嵩草群落→杂类草

3. 西南山地石漠化演替

石漠化过程中，植被种类组成从高大乔木向典型小灌木退化，并随着环境干旱程度的加剧向旱生化演替，退化演替序列如下：

原生乔木林→次生乔木林→乔灌过度林→灌木林→藤刺灌丛→稀灌草丛→石漠化稀疏草丛

根据这些退化演变序列，发现不同的草原类型在自然和人类的不利干扰下，都会发生路径上的不同退化现象，这一点体现了退化演替中的趋同性。此外，根据这些退化演变序列，也可以直观判断草原退化阶段，如温性草原，一般来说，草原演替第一阶段，即针茅（或羊草等）+冷蒿草原阶段，为轻度退化；演替到第二、三阶段，即冷蒿+糙隐子草（或无芒隐子草或莎草科植物）草原阶段和星毛萎陵菜+冷蒿+糙隐子草草原阶段，为中度退化；演替至第四阶段即星毛委陵菜草原阶段，为重度退化。

总之，草原在退化的过程中，使得相关的物质和能量流程出现平衡性失调，使得生态系统的自我调控的相对稳定受到了破坏，也就是说，草原退化的实质就是草原生态平衡受到破坏后，由高级向低级的能量固定和物质相互转化效率的系统状态。

第五章

草原灾害

草原灾害是指对草原生产、再生产过程及其生态系统的稳定性造成极大危害的环境因素、生物因素变异和人为因素干扰，给人类造成的经济、生态和社会损害的现象和事件。草原生态系统是各类生态系统中最为脆弱的开放性系统，在复杂的气候变化和漫长的演替更迭过程中，极易遭受各种自然灾害的侵袭和人为灾害的破坏。这不仅严重影响草原牧区经济的可持续发展和我国生态安全与生物资源安全，给我国经济和社会发展也带来极大危害。因此，保护草原资源，做好草原环境灾害防灾工作意义十分重大。

第一节　草原灾害的主要类型

自然变化和人为作用是草原灾害的两大根源，分别形成自然灾害、人为灾害或人为因素与自然因素相互作用所产生的复合型灾害。

一、自然灾害

自然灾害是以自然变异为主导的灾害，主要包括：气象灾害，如旱灾、雪灾、火灾、水灾、冷冻、冰雹灾害等；生物灾害，如鼠害、虫害、植物病害、有毒植物、有害生物入侵、动物疫病等。

二、人为灾害

人为灾害是一些完全由人为因素起主导作用而造成的灾害，包括各种工业、农业、林业、畜牧业生产过程造成的环境污染、植被破坏，开垦草原植被所引发的草原沙化、退化、水土流失以及过度开采地下资源所引发的地面沉陷等。

三、复合型灾害

复合型灾害是指人为因素与环境因素交互作用下导致的灾害，其中，在自然状态下以人为影响为主因所诱发的灾害称为人为—自然灾害，如人为走火所引发的草原火灾等；而自然—人为灾害是指在人为影响发生后由自然因素诱发的灾害，如草原开垦、过度放牧导致草原沙化、退化，草原土地裸露在风力作用下所诱发的沙尘暴等。

第二节　草原气象灾害发生情况

我国是世界上自然灾害发生十分频繁、灾害种类十分多、造成损失十分严重的少数国家之一。在全球气候变化背景下，自然灾害风险进一步加大，并且随着经济的高速发展，自然灾害造成的损失也呈上升趋势，直接影响着社会和经济的发展。气象灾害是自然灾害中最为频繁而又严重的灾害，其中影响我国的主要气象灾害包括：雪灾、旱灾以及火灾。

一、草原雪灾

草原雪灾也称白灾，是因长时间大量降雪造成大范围积雪成灾的自然现象，是牧区主要自然灾害之一。我国主要牧区大都处于高海拔，中、高纬度带的内陆地区，不同程度的雪灾几乎每年都会发生，不仅影响冬季放牧，而且已成为严重制约牧区经济与畜牧业发展的重要因素之一。

我国草原灾区集中发生在内蒙古、西藏、新疆、青海、甘肃、四川 6 省(自治区)，据统计，中华人民共和国成立以来 6 省(自治区)发生较大雪灾上百次，直接或间接导致死亡牲畜达 2.4 亿多头(只)，造成经济损失超过千亿元。2009 年冬至 2010 年春的草原雪灾涉及新疆阿勒泰地区、塔城地区和内蒙古锡林郭勒盟、呼伦贝尔市等地的 120 多个县(市、旗、团场)，330 多万人受灾，倒塌和损毁圈舍 137 万 m^2，死亡大小牲畜 28.4 万头(只)，畜牧业直接经济损失 7.1 亿元。

(一)草原雪灾起因

1. 雪灾主要因素关系

雪灾的产生由三个因素促成，第一是致灾因子，第二是孕灾环境，第三是承灾受体。雪灾高发区的降雪因子大都源于水、热状况差别较大，冬春寒潮反复侵袭或由于高原面给大气环流以强烈的影响，受冬、春季西北风环流的控制，气候寒冷、多变，伴随各类灾害性天气，形成暴风雪和霜冻频繁发生。因此，对于第一个因素和第二个因素，即致灾因子和孕灾环境是自然发生的、必然的、非人力所能控制的，有其绝对性的一面。但就区域而言，承灾受体在很大程度上受人为因素的影响最大。人对环境的保护、对灾害的预防、对承受灾害的能力，在很大程度上决定于人为因素本身，人类的生产和生活与其居住环境之间的平衡直接影响到灾情的严重程度，这种不平衡在很大程度上可以通过人的管理和规划得到改善，即承灾体的脆弱性是相对的，是随人类活动的变化而变化的。

2. 雪灾成灾原因

(1)自然条件原因。第一，自然环境差，气候条件恶劣，增加了防灾的难度。雪灾多发生在我国干旱、半干旱地区和高原山地，一般海拔都在1000m以上，甚至分布在海拔3000m以上的青藏高原，大部分雪灾来势凶猛，波及面大，持续时间长。第二，草场季节不平衡矛盾加深了灾害的危害程度。我国草原牧区75%的草地不能刈割，只能用于放牧。其中，暖季牧场约占牧草地面积的45%，却只能利用全年的25%左右。而冷季草场约占放牧草地面积的24%，却要利用全年的50%~60%(即6~8个月)。

(2)人为原因。第一，生产方式落后，基础设施陈旧，降低了抵御灾害的能力。我国草原牧区主要位于交通闭塞、经济落后、生产地下的边远地区和少数民族地区，游牧仍然是一些牧区主要生产方式。草地畜牧业设施简陋，缺少高质量的御寒保暖的棚圈、饮水设施和草地围栏，缺少牲畜越冬防灾的草料储备。因此，若想战胜自然灾害，最重要的是要加大畜牧业基础设施建设的力度，并运用科学的饲养方法，走建设养畜、科学养畜的道路，实现定居抗灾。第二，草原植被降低，雪风频繁。过度放牧、粗放经营、盲目垦荒、水资源不合理利用等加剧了草原植被覆盖率降低或者植被变得稀疏矮小。到了冬天，草原植被无法有效抵挡雪风，造成雪灾损失加重。

(二)草原雪灾特点

我国是世界上草原雪灾最严重的少数国家之一，雪灾年一般都会出现以下的灾情危害特点：

(1)春、夏、秋季都持续干旱，降水量少，牧草严重减产，导致打贮草明显低于正常年景水平，给冬季的大雪灾防护带来极大的困难，大小牲畜秋季难以抓好底膘，牲畜减膘严重，抗灾能力减弱，遇风雪掉膘更快，加剧了牲畜的死亡数量。

(2)雪灾地区家畜传染病时有发生，疫情和灾情同时反复发作，雪上加霜，严重威胁着家畜农牧民的健康和安全。

(3)灾情持续时间长，最长的降雪连续数天、数月不断。

(4)灾情一般来势凶猛，范围广，灾情严重，普遍会超过草原地区抵御中等以下自然灾害的防灾抗灾能力。抗灾救灾任务会突然加剧，相当紧迫。如果实行牲畜转场，则劳力过于分散，牲畜过于集中而出现饮水困难问题。重灾区交通已堵塞，使饲草料调运很困难，而且牲畜饲草储备不足，调草、购草困难，抗灾救灾物资严重不足，缺口较大。

(三)草原雪灾时空规律

雪灾主要发生在稳定积雪地区和不稳定积雪山区，偶尔出现在瞬时积雪区。中国牧区的雪灾主要发生在内蒙古草原、西北和青藏高原的部分地区。我国草原牧区大雪灾大致有十年一遇的规律。至于一般性的雪灾，其出现次数就更为频繁了。据统计，西藏牧区2~3年一次，青海牧区也大致如此。新疆牧区，因各地气候、地理差异较大，雪灾出现频率差别也大，阿尔泰山区、准噶尔西部山区、北疆沿天山一带和南疆西部山区的冬牧场和春秋牧场，雪灾频率高达50%~70%，即在10年内有5~7年出现雪灾。其他地区在30%以下。雪灾高发区，也往往是雪灾严重区，如阿勒泰和富蕴两地区，雪灾频率高达70%，重雪灾高达50%。反之，雪灾频率低的地区往往是雪灾较轻的地区，如温泉地区雪灾出现频率仅为5%，且属轻度雪灾。但不管哪个牧区大雪灾都很少有连年发生的现象。

(四)草原雪灾等级标准

依据各地区气候状况、自然状况、牲畜状况和经济条件四个方面指标，制定牧区雪灾发生的等级，并将草原雪灾预险等级分为轻灾、中灾、重灾和特大灾四级。

(1)轻灾。当积雪掩埋牧草程度在0.30~0.40cm，积雪持续日数大于等于10天时，或积雪掩埋牧草程度在0.41~0.50cm，积雪持续日数大于等于7天时，积雪面积比大于等于20%时为轻灾。轻灾影响牛的采食，对羊的影响尚小，而对马则无影响，牲畜死亡一般在5万头(只)以下。

(2)中灾。当积雪掩埋牧草程度在0.41~0.50cm，积雪持续日数大于等于10天时，或积雪掩埋牧草程度在0.51~0.70cm，积雪持续日数大于等于7天时，积雪面积比大于等于20%时为中灾。中灾影响牛、羊的采食，对马的影响尚小，牲畜死亡5万~10万头(只)。

(3)重灾。当积雪掩埋牧草程度在0.51~0.70cm，积雪持续日数大于等于10天时，或积雪掩埋牧草程度在0.71～0.90cm，积雪持续日数大于等于7天时，积雪面积比大于等于40%时为重灾。重灾影响各类牲畜的采食，牛、羊损失较大，牲畜死亡10万~20万头(只)。

(4)特大灾。当积雪掩埋牧草程度在0.71～0.90cm，积雪持续日数大于等于10天时，或积雪掩埋牧草程度大于等于0.90cm，积雪持续日数大于等于7天时，积雪面积比大于等于60%时为特大灾。特大灾影响各类牲畜的采食，如果防御不当将造成大批牲畜死亡，牲畜死亡在20万头(只)以上。

(五)草原雪灾危害及防治措施

1. 危害

草原牧区雪灾一般来势迅猛，覆盖面大，灾情持续时间长，通常会给牧区畜牧业生产带来沉重的损失。雪灾来临时2～3天即暴发成灾，被积雪覆盖的草地可达几十万公顷，积雪表层结成冰壳数月不得融化，道路被大雪封死，交通联络中断，上百万头家畜和牧民被围困在灾情中，牲畜无草可食冻饿而死，牧民饥寒交迫，救灾人员和救灾物资不能顺畅到达灾区。大雪灾可使50%牲畜损失，局部地区可使家畜全部死亡殆尽。

2. 防治措施

(1)加强对雪灾的监测、判断、预测和评估。利用遥感进行雪灾的研究，是地理信息系统(GIS)的一个重要数据源和强有力的更新手段。利用GIS建立雪灾易发区的雪灾背景数据库，结合雪灾易发区的数字地形模型进而建立雪灾易发区的GIS，从而在GIS的一些特有功能，如综合分析、动态预测等支持下，为雪灾应用模型提供参数，从而利用模型运行结果对雪灾进行监测、判断、预测和评估。

(2)注重草地生态系统的有效平衡。草地生态系统具有一定的自我调节能力，由平衡—不平衡，经过系统的自我调节达到新的平衡。利用和发展草地的这种生态系统的自我调节能力，强化和改善草地对灾害的反应脆弱性。这就要求我们在最大限度获取畜产品的同时，必须确保草地生态系统内的能量流动和物质循环始终处于良性循环中。一定要在讲究生态效益、维护草地生态系统平衡运转的前提下，去追求适度的经济效益。

(3)提高草地的生产能力和承灾能力。可持续发展的基本准则是其协调性，即经济和社会发展必须充分考虑到环境的承载能力，追求社会、经济与资源、环境的协调发展。

(4)大力发展季节畜牧业。以草地内涵为主，大力发展季节畜牧业，要求改善并提高对草地经营的管理水平，调整好载畜量，建立科学的放牧利用制度，改良草地，提高草地生产力，储备充足的饲草料。在冬季来临前，除留足适龄母畜、后备畜、种公畜、生产役畜外，尽可能多地育肥出售，缓解冬春畜草矛盾，改善超载问题，提高适应雪灾及其他冬季灾害的能力。

(5)提高自救自卫的能力。提高防灾意识，变救灾为防灾，加强抗灾基地建设，增加自救自卫的能力。改变被动抗灾的状况，转变观念，提高防灾意识，变被动为主动，利用现代科学技术，增加资金、物资和技术的投入，加强草地基础设施建设和抗灾基地建设，针对易灾牧区自然条件恶劣、基础设施和生产条件差的状况，以解决牲畜冬春水、草、料供应，实施牲畜暖棚、饲料加工点和牧民定居点综合配套建设。

二、草原旱灾

草原地区多属干旱、半干旱地区，生态环境脆弱，对降水变化反应极其敏感，对水分条件的依存度很高。草原区年降水量在50~450mm，地下水位又多在50~100m，由于巨大的蒸发引起的极不平衡，致使干旱成为草地发展的主要灾害之一。

1950—2011年，我国年均遭受干旱灾害的面积为2147.48万hm^2，造成饮水困难大牲畜数达到2128.64万头。1990—2007年内蒙古草原平均每年因干旱造成170.46万人和2071.52万头大牲畜临时饮水困难。2014年，受下降降雨持续偏少影响，新疆北疆和内蒙古中西部等地草原遭受严重旱灾。其中，在新疆北部草原，受春夏降水持续偏少的影响，新疆天山一带和北疆草原遭受大面积旱灾，受灾草原面积超过1800万hm^2，约占该区域草原面积的65%，牧草产量总体下降30%~50%。内蒙古中西部草原受灾面积达2000万hm^2，灾区牧草产量总体下降30%，草原旱灾导致人畜饮水困难，大量牲畜死亡。

(一)草原旱灾特点

干旱灾害是草原畜牧业主要的气象灾害，其发生频率高，持续时间长，波及范围大，对牧区社会经济有严重影响。草原植被是按照“物竞天择”的自然规律在当地的自然条件背景下发育而成的，虽然降水较少，但如果这些降水每年都能应时而到，则不至于形成干旱灾害，北方特别是华北地区降水变率较大，年降水量的相对变率为15%~25%，高于江淮以南地区。总的来看，草原干旱出现的频率很高，算上季节性旱灾，基本符合群众说的“十年九旱”的特点。

(二)草原旱灾时空规律

干旱在我国一年四季均有可能发生，其中春旱对草原地区影响最大，因为春旱主要发生在黄淮流域及其以北地区，华北地区发生春旱的概率在70%左右。有的年份春旱可持续到6~7月，形成春夏连旱，对农牧业生产影响严重。夏旱通常分为初夏旱和伏旱。初夏旱多发生在北方。伏旱是盛夏“三伏”期间的干旱，多发生在秦岭、淮河以南到华南北部地区，以长江中下游多见。伏旱一般影响不是很严重，只有旱情持续到9~10月或11月，即出现夏秋连旱时危害才比较严重。秋旱多发生在华中、华南地区，而冬旱则主要发生在华南和西南东部地区。此外，草原区发生连年干旱的概率也很大。

(三)草原旱灾等级标准

一般以气象干旱指数和标准化降水指数(SPI)协同表征草原地区的干旱程度。《气象干旱等级》国家标准中将干旱划分为5个等级，并评定了不同等级的干旱对农业和生态环境影响的程度：

(1)无旱。正常或湿涝，特点为降水正常或较常年偏多，地表湿润。

(2)轻旱。特点为降水较常年偏少，地表空气干燥，土壤出现水分轻度不足，对农作物有轻微影响。

(3)中旱。特点为降水持续较常年偏少，土壤表面干燥，土壤出现水分不足，地表植物叶片白天有萎蔫现象，对农作物和生态环境造成一定影响。

(4)重旱。特点为土壤出现水分持续严重不足，土壤出现较厚的干土层，植物萎蔫、叶片干枯、果实脱落，对农作物和生态环境造成较严重的影响，对工业生产、人畜饮水产生一定影响。

(5)特旱。特点为土壤出现水分长时间严重不足，地表植物干枯、死亡，对农作物和生态环境造成严重影响，工业生产、人畜饮水产生较大影响。

(四)草原旱灾危害

畜牧业一直是牧区的经济支柱产业，旱灾频繁发生给牧区畜牧业生产造成了严重的影响。干旱除了对畜牧业生产有着直接影响，对草原生态环境也有潜在危害，干旱对地表植被生长抑制加速了土地的沙化、草场退化，促使地下水位下降，造成人、畜饮水困难，使生态环境进一步恶化。

(五)草原旱灾防治措施

1. 加强组织领导

各地要把防控高温干旱作为当前草原生态保护和草原畜牧业生产的重要任务，高度重视，统筹安排，切实做好草原牧区旱灾防控的组织领导工作。建立健全防控预案，层层落实防控责任，不断完善草原旱灾防控的各项工作机制。做好抗大旱、抗久旱的准备，克服靠天等雨思想和畏难情绪，采取有力措施，及时筹备发放抗灾救灾资金，组织农牧民群众开展抗灾自救，力争把草原旱灾损失降到最低。

2. 加强监测预警

加强与气象部门的沟通协作，完善草原旱灾监测预警运行机制，提高对灾害性天气的预报、预警和服务能力。加强应急值守，安排专人值班，随时关注天气变化，及时掌握牧草长势和灾情发生情况，按照有关规定和程序报送灾情信息，确保抗灾救灾各项工作顺利进行。充分利用电视广播、网络媒体、手机短信和农牧业服务电话等多种途径，开展预防和应对高温少雨天气知识宣传，提高农牧民群众防灾减灾与自救互救的意识和能力。

3. 加强技术服务

组织有关专家和技术服务力量，成立草原旱灾应急专家组，加强对防灾抗灾工作的技术指导服务。要及时深入灾区一线，提出切实可行的抗灾减灾措施方案。当前要全力组织开展饲草料刈割、收储和区域间调运，强化农作物秸秆加工利用，引导加快牲畜出栏，有效缓解冷季饲草料供应压力，确保牲畜特别是幼畜、弱畜安全越冬度春，保护草原畜牧业的基础生产能力。加大对人工饲草料地的补灌和复播，推行保护性免耕作业技术，提高饲草料地抗风蚀沙化和保水保墒能力。

4. 加强政策落实

加快强牧惠牧政策的落实进度，及时将政策性资金落实到草场牧户。深入实施草原生态保护补助奖励机制政策，足额发放补助奖励和生产资料综合补贴资金，指导农牧民购买抗灾救灾生产资料；加大草原执法监督力度，严格落实草原禁牧和草畜平衡制度，巩固超载减畜成果；用足用好牧草良种补贴和绩效考核奖励资金，扶持草原畜牧业转型发展。继续组织实施退牧还草和京津风沙源草原治理等重大生态工程项目，加强人工饲草料地、草原围栏和牲畜棚圈等基础设施建设，提升草原畜牧业标准化生产和防灾抗灾能力。

三、草原火灾

草原火灾是指在失控条件下发生发展，并给草地资源畜牧业生产及生态环境等带来不可预料损失的草地可燃物（牧草枯落物、牲畜粪便等）的燃烧行为。我国拥有温带草原约310万km^2，多数分布在干旱、半干旱的北方地区，其中东经110°以东，北纬40°以北的草原区地域辽阔、牧草茂密，是发展草原畜牧业的重要基地，但该地区春秋两季气候干旱、风大、日照时数长、地表枯枝落叶丰厚、草原火灾频繁发生，经常造成突发性的灾害。

中华人民共和国成立以来，仅牧区就发生火灾5万多次，累计受灾面积超过2亿hm^2，造成经济损失600多亿元，平均每年10多亿元。在草原火灾中，死伤1800多人，其中烧死400多人，一部分伤员成为终身残疾。2012—2016年，我国草原累计受灾面积达35.61万hm^2，年均受灾面积为7.12万hm^2，但年际间波动较大，其中以内蒙古地区受灾面积最大，约占全国总受灾面积的92.43%（表5-1）。

表5-1　2012—2016年全国及主要省（自治区）草原火灾受害面积

万hm^2

地区	2012	2013	2014	2015	2016
全国	12.71	3.53	3.87	11.81	3.69
内蒙古	12.15	3.07	3.47	10.69	3.54
四川	0.27	—	—	0.04	0.02
新疆	0.07	0.05	0.13	0.01	—
青海	0.05	—	0.07	0.05	0.06
甘肃	—	0.17	—	0.01	—
西藏	—	0.02	—	—	—

注：数据来源于2012—2016年中国环境统计年鉴。

（一）草原火灾起因

草原起火的原因很多，就我国主要防火区——内蒙古东部草原区而言，主要可归结为人为因素、自然因素、境外蔓延三大起因。

1. 人为因素

人为因素主要有机动车引擎喷火、野外乱扔烟头、禁火区小孩玩火、点烧防火隔离带跑火、当地居民倾倒的炉火复燃、烧荒等。人为因素每年所造成的草原火灾损失令人触目惊心。

2. 自然因素

自然起火的原因多而复杂，其中闪电是常见的起因之一。草原上覆盖的丰富可燃物在空气湿度较大的天气遇到闪电极易引起草原火灾。可燃物自燃是另一个起因。秋后降雪前和来年春季化雪之后，由于气候干燥、风大、日照时数长，可燃物自燃常会引起草原火灾。另外，磷火也是草原火的起因之一。草原区，大量的死畜骨架遗留在草原上，而骨中丰富的磷很容易引起野火。

3. 境外火蔓延

根据我们几年来对草原火灾的实时监测结果，蒙古及俄罗斯境内的火种向南和东南方向蔓延是引起我国草原火灾的一个重要因素。特别是内蒙古呼伦贝尔盟西部、锡林郭勒西北部草原区，平均每年由境外火蔓延引起的草原火情有几起甚至数十起。

（二）影响草原火的主要因素

1. 可燃物多少

地面堆积的可燃物多少是草地起火的关键因素。草地植被的枯枝落叶一般不易分解，极易积累。特别是内蒙古东部草原区牧草茂密、植物休眠期地上枯落物堆积丰厚，这是草原火的燃烧基础。另外，可燃物的紧实程度，单位体积含可燃物多少等都会影响草原火燃烧。

2. 大气湿度

草原火的发生、发展与水分的变化密切相关。我国主要受大陆性季风气候的影响，9 月到翌年 4 月，风大、空气干燥、降水很少，加之 9 月底至 10 月初广大草原区的各种植物先后进入休眠期，地上部分干枯凋落，特别在 12 月前（降雪极少）和翌年 3 月融雪后，可燃物含水量最少，是草原火灾最频繁发生的时期。一般情况下，大的草原火灾多发生在 11 月和翌年 4~5 月。

3. 风速、风向

风是草原起火的主要诱导因子。一方面风可加快可燃物的水分蒸发；另一方面火借风势，使火焰燃烧得更高、更旺。火种迅速随风蔓延，加重了火灾损失程度。风还可借使扑救后的隐火复燃，也可使当地居民倾倒的炉火复燃，再次起火。根据监测结果，草原火发生期多为西北风，特别是境外火引起的我国草原火灾，大多是俄罗斯或蒙古国的火种随西北风蔓延，进入我国呼伦贝尔盟或锡林郭勒盟，引起我国草原火灾。

4. 可燃物含水量

当可燃物量积累到一定程度，可燃物含水量的多少是决定可燃物是否可以燃烧的关键。可燃物燃烧有一个湿度阈值，研究证明，细小可燃物在阳光下能燃烧的湿度阈值为 30%~40%，含水率低于这个阈值则不易起火。

5. 大气湿度

研究证明，当周围环境温度低于 15℃时，产生火烬的危险非常低，环境温度高于 15℃时火烬呈指数增加。周围温度 19℃为火传播阈值。

6. 地形

迎风坡燃烧的火，火势蔓延的速度加快，三面环山的狭窄地区，火势常常变化无常，扩散迅速。这是两种最不利于防火的地形。

（三）草原火灾特点

1. 突发性强，发展速度快

草原枯落物着火点低，极易燃烧。一旦发生火灾，蔓延速度快，火线长，火势猛，加之草原地区风向多变，常常出现多叉火头，形成火势围圈，人、畜转移困难，极易造成伤亡。

2. 时间性明显

草原火灾一般多发生在每年的春季（3～5 月）和秋季（9～11 月）。春季，随着草原地区积雪逐渐融化，高温、大风天气增多，进入草原火灾高发期；秋季，草原植被开始枯黄，降雨减少，较易发生草原火灾。进入冬季，草原区被积雪覆盖，不易引发火灾。

3. 大多由人为因素引起

草原火灾发生原因有人为因素和自然因素，90% 以上的草原火灾由人为因素引发，主要有生产生活用火、机动车跑火、乱扔烟头、上坟烧纸、玩火纵火等。

4. 境外火灾威胁大

蒙古国、俄罗斯、哈萨克斯坦等国与我国毗邻的地区火灾频繁，这些外来火源对我国边境草原安全构成严重威胁。

（四）草原火灾时空规律

从发生时间上来看，每年春天的 3～5 月草原火灾频繁发生，其中 4 月是草原火灾发生的最严重时期。根据 2003 年的资料统计，2003 年发生草原火情 387 次，其中 3 月 26 次、4 月 132 次、5 月 65 次。另外，每年 11～12 月也是火灾频繁发生的时期，12 月中旬至翌年 2 月底由于降雪量增大，大部分枯枝落叶被覆盖在雪被下，此时不易发生草原火灾。

从我国草原火灾发生的空间上来看，内蒙古为我国草原火灾的主要发生区域，占火灾发生次数的 95% 以上。草原火灾频繁发生区域在北纬 45°以北、东经 110°以东地区。其中，北纬 45°～52°、东经 115°～120°为境外火频繁入境区域。根据 1994—2000 年内蒙古草原火灾的分布情况，内蒙古呼伦贝尔盟、锡林郭勒盟、兴安盟为草原火灾多发区，其中锡林郭勒盟东乌镇、呼伦贝尔盟陈巴尔虎旗、新巴尔虎左旗为火情发生最频繁区域。

（五）草原火灾危害及防治措施

1. 危害

草原火灾导致大面积草场的毁坏，过火之处植被地上部分所剩无几，植物种类数量以及生物量大减，甚至一些分布区域较窄的植物种濒临灭绝。由于火灾发生区放牧场或打草场牧草产量剧减，畜牧业生产受到直接影响。同时，火灾对脆弱的草原生态系统起到直接作用，容易引起草原生态平衡的破坏。另外，火灾常常引起房屋烧毁、牲畜死亡、人员伤亡。总之，草原火灾对我国畜牧业生产的发展和边境人民的安居乐业危害极大，给国家造成巨大的经济损失，对草地生态系统和畜牧业生产带来不良影响。

2. 防治措施

（1）加强宣传教育力度，提高全民草原防火意识。我国的草原火大多由人为因素引起，只有提高全民草原防火意识，加强草原防火法制建设，把预防草原火灾真正变成广大干部群众的自觉行动，才能防患于未然。

（2）加强草原防火法制建设。认真贯彻《中华人民共和国草原法》《草原防火条例》，进一步加大执法力度，对于重大案件要严肃查处，真正做到有法必依，执法必严，违法必究。

（3）加强草原防火机构和队伍建设。近几年来，在有关部门的关怀、支持下，我国草原防火机构建设及人员配备有长足的进展，但面对广阔草原区实际需求而言，力量还显不足，并需加强管理，全面落实草原防火责任制。

（4）加大资金投入，加强草原防火设施建设。草原防火隔离带建设是一项不可忽视的工作，它可控制火势蔓延的速度和方向，减少火灾损失，提高防火、灭火效率。增加防火物资储备，提高灭火器具的科学性、实用性和交通工具、通信网络等装备水平。

（5）加强草原防火的科学研究工作。草原防火工作需要方方面面的科技知识，燃烧物的理化性质、水分含量、燃烧系统的能量转化以及燃烧与风速转向、气温等因子的相互关系等都需要深入研究。同时，把卫星遥感技术等现代科技手段应用于火灾监测中，力求及时发现火情、消灭火情，最大限度地降低草原火灾所造成的损失。

第三节　草原生物灾害发生情况

生物灾害是自然和人为干扰的结果，它引起草场的退化，产生一系列后果。因干旱和沙尘暴的发生，一度很少发生的蝗虫灾害近三年发生面积不断扩大，已给内蒙古、宁夏、甘肃、陕西、新疆的草场造成毁灭性的灾害，使生态系统功能退化，可利用土地资源丧失，生物生产量下降。常见的草原生物灾害包括：鼠害、病虫害、毒害杂草等。

一、草原鼠害

草原鼠害是指草原上栖息的鼠类对草原所造成的危害。因老鼠密度过大而使草原上鼠洞密布，形成大量次生裸土，埋压牧草，同时因鼠啃食牧草根茎，与牲畜争食或撕咬幼崽，使草地压力过重，加剧草地退化程度，影响土壤肥力，导致草地承载牧畜能力下降。草原鼠害是畜牧业发展的一大障碍，是草场三大公害之一。它不仅糟蹋粮食，破坏草场，而且还传播疾病，危害人畜健康。

2012—2016 年，全国草原鼠害年均危害面积达 3313. 14 万 hm^2，其中青海、新疆、西藏、内蒙古、甘肃、四川 6 省(自治区)草原鼠害最为严重，危害面积占到全国总危害面积的 91. 53%。而我国年均草原鼠害治理面积仅为 692. 5 万 hm^2，约占危害面积的 20. 90%(表 5-2)，目前绝大部分草原鼠害尚未得到有效控制。

表 5-2　2012—2016 年全国及主要省(自治区)草原鼠害危害及治理面积

万 hm^2

地区	2012		2013		2014		2015		2016	
	危害	治理	危害	治理	危害	治理	危害	治理	危害	治理
全国	3691. 49	722. 33	3677. 60	758. 53	3481. 20	748. 87	2908. 42	615. 43	2807. 00	617. 31
青海	862. 82	116. 20	871. 87	112. 93	888. 33	96. 87	754. 73	43. 67	776. 04	64. 33
西藏	593. 33	22. 80	741. 00	15. 73	566. 67	25. 33	284. 00	15. 33	300. 00	121. 07
内蒙古	570. 02	128. 60	483. 53	131. 02	465. 00	119. 20	431. 88	116. 70	409. 70	102. 77
新疆	516. 73	123. 53	475. 93	118. 80	551. 33	162. 53	510. 33	158. 61	504. 14	139. 63
甘肃	487. 33	49. 40	459. 67	88. 47	438. 67	92. 13	405. 33	40. 67	349. 67	22. 67
四川	303. 98	90. 40	301. 60	93. 50	299. 07	93. 80	292. 04	89. 39	268. 33	24. 10

注：数据来源于 2012—2016 年中国环境统计年鉴。

(一)不同类型草原主要鼠类及分区

我国草原四大基本类型，即草甸草原、典型草原、荒漠草原和高寒草原。由于其地理分布、气候特点及土壤与植被的不同，其上栖息鼠的种类也各不相同。

1. 不同类型草原上的主要鼠类

(1)草甸草原上的鼠类。草甸草原处于比较湿润的森林草原地带，主要分布于内蒙古高原东部和松嫩平原以及新疆伊犁谷地和天山北坡。这类草原草群高大、茂密，对于鼠类这样的小型动物比较郁闭，不宜生存，因此栖息的鼠种较少，密度也低，一般未形成危害。在该类草原上栖息的鼠类主要有莫氏田鼠、狭颅田鼠、东方田鼠、普通田鼠、鼹形田鼠等，其中鼹形田鼠在天山北坡有时会造成一定的危害。

(2)典型草原上的鼠类。典型草原主要分布于内蒙古中部、黄土高原南部及新疆阿尔泰地区的一些山地。这类草原草群低矮，植被盖度为40%左右，为鼠类提供了开阔的视野和适宜的生境。主要鼠害有布氏田鼠、达乌尔鼠兔、草原鼢鼠等。

(3)荒漠草原上的鼠类。荒漠草原主要分布于内蒙古高原中西部及准噶尔西部山地、黄土高原和青藏高原中部以及新疆北部。这类草原草群低矮、稀疏，气候干旱，适应于此类草原环境的鼠类大多是比较耐旱的种类，如三趾跳鼠、五趾跳鼠、大沙鼠、长爪沙鼠、子午沙鼠、红尾沙鼠、黄兔尾鼠、草原兔尾鼠、蒙古黄兔尾鼠等。

(4)高寒草原上的鼠类。高寒草原主要分布于青藏高原。该类草原草群低矮、稀疏，优势植物类群为丛生禾草。高原上草原和荒漠中地形和植被类型的变化对啮齿动物组成影响不大，往往为同一优势种所占据，并在局部地区有密集的群体。主要害鼠有高原鼠兔、高原鼢鼠、藏鼠兔、喜马拉雅旱獭、白尾松田鼠等。

2. 我国草原害鼠类型分区

(1)大兴安岭西麓草甸草原草原鼢鼠、莫氏田鼠、狭颅田鼠危害区。该区见于较湿润的暗栗钙土草甸草原草场，包括大兴安岭西麓的陈巴尔虎旗和鄂温克旗部分地区以及锡林郭勒盟东北部乌拉盖河流域的草甸草原区。该区气候较湿润，牧草生长茂盛。

(2)内蒙古中东部典型草原布氏田鼠、达乌尔鼠兔、达乌尔黄鼠、草原鼢鼠危害区。该区分布于呼伦贝尔盟西部及锡林郭勒盟典型草原区。该区以针茅、羊草为主，气候干旱，牧草生长良好。

(3)内蒙古西部、新疆北部和柴达木荒漠、半荒漠沙鼠、跳鼠、兔尾鼠、黄鼠危害区。该区包括内蒙西部(约集二铁路线以西)至新疆(北部)及青海柴达木盆地。该区干旱少雨，植被稀疏，沙漠和砾质戈壁环境差别明显。

(4)荒漠区山地草原旱獭、黄鼠、田鼠危害区。本区包括天山山系的西段、阿尔泰山和准噶尔界山，主要植被类型为高山与亚高山草甸、山地森林草原及山麓一带的草原，为北疆地区的主要夏季牧场。

(5)青藏高原高寒草原高原鼠兔、高原鼢鼠、喜马拉雅旱獭、白尾松田鼠危害区。该区位于青藏高原及周围，自然条件严酷，气候寒冷，牧场生长季短，风暴多，紫外线照射强烈。

(二)草原鼠害起因

1. 草原退化，草原生态系统平衡失调

人类为了自己的生存，为了毫无节制地提高自己的生活水平，以十分贪婪的方式开掘自然资源，主要是持续地超载过牧。我国草地主要害鼠的研究结果表明，鼠害基本上发生在退化草场，即草地鼠害的发生与草原退化程度相关。退化的草场为许多鼠类的生存提供了适宜的生境，鼠的数量因此而增多，而鼠数量的增多又进一步加剧了草场的退化，从而形成一种恶性循环。

2. 草原生态系统的演替导致草原鼠类群落的演替

引起草原植被演替的因素主要有两个方面：一是自然力，如风、降水的多少等；二是人为的影响，如放牧、开垦等。自然力引起草原植被的演替需要很长的时间，一般至少需要几十年以上；而人类活动引起草原植被的演替则在较短的时间内即可发生(一至数年)。研究表明，随着草场放牧强度的不同，草原鼠类群落也会随之发生变化。例如在青海高寒草甸地区，在不同的放牧强度下，鼠类群落的结构也不同。重牧条件下，以高原鼠兔和高原鼢鼠为主；在轻度放牧条件下，则以甘肃鼠兔和根田鼠为主。

3. 鼠类种群的内部调节机制与外部影响因素

草原鼠害大都为群居性种类，繁殖能力很强，当外界的环境条件适宜时，它们即可大量繁殖，数量暴发。影响种群数量波动的因子既有内部因素，也有外部条件，如食物、天敌、气候、疾病、栖息地、竞争、人类活动等。其调节机制也多种多样，如行为调节、生理调节、食物调节以及疾病、天敌、空间等的调节。事实上，鼠类种群数量的波动是在各种因子的综合作用下，通过多种调节机制而实现的。

4. 捕食鼠类的天敌动物减少

关于天敌动物对鼠类的控制作用，意见不一，但是天敌的控制与一次防治不同，它的作用是长期而连续的，其作用不可忽略。俗话说“一鹰护顷田”“一鼬吃千鼠”等。对于草原生态系统来讲，在正常情况下，草原鼠类与其天敌动物(主要有狐狸、沙狐、鼬类、蛇类及各种猛禽)保持着相对稳定的关系，鼠类的种群数量一般不会暴发成灾；然而当鼠类的天敌动物由于某种原因减少时，草原害鼠即有可能在短期内数量急剧上升，对草场产生危害。鼠类天敌动物减少的原因主要有三。其一为人们的滥捕乱猎；其二为鼠类天敌动物栖息地和生存环境的减少或恶化，使其缺少隐蔽、藏身之处；其三为具有二次中毒性较强的杀鼠剂的大量使用，即在杀灭害鼠的同时也毒杀了鼠类的天敌动物。

(三)草原害鼠对草原的危害

1. 啃食优良牧草，与家畜争食

草原上的鼠类主要以植物性食物为食，其喜食的牧草与牛、羊等家畜喜食的牧草相同。虽然每只鼠的食量不大，但由于它们的种群数量多，其日积月累之量必定会影响到家畜对牧草的取食，尤其是冬春季节或者遇上旱年，草场上的牧草本来就不足，再加上鼠类的危害，牛、羊因吃不饱而死亡者不少。特别是在草原害鼠大暴发的年份，给畜牧业造成的损失则更大。

2. 挖掘破坏活动

挖洞、穴居是草原鼠类的习性，草原鼠类的挖掘破坏活动是多方面的。鼠类在掘洞过程中会损失或破坏牧草的根系(特别是丛生禾草的根系)，尤其是营地下生活的鼢鼠和鼹形田鼠等，它们不仅挖洞居住，而且还借挖洞取食牧草根系，导致牧草的枯萎甚至死亡。挖掘过程中抛出的大量泥土、砾石覆盖牧草，再加上土壤结构的破坏，使草场在最初的一、二年内几乎无牧草生长。土丘还影响在草原上的打草场使用打草机收割。

3. 挖掘活动引起水土流失，使土壤肥力下降

鼠类的挖掘活动直接破坏了土层，加速了土层的崩溃。挖洞过程中抛出的土丘被雨水冲刷或大风吹动带走，引起水土流失。留下的砂砾逐渐扩大连片，引起草场沙化。青藏高原“黑土滩”就是在青藏高原独特的自然条件下，由于地面鼠和地下鼠活动后，高寒草甸严重退化经风蚀和水蚀后形成的大面积裸地产物。

4. 引起草原植被演替，加剧草场的退化

由于鼠类的挖掘、啃食牧草及采食种子等活动，使原有植物群落的种类和数量均发生了变化，从而导致植物群落的演替。这种演替有两种系列：一种是由于鼠类活动所引起的退化演替；另一种是由于鼠类活动所形成的次生裸地的恢复演替。前一种演替导致多年生的禾本科和莎草科等优

良牧草逐渐从群落中消失，而一年生的杂草滋生。后一种演替是由于土壤性质的改变，不同生活型植物类群的依次更替，但在鼠类的继续作用下，随时可使处于不同演替阶段的群落重遭破坏。

5. 破坏种草、植树固沙工作

以三趾跳鼠和小毛足鼠为例，这是内蒙古西部地区荒漠草原和沙地的两种主要害鼠，它们盗食谷物、挖食固沙植物种子和啮损树苗，严重危害农林牧业，20 世纪 60 年代初，巴彦淖尔盟和伊克昭盟的固沙育林工作就是由于三趾跳鼠和小毛足鼠挖食种子和破坏幼苗而遭到失败。

（四）草原鼠害防治措施

1. 加强草场管理，树立草地生态系统的整体效益观

要想根治草原鼠害，首要战略措施就是要从根本上改变目前牧业生产中这种短期行为，控制人这一作用因子，实行控制放牧（以草定畜）、防止草场退化（划区轮牧）的政策，注重草地畜牧业发展中的生态效益、经济效益和社会效益“三统一”的原则和要求。

2. 坚持连续多年的长期鼠情监测，做好预测预报

尽快建立健全草原鼠害的监测网络，建立各级测报站，进一步发展测报技术、拓展测报对象和实行计算机联网管理，同时要开展长期和超长期预测研究，做到短、中、长期预报相结合。建立起草原鼠害宏观管理系统，进行较大时空范围下的超长期预测预报，从根本上提高草原鼠害的预测预报水平。此外，尽快制定草原鼠害抽样调查与统计分析规范，要把统计抽样与鼠害测报相结合。

3. 实行综合治理

草原鼠害的治理实际上是一个集生物学、生态学、经济学和社会学等的综合问题，需要各学科的密切配合，应以草原生态系统的整体观念为基础，发挥各种措施的积极作用，合理运用化学的、物理的、生物的和生态的以及有效的行政手段等，使之相互协调起来，实行综合治理；从维持草原生态系统的稳定性出发，采取多种防治措施，如防止滥垦、放牧、实行围栏育草、轮牧、补播、浅耕翻以及保护天敌等，使之相互协调，突出预防为主的原则，因时、因地制宜，力求经济、简便、易于实施。

4. 改变观念，提高认识

正确理解和宣传综合治理的意义，树立预防为主、综合治理的思想。提倡用一分为二的观点来看待各种措施，既要纠正单纯依靠化学灭鼠剂而忽视其他措施的片面性，也要提倡合理施用化学灭鼠剂，发挥化防在综合

治理中的积极作用，因为化学灭鼠剂在目前仍是防治草原鼠害的一个重要手段。

5. 加强政府在草原鼠害综合治理中的组织、领导职能

草原鼠害的治理，实际上是一个“系统工程”，在这个系统中，不同组分相互影响，共同作用。但是这项工作投资大、时间长、涉及面广，像天气预报一样，纯属社会公益性事业，只有政府加大投入才能办好。

6. 举办“牧民田间学校”，提高牧民素质

“牧民田间学校”是借用“农民田间学校”这一术语。农民田间学校作为综合防治规范化技术的一种推广形式，在国际上得到了公认和发展。

7. 加快草原害鼠管理信息系统的研制和应用

地理信息系统(GIS)在用于草原害鼠管理时，可以将地形地势图、土壤类型图、植被类型图、水系分布图、鼠害分布图等建成空间数据库，把发生量、危害程度、各种气象因子等建成属性数据库，利用 GIS 的空间数据库操作和图形处理分析等功能，就可产生关于鼠害暴发、危害等信息，从而制定相应的管理决策措施。另外，通过 GIS 与数学模型、专家系统等耦合，可形成功能更强大的智能决策性 GIS，可以用来开发更加有效的草原害鼠管理信息系统；GIS 与统计学相结合，可以方便地分析害鼠的空间分布动态；GIS 与遥感(RS)、全球定位系统(GPS)相结合，可以实时预报害鼠的发生情况等。

8. 加强基层科技队伍建设

草原鼠害综合治理是一项复杂的工作，它不仅需要各个专业的配合，更需要从事鼠防工作人员(领导、科技人员、广大群众)的密切配合。草原鼠害综合治理工作最终是在广大牧区进行的，基层科技力量和具体应用的牧民群众是最关键的，是关系到科学技术能否尽快转化为生产力的主要因素之一，提高基层科技人员的素质已成为有效治理草原鼠害的迫切任务。

二、草原病虫害

(一)牧草病害

牧草病害是草地畜牧业生产的主要限制因素之一。据不完全统计，我国已有在 15 科 182 属 903 种牧草上发现的 929 种真菌引致的 2831 种病害。其中以禾本科牧草病害最多，达 1289 种，占病害总数的 45.4%，其次是豆科和菊科，分别为 27.0% 和 4.5%。病害的严重程度一般是人工草地大于天然草地。

2011—2015年，全国牧区人工草地牧草病害年均危害面积120万hm^2，主要危害种类为锈病、白粉病、褐斑病和霜霉病等。其中，锈病主要发生在内蒙古、辽宁、吉林、四川、甘肃、新疆等省(自治区)；白粉病主要发生在河北、内蒙古、辽宁、吉林、四川、甘肃、新疆等省(自治区)；褐斑病、霜霉病等主要发生在内蒙古、四川、甘肃、宁夏、新疆等省(自治区)。

1. 牧草病害特征

牧草病原物有真菌、细菌、病毒、线虫、寄生性植物种子，近年来又发现有类菌原体、类螺旋体、类立克次氏体和类病毒。对牧草来说，细菌不是主要的病原菌，只占2%左右，而其他病毒、线虫等也只占2%~3%，95%左右的牧草病原微生物是由真菌引起的。真菌引起的病害，常有以下特征：

(1)霉层。通常在空气湿润条件下产生，患病部位的表面产生不同形状和颜色的霉状物是由孢子梗和孢子盘组成的菌丝体和营养繁殖体，如霜霉、黑霉、灰霉、粉霉、软腐病、粘菌、腐霉枯萎病及镰孢霉菌等。

(2)粉状物。发病部位的表面散布有许多粉末状物，多为白色，后逐渐变为淡褐色。粉状物由真菌的菌丝体或孢子梗等组成，如白粉病、长如孢菌等。

(3)锈状物。发病部位表面产生黄色或黄褐色的铁锈状物质，常使病部表皮破裂，散出黑褐色粉末。锈状物是无性繁殖体，有时夹杂一些有性繁殖体，如锈病、黑粉菌。

(4)粒点状物。生病部位产生褐色或黑色小粒点状物，不规则散生或轮纹状排列。小粒点是真菌的繁殖器官——孢子器的孢子盘，如炭疽病、叶枯病、壳二孢叶斑病、银元斑、全蚀病、叶斑病等。

(5)环圈、晕圈、烟雾圈。病害斑点产生色泽较深的环圈、晕圈或烟雾圈，如立枯病、褐斑病、壳单隔孢叶斑病等。

2. 牧草主要病害

(1)豆科牧草病害。

①苜蓿属主要病害　锈病、白粉病、霜霉病、褐斑病、黄斑病、轮纹病、炭疽病、丝核菌病、白绢病、黄萎病、根腐病、细菌性叶斑病、花叶病毒病等。

②三叶草属主要病害　锈病、白粉病、南方炭疽病、菌核病、花霉病、霜霉病、黑斑病、腐霉根腐病，镰孢根腐病、褐斑病、白绢病等。

③红豆草属主要病害　锈病、白粉病、壳二孢病、灰霉病、黄萎病、霜霉病、丝核菌根腐病、花叶病毒病等。

④沙打旺主要病害　根腐病、炭疽病、锈病、壳针孢斑枯病、叶斑病、黄萎病等。

⑤草木樨属主要病害　白粉病、立枯病等。

⑥野豌豆属主要病害　锈病、赤斑病、壳二叶斑病、炭疽病、霜霉病、白粉病等。

⑦羽扇豆属主要病害　炭疽病、褐斑病、白粉病、腐霉基腐病、锈病等。

⑧山黧豆属主要病害　锈病、白粉病、霜霉病等。

⑨百脉根属主要病害　锈病、炭疽病、根腐病等。

⑩胡枝子属主要病害　锈病、白粉病、炭疽病等。

(2)禾本科牧草病害。禾草锈病、黑粉病、白粉病、麦角病、赤霉病、香柱病、全蚀病、麦根腐长蠕孢病害、雪腐病、炭疽病、霜霉病、银顶病、镰孢枯萎病、丝核菌核斑病、红丝病、枯斑病、铜斑病核盘菌币斑病、溶失病等。

(3)双子叶牧草病害。聚合草白绢病、聚合草立枯病、聚合草花叶病、饲用甜菜褐斑病、甜菜蛇眼病、甜菜黄化病，芜菁软腐病、芜菁霜霉病、杂交酸模白粉病、籽粒苋锈病等。

3. 牧草病害危害及发展趋势

(1)危害。①减少产量，病害使人工草地平均减产10%，年均损失28.8亿元人民币(按全国人工草地2亿多亩*，每亩产干草600kg，每千克2.00元，减产10%计，每亩损失120元人民币)。②降低营养成分，苜蓿因病害分别使粗蛋白含量降低18.2%，粗纤维含量增加14.6%；草木樨锈病和白粉病分别使粗蛋白含量降低11.2%和20.9%，粗纤维含量增加44.3%和26.7%，并使必须氨基酸含量减少32.4%~35%。③缩短牧草利用寿命，我国新疆阿勒泰地区苜蓿因遭受病害的危害，建植3~4年正是牧草生长旺盛时期的草地，却基本上失去了利用价值。黄土高原飞播沙打旺及江苏淮阴地区种植的沙打旺，病害达十余种，草地植被变得稀疏，三叶草草地中，裸地便达30%~40%，极易引发水土流失，影响家畜健康，降

* 1亩=1/15hm^2。

低畜牧业生产力。④增加有害成分，常见的锈病、褐斑病使苜蓿、三叶草植物体中类雌性激素物质含量增加，家畜采食后抑制雌畜排卵和怀孕。⑤我国还长期受内生真菌的危害，最典型的例子是家畜采食醉马草后，步履蹒跚，畜牧业生产力受到了严重的影响。

(2)病害发展趋势。随着草地生产集约化程度的提高，病害的危害程度日益加重，主要表现在：

①新病害威胁增加　由于国际贸易频繁，牧草引种数量不断增加，新的病害被携带进入国内的可能性增大。

②病害面积加大　自20世纪70年代以来，随着柱花草在我国南方热带、亚热带地区的大面积种植，柱花草炭疽病成为限制柱花草种植的主要因素。目前，该病已遍及我国柱花草主要种植区。沙打旺根腐病为我国独有的病害，发生区域已经遍布北方14个省(自治区、直辖市)。

③危害加重　甘肃省高山草地，1973年苜蓿霜霉病发病率不及1%，但随着灌溉、施肥、封滩育草等改良措施的应用，1975年该病发病率高达40%~50%，原本少见的披碱草锈病、黑粉病发病率高达34%~43%。

4. 牧草病害防治措施

我国牧草病害应从草地农业生态系统特有的结构和稳定性出发，采用以利用抗病品种为中心，生态防治为基础，生物防治、化学防治为辅助的综合防治措施。

(1)化学防治。由于经济与生态的原因，化学防治在整个牧草病害综合防治体系中，处于辅助地位，但在特定条件下，仍是病害防治的重要措施。

①药剂拌种　播种前将种子用杀菌剂处理是化学防治牧草病害的最常见方式。

②药剂喷洒　对于种子田的病害，可进行叶面喷洒杀菌剂，防治病害，提高牧草种子产量。

(2)生态防治。主要采取牧草混播，草地合理利用及焚烧残茬等。我国在甘肃的研究发现，苜蓿与无芒雀麦混播，可使苜蓿病害发病率降低50%~52%。澳大利亚通过调整草地畜牧量，成功地控制了三叶草炭疽病，而焚烧残茬的措施在20世纪40年代挽救了美国的牧草种子业，并成为当地草地病害防治的主要措施。

(3)选育抗病品种。我国牧草育种研究工作较发达国家晚近半个世纪，目前几乎无抗病品种可利用，加快种质资源评价，积极选育抗病品种或生态型是解决当前生产急需的快捷之途。

(4)生物防治。发达国家在利用微生物制剂防治牧草线虫、叶病防治、地下害虫等方面取得了较好的效果，我国的研究工作已经开展了许多年，目前已经筛选出了有效的微生物制剂。

(二)草原虫害

草原虫害是农牧业生产中的主要生物灾害之一，我国草原害虫包括十几种严重危害的草原蝗虫、草地螟、亚洲飞蝗及以草原毛虫为主的突发性害虫。近年来，以蝗虫为主的草原生物灾害日益严重，害虫种类增多，危害面积蔓延，为害程度加剧，严重威胁着我国草原生产、畜牧业发展和草原生态系统平衡。

2012—2016 年全国草原虫害年均危害面积达 1432.94 万 hm^2，其中 81.82% 的草原虫害发生在内蒙古、新疆、青海、甘肃、四川以及西藏这 6 个省(自治区)。而我国草原虫害年均治理面积为 483.12 万 hm^2，仅占危害面积的 33.72%(表 5-3)，仍有相当一部分草原虫害危害尚未得到有效治理。

表 5-3　2012—2016 年全国及主要省(自治区)草原虫害危害及治理面积

万 hm^2

地区	2012		2013		2014		2015		2016	
	危害	治理	危害	治理	危害	治理	危害	治理	危害	治理
全国	1739.63	508.02	1530.73	464.13	1388.13	485.73	1254.73	461.96	1251.46	495.75
内蒙古	755.27	199.67	610.33	152.27	551.20	180.93	443.59	137.91	450.99	145.31
新疆	206.45	96.60	229.33	95.60	244.80	110.00	253.10	112.16	245.45	112.95
青海	199.61	31.67	165.47	44.33	133.07	39.33	118.92	55.19	148.10	75.40
甘肃	133.59	32.27	139.07	30.27	132.13	32.00	127.73	30.67	120.53	31.67
四川	83.47	37.07	86.87	38.20	78.33	33.87	86.10	33.49	79.51	44.69
西藏	3.14	1.40	0.93	0.53	1.40	0.13	8.13	6.02	25.82	4.90

注：数据来源于 2012—2016 年中国环境统计年鉴。

1. 草原害虫种类及发生危害情况

(1)蝗虫灾害。

①蝗虫种类　草原上危害严重的蝗虫优势种有意大利蝗、西伯利亚蝗、亚洲小车蝗、黄腹小车蝗、宽须蚁蝗、白边痂蝗、小翅雏蝗、狭翅雏蝗、短星翅蝗、红翅皱膝蝗、鼓翅皱膝蝗、毛足棒角蝗、亚洲飞蝗等。

②发生原因　第一，河道变窄、断流频繁，湖泊面积逐年缩小，滩涂

面积扩大、延伸，泄洪区等生态区域改造困难，导致了亚洲飞蝗的滋生地增加；第二，气候、环境的变化导致发生频率上升，飞蝗成灾的威胁日益严重；第三，长期的干旱有利于蝗虫的发生，荒漠化增加了蝗虫产卵繁殖场所；第四，化学药剂的使用大量杀伤蝗虫天敌；第五，过度放牧，草原退化、沙化，导致生物多样性降低，蝗虫天敌种类、数量剧减；第六，灭蝗设备陈旧，药剂、剂型缺乏，施用手段落后；第七，自身发生规律决定了草原蝗虫种群增长失控，形成灾害性暴发。

③发生区域　新疆草原区和新疆生产建设兵团草原及农牧交错区，包括天山北麓前山半荒漠草地、阿尔泰前山草地、伊犁盆地、塔里木湖盆地、巴里坤盆地和巴音布鲁克高山草地以及艾比湖、甘家湖和吐鲁番等；青海环湖地区，西藏那曲地区，四川甘孜、阿坝、凉山地区，甘肃河西走廊、甘南地区；内蒙古呼伦贝尔盟、兴安盟湿润草原，通辽市、赤峰市过渡草原带，锡林郭勒盟典型干草原区，呼和浩特市山地草原，乌兰察布盟、包头市、伊克昭盟、巴彦淖尔盟、阿拉善盟等地荒漠、半荒漠草原区，宁夏的吴忠市等；黑龙江、吉林、辽宁、河北、山西、陕西等草原及农牧交错带。

④危害情况　经济损失：草原蝗虫发生在北方草原及农牧交错带，发生面积约 2.2 亿 hm^2、危害面积 1766.7 亿 hm^2、严重危害 960 万 hm^2，按每公顷损失鲜草 450kg、每千克鲜草 0.2 元计，经济损失 15.9 亿元。生态危害：蝗虫灾害加重了草原退化、沙化，防风固沙能力下降，是形成沙尘暴的原因之一，生态损失无法估量。以往大面积使用化学农药治蝗，大量杀伤非靶标生物，造成生态系统生物多样性损失，污染环境，对依赖没有污染的草原的绿色食品生产构成了严重威胁。社会影响：蝗虫的频繁发生造成草场大面积枯黄，草原生产绝收，迫使牧民走场、倒场放牧；牛、羊膘情不好，越冬死亡率大幅提升，有些牧户被迫卖掉了牛、羊，农牧民的生活和生存环境受到了严重的威胁。

(2)其他突发性害虫。内蒙古、陕西、甘肃、青海、四川、新疆、宁夏、河北、山西、辽宁、吉林、黑龙江 12 省(自治区)每年共发生草原毛虫等突发性草原害虫近 667 万 hm^2，危害面积 400~460 万 hm^2，估计经济损失达 2 亿元。其中：

①草原毛虫　发生区域在西藏、青海、四川、甘肃、新疆 5 省(自治区)，发生面积 4000 万亩，其中危害面积 2000 万亩，估计经济损失 8000 万元。

②草地螟　发生区域在河北、山西、内蒙古、甘肃、黑龙江、陕西、吉林、辽宁8省(自治区)，发生面积5000万亩，其中危害面积3000万亩，估计经济损失1亿元。

③白茨夜蛾　发生区域在宁夏、内蒙古、甘肃、青海、黑龙江5省(自治区)，发生面积1500万亩，其中危害面积1000万亩，估计经济损失3500万元。

④叶甲类　发生区域在吉林、内蒙古、山西、四川、新疆、辽宁、甘肃7省(自治区)，发生面积1000万亩，其中危害面积600万亩，估计经济损失2500万元。

2. 草原虫害发生特点

草原虫害的发生具有群集性、间歇性(常规趋势)、复杂性(多因子相互作用)、突变性和受环境因素影响较大等特点。

(1)群集性与间歇性。草原上的大部分虫害具有大量的个体高密度地群集在一起的习性。不同的害虫种群群集方式并不完全相同。其中一些只在某一虫态和一段时间内群集在一起，过后就分散，另有一些则永久地群集。飞蝗是永久性群集的害虫，受环境条件的影响，群居型和散居型可以相互转化，表现为间歇性暴发。

(2)繁殖快速与适应超强性。草原害虫有很强的生殖能力和生存能力，表现在生殖方式的多样化、繁殖速度快、个体小、发育快、生活史短、所需养分少等。除了正常的两性生殖以外，部分害虫由于长期对恶劣生存环境的适应和扩大生存空间分布范围，形成了孤雌生殖、多胚胎生殖、卵胎生殖等特殊繁殖方式。

3. 草原虫害发生趋势

(1)为害程度加剧。由于受全球气候变化以及生态环境不断恶化的影响，草原害虫发生种类迅速增加、种群密度和发生面积增大，对生态环境破坏的危险性也不断增大。草原蝗虫也将呈现严重发生的趋势。

(2)蝗虫发生面积扩大。由于干旱的影响，滩涂面积逐年扩大，蝗虫的滋生也增加，发生面积也将增加，发生频率上升，蝗虫灾害日益严重。

(3)境外飞蝗、意大利、亚洲小车蝗侵入频繁。新疆、内蒙古边境与乌兹别克斯坦、蒙古国接壤，乌、蒙两国边境地区的蝗虫没有进行防治，种群达到一定密度时，会出现空间的拥挤和食物缺乏，由于环境和风向的作用，将会频繁向我国的新疆和内蒙古侵入。

4. 草原虫害防治措施

(1)建立草原虫害预测预报体系。草原虫害预测预报工作是防治工作的基础和先导，要使防治工作有的放矢，使有限的防治经费发挥更大效益，建立预测预报体系，利用测报信息指导防治工作。

(2)改变生态环境，增强抗御能力。草原虫害源于退化草地，减少其发生与发展，必须从源头抓起，改造退化草地。未雨绸缪、未灾先防，变救灾为防灾，变被动治理为主动防治，减少灾害的发生以及降低强度。

(3)加大生防措施，开展综合治理。草原虫害防治是一项系统工程，应加大以生物防治为主的可持续治理综合配套措施。坚持"灭效与环保并重，治标与治本并举"的原则，在高密度大暴发区，采用新型、高效、低毒的化学农药快速灭治，以减轻和挽回灾害损失，同时引入生物农药(绿僵菌等)形成流行性或垂直性传播，以达到持续治理。还可以利用招鹰灭鼠、粉红椋鸟、牧鸡灭蝗等多种生物、人工措施，既灭治害虫又可保护天敌，不污染环境。

(三)草原毒害杂草

1. 草原毒害草

有毒植物是指该种植物在自然状态下，以青饲或干草的形式被家畜采食后，妨碍家畜的正常生长发育或引起家畜的生理异常现象，甚至发生死亡，这种植物称为有毒植物。有些植物的茎、叶、种子具芒、钩、刺等外部形态，能致使采食的牲畜产生物理损伤；还有些植物含有特殊的化学物质，如香豆素，牲畜采食后，在体内形成积累，致使肉、奶产生异味。凡是能致使家畜机械损伤或导致畜产品品质下降的植物称为有害植物。

2011—2015 年，全国牧区天然草原毒害草年均危害面积 327 万 hm^2，主要危害种类为狼毒、有毒棘豆、有毒黄芪、囊吾、马先蒿、乌头、醉马草。其中，狼毒主要分布在青海、四川、西藏、内蒙古、甘肃、新疆、河北、黑龙江、吉林、辽宁、宁夏等省(自治区)；有毒棘豆主要分布在西藏、甘肃、内蒙古、新疆等省(自治区)；囊吾主要分布在四川、新疆、甘肃和青海等省(自治区)；马先蒿主要分布在四川和新疆等省(自治区)；乌头主要分布在新疆和四川等省(自治区)；醉马草主要分布在青海、内蒙古、甘肃、宁夏、新疆等省(自治区)。

(1)有毒有害植物种类、分布与分类。

①有毒植物种类、分布与分类　根据 20 世纪 80 年代全国统一草地资源调查所采集的植物标本和整理的植物名录，初步统计，大陆草地有毒植

物约有49科152属731种。其中，种类较多的有毛茛科13属186种，豆科22属153种，大戟科11属59种，瑞香科7属14种，龙胆科7属100种，菊科11属40种，茄科7属22种，罂粟科3属45种，杜鹃花科4属12种。其他如荨麻科、水麦冬科、凤尾蕨科、天南星科等有毒植物的种类较少。

有毒植物的地理分布与我国植被区域有密切关系。有毒植物多集中分布于亚热带常绿阔叶林区和热带雨林区，特别是西南的云南、四川和华南的广西、广东以及福建等地区。其他地区，如青藏高原、西沙群岛等地也有重要的有毒植物分布。华东、华中和华北是我国经济文化发达地区，自然植被已严重破坏，有毒植物种类分布较少。

有毒植物按其所含毒性物质的成分，可划分为含生物碱、含配糖体、含挥发油、含有机酸4类。

含生物碱的有毒植物有小花棘豆、变异黄芪、小黄花菜、曼陀罗、洋金花、甘青山莨菪、毒芹、野罂粟、乌头、铁棒锤、露蕊乌头、白屈菜、秦艽、龙胆、钩吻等。其中，造成重大危害的有小花棘豆和变异黄芪。前者危害马、牛、羊，后者主要危害骆驼和羊。它们主要分布于内蒙古、甘肃、青海的草原化荒漠或荒漠类草地。

含配糖体类的有毒植物并易引起中毒的有泽漆、猫眼草、飞扬草、龙葵、野茄子。此外，还有洋地黄、闹羊花、大戟、麦仙翁、桔梗、侧金盏花、马醉木、杜鹃、草马兜铃、夹竹桃、皂荚等。

含有机酸类的有毒植物主要是醉马草、狼毒、马桑等。其中，醉马草和狼毒是我国北方传统草原区最为常见的毒草，狼毒还在青藏高原的高寒草地中常见。醉马草主要危害马、骡。在北方草原和青藏高原低海拔沟谷草地，发生过几十匹(头)，甚至上百匹(头)家畜同时中毒。

含挥发油类的有毒植物分布最广，最常见的有毛茛、回回蒜。主要分布于较湿润的草甸或沼泽草地。

②有害植物种类、分布与分类　据全国统一草地资源调查所获得资料，初步统计，我国草地上对家畜和畜产品明显有危害的植物约有64种，分属于13科23属。其中，小檗科1属16种，豆科3属8种，蒺藜科2属8种，鼠李科1属1种，胡颓子科1属1种，紫草科4属8种，茄科1属4种，茜草科2属5种，菊科2属4种，禾本科3属9种，大戟科1属2种，百合科1属2种，十字花科1属1种。

十字花科按其生活型，可以分为以下3类：

具刺灌木类。这类植物体，生长有较长的刺，放牧时，一方面影响牲畜的行走，更主要是刺能挂掉绵羊毛和山羊绒，有时还能刺伤采食的牲畜；另一方面，当这些灌木盖度增大时，妨碍其下层草本植物的利用。这类灌木主要有：胡颓子科的沙棘、小檗科的豪猪刺、秦岭小檗、甘肃小檗等，豆科的鬼箭锦鸡儿、小叶锦鸡儿、柠条锦鸡儿、甘青锦鸡儿等，蒺藜科的蒺藜、白刺、唐古特白刺等，鼠李科的酸枣，茄科的枸杞、中宁枸杞、北方枸杞、黑锅枸杞等，还有兔儿条等灌木。

具芒刺禾草类。籽实具有螺旋状芒，如针茅属禾草、扭黄茅。当籽粒成熟后，其芒不但能粘连在羊毛上，影响毛的品质。芒还能依顺其螺旋结构，刺伤羊皮，甚至穿透羊皮，刺入体内、刺伤内脏，严重时，可以致死。芒还可在采食时刺伤家畜的口腔。还有的禾草，如黄背草、菅草、苞子草等，成熟种子的颖和稃具有芒，颖稃外缘有刺，家畜采食时，刺能刺进口腔两腮、上唇内牙龈，致使家畜口腔发炎，停止进食，严重时引起化脓。

具刺杂草类。这类植物的果实有钩状刺、棘刺或钩毛，果实成熟后，能附着或粘连在羊毛上，或刺入羊毛内，致使羊毛内夹杂有植物，降低羊毛品质和草地利用的经济效益。常见的有蒺藜、宽叶假鹤虱、琉璃草、倒钩琉璃草、翅鹤虱、苍耳、鬼针草、猪殃殃、北方拉拉藤等。这类杂类草，多见于次生的草地植被，特别是农田附近。

(2)有毒有害植物危害。数十年来，随着沙化、碱化、植被退化和垦殖撂荒的草地面积日益扩大，草地生态平衡受到了不同程度的破坏，许多草地优良牧草减少，有毒植物不断地生长蔓延，引起家畜的中毒病也日趋严重。其中最为严重的是栎树叶中毒、疯草中毒、萱草根中毒、醉马草中毒、杜鹃花中毒、紫茎罗兰中毒、蜡梅中毒、狼毒中毒、白苏中毒、无刺含羞草中毒、蕨中毒等，造成了严重的经济损失，影响着畜牧业和国民经济的发展。

我国的栎属植物约有140种，其中已证明8种和2变种的树叶及果实有毒，家畜采食后常常引起中毒，严重时甚至引起死亡。在我国西北、华北和西南广大牧区草场上，疯草主要是指黄芪属和棘豆属的多种有毒植物，它们含有毒物质——苦马豆素、黄华碱、臭豆碱等，常常引起家畜疯草中毒病或称疯草中毒综合征。据不完全统计，目前，我国疯草发生面积已经超过1100万 hm^2，约占全国草地面积的2.8%，而且每年都有增加的趋势。据记载，内蒙古境内的小花棘豆已成为草原三害(风沙、盐碱和毒草)之一，仅伊克昭盟就有 53.4 万 hm^2 草地上不同程度地生长着小花棘豆，每年造成牲畜大批中毒和死亡。

(3)有毒有害植物防除措施。草原有毒有害植物的防除途径通常分为三类，即化学防除、机械防除和生态防除。

①化学防除　常用的化学除莠剂有：2,4-D 丁酯，2,4,5-T，2,4-二氯苯乙酸杀草强，2,3,6-TBA，毒莠定，14,5-涕丙酸等。

目前实验证明，应用2,4-D 丁酯灭除西藏劲直黄芪、甘肃棘豆、黄花棘豆、小花棘豆和毛瓣棘豆时，具有选择性强、杀伤效果好的优点，但地下部分不能根除，因而翌年又会生出新芽；JDC 水剂对疯草的杀伤力极强，灭除率可达 100%，但其缺点是选择性差，对伴生牧草的杀伤力也较严重。

②机械防除　放牧以后的草地，许多牧草已被家畜采食，而毒草却依然存在，并可得到滋生。如果每当放牧以后进行多次刈割，就可削弱毒草的营养更新，并杜绝其种子繁殖，以至被逐渐淘汰，达到彻底清除的目的。此外，在小面积的草地上，组织人力对毒性剧烈的常年性或季节性有毒植物进行人工或小型机械挖除，也可收到很好的效果。

③生态防除。

第一，改善草群结构。内蒙古伊克昭盟乌审旗曾采取“草库仑”法(即种植优质牧草，降低毒草比例，改变草场牧草结构，有效地控制中毒的发生)，防治马的小花棘豆中毒取得成功；新疆阿合奇县根据毒麦具有明显地带性生态分布特点，采用“改变耕作制度法”，有效地防除了毒麦的危害。

第二，生物防治法。近年来，用泽兰实蝇防治紫茎泽兰已获成功，并在云南得到推广应用。青海大学对青海棘豆属植物的生态毒理系统进行深入研究，试用“舔砖”与轮牧相结合的方法有效地控制家畜棘豆属植物中毒。

第三，有毒植物中毒诊断与防治标准的研究与推广。如西北农林科技大学经研究后制定的“牛栎树叶中毒诊断标准与防治原则”，在 5 年的推广与防治中，使一度严重发生的牛栎树叶中毒在全国范围得到控制。

第四，畜种限制法。动物对同种有毒植物的毒性反应存在着种间差异和个体差异，即不同有毒植物有各自的易感动物。利用这一特点，对饲养畜种进行限制则可大大减少或杜绝有毒植物中毒的发生。

第五，日粮控制法。史志诚等根据丹宁的毒性特点和丹宁在瘤胃中的临界含量(山羊 8%~10%，牛 3%~5%)，研究出预防耕牛牛栎树叶中毒的日粮控制法。即在发病季节，发病区耕牛采取半日舍饲(上午)，半日放牧(下午在栎林放牧)的方法，连续3年没有发生中毒病例。

第六，选育优质低毒牧草。选育优质低毒牧草是保证牧草质量、防止草食动物中毒的根本途径。

2. 草原杂草

(1)杂草分类及组成。

①人工放牧地杂草　人工放牧地就是经过封育、补播作业后，植被得以恢复、草地生产力得以提高的人工、半人工草地。这类草地主要用来四季放牧，或用以割草场，以备冬春枯草期家畜补饲。人工放牧地杂草通常被界定在以下三个范畴之内：

第一类，对草地家畜有危害作用的草类。这种类型的杂草，家畜一般不食、不喜食或季节性采食，在人工草地中无实际意义，参与度10%左右，属重点防除对象。常见的主要植物种类有：龙胆、狗舌草、黄芪、棘豆、苦马豆、天仙子、龙葵、苍耳、蒺藜、龙牙草、猪殃殃、鹤虱及针茅、三芒草等。

第二类，对提高单位草地生产能力有制约作用的草类。这种类型的杂草家畜采食或基本采食，但植物茎叶粗糙，营养价值不高、适口性差、消化率低，而且对人工放牧地优势植物群落有抑制作用。如禾本科草类的芨芨草、芦苇、白茅、看麦娘、扶子茅、獐茅、象草等；蓼科的酸模属、蓼属植物；豆科的甘草、紫穗槐、山蚂蝗；其他有：伞形科、旋花科、玄参科、石竹科、酢酱草科、亚麻科、石蒜科、唇形科、紫葳科、香蒲科等植物种类。

第三类，永续利用性差的草类。这种类型的杂草主要泛指一二年生草类。尽管其中有绝大部分草类是人工放牧地的优良牧草，但永续利用能力差，而且这些植物的存在严重影响多年生优良牧草的生长发育。这种杂草在人工草地中的参与度平均为8%~10%，且具有季节性分布、蔓延特点。主要代表种类，属一年生的草类有：虎尾草、狗尾草、画眉草、沙蓬、盐爪爪、滨藜、碱蓬、苋菜等；属二年生或短年生的草类有：十字花科的荠菜、播娘蒿、沙芥、离子草，蔷薇科的委陵菜以及菊科的部分蒿属植物等。

②人工割草地杂草　人工割草地与人工放牧地相比，其对杂草的要求相对较高，杂草的种类、数量相对较少。据概略统计，共有21科43属167种，但常见种类主要是禾本科、藜科、苋科、十字花科、莎草科、菊

科、蓼科、旋花科、紫草科、豆科、石竹科菊科、茜草科、茄科、百合科等一年生、二年生或多年生单双子叶杂草。其中属于单子叶杂草的有禾本科、莎草科植物，如狗尾草、虎尾草、百草、牛筋草、白茅、稗草、看麦娘、莎草、薹草等；其他均为双子叶植物，如苍耳、塘麻、苘麻、灰藜、苋菜以及荠菜、繁缕、蒺藜、龙葵、菟丝子等。

③人工种子田及高产饲料地杂草　由于杂草具有特殊的生存与传播方式，人工种子田与高产饲料地仍有大量杂草分布、繁衍。其中，难以防除的杂草就是与栽培植物种子相近的一些杂草植物，如紫花苜蓿田中的草木樨属植物、胡卢巴属植物、黄芪属植物以及旋花科的菟丝子等，三叶草草地中的红豆草、金花菜、扁蓿豆以及羊草、无芒雀麦、披碱草种子田中的一些禾本科植物等。其他类型杂草与人工割草地和人工放牧地杂草雷同。

(2)杂草的危害性。杂草的危害主要体现在三个方面，即：与栽培牧草进行中间竞争，影响人工草地植物群落的稳定性，降低草地生物量；影响饲草饲料的经济利用价值，如营养物质含量降低、适口性下降、易感染病虫害等；降低种子等级或影响畜产品品质等。

(3)杂草防除措施。人工草地杂草防除是提高人工草地初级生产力的有效途径之一，但随着人工草地类型的不同及杂草种类、分布数量的多少，其防除方法也不尽相同。

①人工放牧地杂草防除。

第一，集中放牧。集中放牧就是利用某种杂草与某一类家禽相克的关系或利用某种杂草植物不同生育期的危害特点，采取重点放牧来达到清除杂草的目的。如飞燕草对牛、马毒性大，对山羊无毒害作用，所以在飞燕草生长较多的草地，有意识地使山羊有规律地反复重牧，抑制其生长，使其逐渐衰败。

第二，加强管理。草地施肥和灌溉等科学的管理措施，为优良的牧草创造了良好的生长发育条件，从而达到抑制杂草生长的目的，使其逐渐从草地中消失。

第三，人工或机械防除。这种方法主要是采用人工铲除或简单机械作业方式清除杂草。如人工挖掘、连根铲除等，这主要是针对植株粗壮、根深，且分布比较集中的恶性杂草而言。而机械防除就是在杂草植物种子成熟前，用机械方法将生殖枝顶部切除，杜绝其危害或控制其种子繁殖，使其逐渐被淘汰，达到清楚目的。

②人工割草地和人工种子田杂草防除　目前，国内外大面积推广使用

的人工草地杂草防治措施主要包括耕作除草、化学除草和刈割除草这三种。

耕作除草：耕作除草就是依据牧草与杂草不同的生态生物学特性，在土地耕作过程中，通过耕种细作、季节播种、中耕及保护播种等手段来控制杂草种子及其营养体生长发育的措施。

化学除草：化学除草优点是省工、省时，防除效果好，易于大面积作业。目前广泛选用的除草剂主要是选择性高、低毒、低残留的高效除草剂，如2,4-D丁酯、2甲4氯、盖草能、稳杀得、巨星、威霸、普施特、金豆等。

刈割防治：杂草刈割防治主要针对人工草地中以种子繁殖的一年生杂草而言的，如狗尾草、虎尾草、马唐、蟋蟀草、反枝苋、刺苋、藜、虫实、独行菜、荠菜等。而多年生杂草多以营养繁殖为主，耐刈性强。用刈割法防除杂草就是在大田牧草生长旺季，杂草处于孕穗、孕蕾期之前，采用多次重复高强度刈割措施，消耗杂草的根系营养或不使其产生种子，而达到防除杂草的目的。尤其是以生产优质草产品为主的大面积人工草地，如紫花苜蓿、无芒雀麦等人工草地，采用刈割法防除杂草也可以收到良好效果。

第六章

草原保护与利用

第一节　草原保护与利用的基本原则

草原是一种可更新的自然资源，在一定的时间和空间范围内，不仅可以为人类提供物质和能量，而且具有较强的防风固沙、涵养水源、保持水土、净化空气等生态功能。草原保护与利用应坚持生态、经济、社会效益并重，生态优先的原则，尊重自然和经济规律，正确处理草原保护与利用之间的关系，增强草原可持续发展能力，推动形成草原地区生态改善、生产发展、农牧民富裕的良好局面。

一、维护草原生态系统稳定

维护草原生态系统的稳定是草原保护与利用的基础和目的，对草原要以保护优先，加快退化草地的恢复，让透支的草原得到休养生息，落实好草原保护与利用政策项目，提高草原生态环境质量，为社会持续提供更优质的生态产品。

我国的草原大都位于黄河、长江、淮河、珠江等几大水系的源头和上中游地区，面积大、分布广，是国民经济发展和人民生活的重要生态屏障，维护草原生态系统的稳定对减少地表水土冲刷、大江大河泥沙淤积，降低水灾隐患具有重大战略意义。目前，我国草原退化严重，已沙化和表土覆沙的草原达7188.88万hm^2，占全国沙化总面积的41.77%（第五次全国荒漠化和沙化监测报告，2016）。这些沙化草原位于我国中部和东部地区的上风区，在植被稀疏的冬春季节，极易风起沙扬，是我国沙尘暴的主要沙源地。加强草原保护和利用可减少土地裸露、地表径流和防止沙尘暴，从而对保护和改善我国草原生态系统具有显著的作用。

二、提高草原生产力

提高草原生产力是草原保护与利用的物质保证。我国天然草原生产力在不同地区、不同年份、不同季节都有很大的差异和变化，尤其是冬春季节和饲草低产年份，饲草料短缺使草畜矛盾更加突出，成为制约草原生态安全的重要原因。只有加强草原的保护建设，才能改善草原生产条件，遏制草原退化，提高草原综合生产能力。

中国草原和北美草原处于同一纬度，水、热条件和草原生产力基本相似，由于草原退化，单位面积草原产值只相当于澳大利亚的1/10，相当于美国的1/20，荷兰的1/50。自20世纪30年代以来，世界上的先进国家已先后完成了从原始的天然草地放牧到人工草地放牧的转变，不仅极大地提高了草原的生产力，而且使天然草原得到充分的恢复和具有良好的生态功能。

三、实现草畜平衡

实现草畜平衡既是草原保护和利用的战略基础，又是实现生态和经济双赢的终极目标。根据2005年正式实施的《草畜平衡管理办法》中，对草畜平衡的定义是：草畜平衡是指为保持草原生态系统良性循环，在一定区域和时间内，使草原和其他途径提供的饲草料总量与饲养牲畜所需的饲草料总量保持动态平衡。草原上家畜的多少、放牧强度的大小，都是由人对草原经济价值的追求的程度所决定，因此草畜平衡的背后是人与草的平衡，需要从科学、技术、社会、经济等各个方面综合考虑。

第二节　草原保护与利用的主要途径

一、天然草原的围栏封育

草原生态系统是一个自组织系统，具有自我调节能力，对于轻度、中度退化的草原，生产力尚未受到根本破坏时，采用草地围栏封育即可起到明显效果。草地围栏封育也称封滩育草，就是把草地暂时封闭一段时期，在此期间不进行放牧或割草，使草地植被有一个休养生息的机会。天然草原的围栏封育可防止随意抢牧、滥牧的无计划放牧。草原封育后，由于消除了家畜过牧的不利因素，草地植物能贮藏足够的营养物质，进行正常的生长发育和繁殖。一些优势植物开始形成种子，群落的有性繁殖功能增强。特别是优良牧草，在有利的环境条件下，恢复生长迅速，增加了与杂草竞争的能力，不但能提高草原产草量，还能改善草原的质量。

（一）草原封育的方法

1. 草原封育类型

通常根据目的、植被类型和草场的退化程度而定。通常包括培育打草场、培育退化草原和沙地。

（1）打草场。选择地势平坦、植被生长较好，而且以禾本科草地植物为主的草场。

（2）培育退化草原和沙地。选择退化严重的草原进行封育，为了固沙，可选择流动沙丘或半固定沙丘草地。

2. 草原封育时间和管理

一般应根据当地草原面积状况及草原退化的程度进行逐年逐块轮流封育，如全年封育、夏秋季封育、春秋两季两段封育、留作夏季和冬季利用。封育草原的管理主要是为了防止家畜进入封育的草原。封育草原应设置保护围栏，围栏要因地制宜，以简便易行、牢固耐用为原则。小面积草原采用垒石墙、围篱笆等防护措施；大面积草原，则宜采用围栏方法。

（二）封育期内应采取的其他措施

单纯的封育措施只是保证了植物正常生长发育的机会，而植物的生长发育能力还受到土壤透气性、供肥能力、供水能力的限制。因此，在草原封育期内需要结合松耙、补播、施肥和灌溉等培育改良措施。此外，草原封育以后，牧草生长势得到一定的恢复，生长很快，应及时进行利用，以免植物纤维粗老，品质下降，营养价值降低。

二、天然草原的人工改良

天然草原经过长期自然演替和人类生产活动的影响，土壤变得紧实，土壤通气和透水作用减弱，微生物活动和生物化学过程降低，直接影响牧草水分和营养物质的供应，因而使得优良牧草从草层中衰退，降低草原的生产力，草原出现退化。退化草原如依靠自然恢复，需要经过漫长的时期，估计需要20~30年，甚至更长。通过人工投入进行改造，能够加快退化草原恢复的速度。天然草原的人工改良方法通常是指不改变原有的土壤和植被的情况下，采取松土、灌溉、施肥、清除杂草等方法，提高草原生产力的技术措施。具体包括以下措施：

(一)草原松土

为了改善土壤的通气状况，加强土壤微生物的活动，促进土壤中有机物质分解，应适时对草原进行松土的人工改良措施。草原松土主要有下面两种方法。

1. 划破草皮

划破草皮是在不破坏天然草原植被的情况下，对草皮进行划缝的一种草原培育措施。通过划破草皮可以改善草地土壤的通气条件和透水性，改进土壤肥力，提高草地生产能力。

(1)划破草皮的方法及效果。划破草皮采用拖拉机牵引的特殊机具(如无壁犁、燕尾犁)进行。适宜划破的时间通常在早春或晚秋。早春土壤开始解冻，水分较多，易于划破。秋季划破后，可以把牧草种子掩埋起来，有利于来年牧草的生长。

(2)划破草皮类型。不是所有的草原都需要进行划破草皮，应根据草原的具体条件来决定。例如，一般寒冷潮湿的山区草原和高山草甸，地面往往形成坚实的生草土，可以采用划破草皮的方法；而在那些又干又热的地区，不可采用划破草皮的方法，因为在这样气候条件下，划破草皮会增加土壤水分蒸发，不利于保墒，且破坏牧草的地下部分，使牧草产量降低。划破草皮应选择地势平坦的草原进行。在缓坡草原上，应沿等高线进行划破，以防止水土流失。

2. 草原松耙

草原松耙是改善草原表层土壤空气状况进行营养更新的常用措施。

(1)松耙的作用。①清除草原上的枯枝残株。草原丛生禾草每次形成的新枝均位于株丛的外围，株丛中央往往为枯死的茎叶所充塞。耙地可以消除这些残株，有利于丛生禾草新枝的形成。此外，耙地还能促进根茎性草类的再生。②耙松表层土壤。草原生草土中大量已死草类的根系、根茎充塞土壤孔隙，使土壤紧实。耙地可切碎生草土块，疏松土壤表层，改善土壤的物理性状，有利于水分和空气的进入。③消灭杂草和寄生植物。耙地能够消灭匍匐性和寄生杂草。④有利于草地植物的天然下种和人工补播。疏松的表土层给牧草种子的萌发生长创造良好的生长条件，有利于草原植物天然下种和人工补播的种子入土出苗。

(2)松耙对草原的不良影响。草原松耙能直接将许多植物拔出，切断或拉断植物的根系。松耙将牧草株丛中覆盖的枯枝落叶耙去后，会导致这些牧草的分蘖节和根系暴露出来，失去覆盖层保护，而在夏季旱死或冬季冻死。松耙只能疏松土表以下 3～5cm 的土壤，不能根本改变土壤的通气状况。

(3)草原松耙方法。

①松耙的时间 耙地时间最好在土壤水分充分的季节，注意避开春旱时期，在雨季来临之前的5月初松耙较好。割草地的松耙时间依割草次数而定，通常一年割一次的草原，耙地必须在割草后或放牧再生草后进行。割两次的草原，松耙应在第一次或第二次刈割之后立刻进行，因为此时禾本科草类的分蘖节上正在发出新枝和形成新的分芽，特别需要氧气。另外，干燥炎热季节已过，不会发生因耙地裸露根茎而旱死的情况。在有积雪的干旱草原上秋耙利于蓄渗雪水，耙地可在秋季进行。就总体而论，早春是松耙的最佳时间，秋季虽可松耙，但改良效果不如春耙明显。

②松耙的工具 耙地的机具和技术对松耙效果影响较大，常用的松耙工具有两种，即钉齿耙和圆盘耙。钉齿耙的功能在于耙松生草土及土壤表层，耙掉枯死残株，在土质较为疏松的草原上多采用钉齿耙松土机进行松土。圆盘耙耙松的土层较深(6～8cm)，能切碎生草土块及草类的地下部分，因此在生草土紧实而厚的草原上，使用缺口圆盘耙耙地的效果更好。

(4)适宜松耙的草原类型。一般认为以根茎状或根茎疏丛状草类为主的草原，松耙能获得较好的改良效果，因为这些草类的分蘖节和根茎在土中位置较深，耙地时不易拉出或切断根茎，松土后因土壤空气状况得到改善，可促进其营养更新，形成大量新枝。以丛生禾本科和豆科草为主的草原，因为松耙对这些草损伤较大，尤其是一些下繁草，如早熟禾、羊茅等受害更大，松耙往往不能起到好的效果，匍匐性草类、一年生草类及浅根的幼株可因松耙而死亡。密丛型禾本科草类和莎草科薹草为主的草原，松耙通常没有效果或效果不好。

(二)草原补播

草地补播是在不破坏或少破坏原有植被的情况下，在草群中播种一些适应当地自然条件的优良草地植物，以增加草群中优良植物种类成分和草地的覆盖度，达到提高草地盖度和改善草群结构的目的。退化草地进行人工补播是提高草地生产力、促进植物优质和高产的一项重要的改良措施。

1. 补播地段的选择与处理

选择补播地段应考虑当地降水量、地形、土壤、植被类型和草地退化的程度。在无灌溉条件的补播地区，年降水量需达到300mm 以上。地形应平坦些，但考虑到土壤水分状况和土层厚度，一般可选择地势稍低的地方，如盆地、谷地、缓坡和河漫滩。在多沙地区，可以选择滩与丘交界地带，这样的地方风蚀作用小，水分条件也较好。此外，也可选择农牧交错带的退耕还草地，以便加速植被的恢复。

补播草地植物不仅生长的环境条件差，土壤紧实、沙化、干旱与养分严重不足，而且补播草地植物的幼苗要与原有植物竞争。因此，要使补播草地植物获得成功，必须减少原有植被对补播植物的抑制作用。在有植被的地段，补播前进行一次地面处理，是保证补播成功的措施之一。地面处理的方法可采用机械进行部分地耕翻和松土，破坏一部分植被，也可以在补播前进行重牧或采用化学除草剂消灭一部分植物，减少原有植物的竞争，有利于补播植物的生长。

2. 补播草地植物的选择

补播是在不破坏草地原有植被的情况下进行，补播植物应选择生长发育能力强的草地植物品种，以便克服原有植物与它们的竞争。

(1)正确选择补播草地植物种类应考虑的因素。

①植物的适应性　最好选择适应当地土壤气候条件的野生草地植物或经驯化栽培的优良牧草进行补播。通常，在干旱区补播应选择具有抗旱、抗寒和根深特点的草地植物；在沙区应选择超旱生的防风固沙植物；局部地区还应根据土壤条件选择补播草地植物种类，如盐渍地应选耐盐碱性植物。

②草地植物的饲用价值　选择适口性好、营养价值和产量较高的植物进行补播。

③草地植物的利用方式　割草应选上繁草类，放牧应选下繁草类。

以上对于补播草地植物种类的选择应以草地植物的适应性最为重要，是决定补播草地植物能否在不利条件下定居的关键因素。

(2)可供补播用的草地植物种类。

①草甸草原地区补播可采用的草地植物　羊草、无芒雀麦、鸭茅、猫尾草、草地早熟禾、草地羊茅、披碱草、老芒麦、黄花苜蓿、各种三叶草、紫花苜蓿、野豌豆、白花草木樨和直立黄芪等。

②典型草原地区补播可采用的草地植物　羊草、无芒雀麦、冰草、硬质早熟禾、杂花苜蓿、西伯利亚冰草、锦鸡儿、木地肤、冷蒿等。

③荒漠化草原地区补播可采用的草地植物　沙生冰草、蒙古冰草、芨芨草、达乌里胡枝子、猪毛菜、木地肤等。

④在沙化地区补播的草地植物　沙竹、沙蒿、沙拐枣、柠条、花棒

（细枝岩黄芪）、羊柴、沙柳、沙生冰草、草木樨等。

⑤适合南方草山区补播的草地植物　多年生黑麦草、鸭茅、草地羊茅、狗牙根、鹅观草、各种三叶草、歪头菜和野古草等。

3. 补播草地植物种子的处理

种子处理的主要目的，一方面是提高补播质量和种子的发芽率。野生及新收获的草地植物种子无论在天然或人工栽培条件下，因为还没有完全达到正常的生理成熟，萌发能力比较低。从种子形态成熟到种子生理成熟的后熟期或休眠期，对多年生草地植物而言，短的需 30～45 天，长的60～120 天。另一方面很多禾本科草地植物种子有芒，很多豆科草地植物种子硬实率高。在种子播前要经过清选和去芒等处理，以保证草地植物播种质量和发芽率。在生产实践中，有时对补播草地植物种子进行一些特殊处理，如包衣、丸衣化等，以提高种子出苗率。

4. 补播技术

（1）播床准备。在补播前播床要松土和施肥。松土原则上要求地表下松土范围越大越好，而地表面开沟越小越好。这样有利于草地植物扎根，同时增加土壤的保墒能力，改善土壤的理化性状。

（2）补播技术。

①补播时期　补播时期原则上应选择原有植被生长发育最弱的时期进行补播，这样可以减少原有植被对补播草地植物幼苗的抑制作用。草地植物在春、秋季生长较弱，所以一般都在春、秋季补播。我国北方草原区，冬季降雪不多，春季又干旱缺雨，风沙大，春季补播有一定困难，从草原植被生长状况和土壤水分状况出发，在雨季来临前的初夏补播较适合。

②补播方法　补播有撒播和条播两种方法。条播主要是用机具播种。撒播可用飞机、人工撒播，或利用羊群播种。若面积不大，最简单的方法是人工撒播。利用羊群补播草地植物种子在生产上是比较实用简便的方法。在大面积的沙化草原地区，或土壤基质疏松的草原上，可采用飞机播种。通常飞机撒播的种子一定要事先经过处理，防止种子位移，最好把小粒种子制成丸衣种子，种子外面的丸衣成分是磷肥、微量元素等含多种养分的种丸。

（3）补播草本植物的播种量和播种深度。种子播种量的多少决定于草地植物种子的大小、轻重、发芽率和纯净度，以及草地植物的生物学特性和草原利用的目的。为了防止干旱地区补播出苗率低，可适当超过常规播量 50% 左右，但播量不宜过大，否则会造成不必要的浪费，甚至会对幼苗本身生长发育产生不利。

播种深度应根据草种大小、土壤质地决定。在质地疏松、较好的土壤上可播深些，黏重的土壤上可浅些；草地植物种子大的可深些，种子小的可浅些。一般草地植物的播种深度不应超过3～4cm，有些草地植物种子小，可以直接撒播在湿润的草原上而不必覆土。草地植物种子播后最好进行镇压，使种子与土壤紧密接触，以利于种子吸水发芽。但对于水分较多的黏土和盐分含量大的土壤不镇压，以免返盐和土层板结。

(4)补播地的管理。补播草地管理的目的在于保护幼苗的正常生长和恢复草原生产力。干旱、风沙大的补播草地为了保护幼苗，保持土壤水分，常在补播地上覆盖一层枯草或秸秆，以改善补播地段的小气候。有条件的地区，结合补播进行施肥和灌水，提高草地植物产量，有利于补播草地植物幼苗当年的生长发育。另外，刚补播的草原幼苗嫩弱，经不起牲畜践踏，当年必须围封禁牧，第二年以后可以进行秋季割草或冬季放牧。沙地草原补播后，禁牧时间应最少在5年以上，才能改变流沙地的面貌，而后才能成为生产草料的基地。补播草地还应注意防鼠、防病虫害，确保幼苗不受危害。

(三)草原灌溉

我国北方天然草地大部分分布于干旱区，降水量少、且分布不均，雨量主要集中在7～9月。降水的年际变化大，湿润年和干旱年相差几倍到几百倍。这些变化是造成草地生产力不稳定的主要原因之一。草原灌溉是为满足植物对水的生理需要，提高牧草产量的重要措施。草原灌溉通过调节草原水分，加快天然草原的生态恢复过程。研究表明，内蒙古、新疆等地区灌溉草地比天然草地可增产20～30倍。

1. 灌溉对水质的要求

草原灌溉对牧草生长发育的影响，不仅表现在灌溉量上，也表现在水质上。水质主要包括溶解于水中的各种盐类及所含泥沙、有机物三方面。灌溉水中含有过多的可溶性盐类时，不仅破坏牧草的生理过程，而且会导致土壤盐碱化，恶化草原生态环境。由于不同盐类溶液的渗透压不同，同一浓度的盐分，使植物受害程度也不一样，在盐类成分中，以钠盐类危害最大。水中的盐类也不都是对植物有害，如碳酸钙、碳酸镁、硫酸钙均无害；而且磷酸盐还是一种肥料，用于灌溉有明显的增产效果。水温对植物的生长发育也有显著的影响，灌溉的水温应与草原土壤温度接近，才适宜植物生长。水温过低或过高，都会损伤植物，应以迂回灌溉或设晒水池等方法，提高水温。水中泥沙过多，妨碍输水。灌溉后，覆盖牧草，形成胶泥层，干裂时破坏牧草根系和再生。

2. *草原灌溉水源*

(1)蓄积地表径流水。在地面平坦并稍有倾斜的草地采用挖水平沟和鱼鳞坑蓄水的方法。在倾斜平缓的草地上沿等高线挖掘水平沟，呈品字形排列。在坡度较大、坡面不整齐的草地，可以挖鱼鳞沟蓄水。在缓坡上沿等高线可修筑一道或多道层次的土埂蓄水。山谷地形中，有较大径流或洪水较多时，可利用天然地形修涝池(涝坝)截流，并通过渠道引水灌溉草原。涝池相当于一个小型水库，在缺水地区，还可作放牧饮水的水源。修涝池时，应注意选择有自然凹陷的地方，集水容易。设立积雪障碍物，防止风把雪吹走、吹散，确保在春季融雪时，使雪缓缓融化，以利调节草原水分，促进牧草春季提早萌发。

(2)地下水的利用。草原开发利用地下水的方法有打井、水窖、掏泉、截流等。井的种类很多，有筒井、管井、坎儿井、机井等。作为放牧饮水，井的分布要合理，每眼井要有一定的控制面积和放牧饮水半径，否则会因牲畜集中而破坏草原。

3. *草原灌溉方法*

(1)漫灌。漫灌也叫浸灌，就是在草原上引水漫流，短期内浸淹草原的灌溉方式。在天然草原灌溉中浸灌较为广泛采用，如新西兰利用天然河网，抽河水灌溉草原，使草原利用年限延长1倍，载畜量提高3倍。浸灌的优点是工程简单，投资少，收效大，有的水源带有大量有机肥料，起到增加土壤肥力的作用；缺点是耗水量大，灌水不均匀。漫灌一般多在平缓草原上采用。若坡度大时，可采用阻水渗透灌溉方式，即通过挖水平沟、鱼鳞坑、修土坝等拦阻水势，使水沿坡度的沟、坑慢慢下流渗透，达到灌溉目的。草原浸灌最好每年进行2~3次，春季缺水时更有必要进行1次浸灌以利于牧草快速生长。

(2)沟灌。沟灌适用于人工草地或渗水性较好的草原。灌水时水沿水沟流动，以毛细管作用向沟的两侧渗入土壤。沟灌可以避免灌水后土壤板结，破坏土壤的团粒结构。沟灌可以减少深层渗漏，节约用水。

(3)喷灌。喷灌是一种先进的灌溉技术，它是利用专门的喷灌设备将水喷射到空中，散成水滴状，均匀浇灌在草原上。与地面灌溉方法相比，喷灌有很多优点：一是省劳力，轻劳动强度；二是喷灌可以做到浅浇勤灌，不产生地表径流，不会导致土壤盐碱化，而且比地面灌溉节水30%~

60%；三是喷灌能控制土壤水分，保持土壤肥力，不仅可以提高草产量，同时不会使土壤板结，还可调节地面小气候，增加地面空气温度；四是喷灌不受地面限制，减少沟渠占地，提高土地利用率。喷灌的缺点就是受风力、风向影响大，而且需要机械设备和能源消耗，投资大。

（四）草原施肥

施肥是促进草原恢复、提高草原牧草产量和品质的重要技术措施。合理的施肥可以改善草群成分和大幅度提高草地生产力。理论上，每施0.5kg氮肥，可以增产0.75kg肉，现在实际生产已达到增产0.5kg肉。同时，施肥还可以提高家畜对植物的适口性和消化率。

草原在合理施肥的基础上，才能发挥肥料的最大效果。肥料的种类很多，其性质与作用都不同。在草原上单施氮肥，能增进禾本科草的发育，但对豆科植物生长不利；施磷、钾肥有利于豆科植物的生长；施用有机肥能使多数植物种类均衡生长发育，使禾草和豆科植物的比重增加，草群中杂类草比例减少。

（1）肥料的种类、性质。草原上施用的肥料有有机肥料、无机肥料和微量元素肥料，应根据肥料的性质进行施肥。

①有机肥料　是指人畜代谢物和各种有机腐物。有机肥料是一种完全肥料，不但含有氮、磷、钾三要素，而且含有其他微量元素。草原施用有机肥，不但可以满足植物对各种养分的需要，而且有利于土壤微生物的生长发育，从而改善土壤的理化性状，有利于土壤团粒结构的形成。有机肥料效果迟缓，主要作为基肥使用。

②无机肥料　也叫化学肥料或矿物质肥料。无机肥料不含有机质，肥料成分浓厚但不完全，主要成分能溶于水，易被植物吸收利用。一般多作为追肥使用。

③微量元素　植物生长发育除需要氮、磷、钾外，还需要多种微量元素，主要是硼、钼、锰、铜、锌、钴和稀土元素等，是植物生长发育必需的、不可缺少、不可代替的元素。因此，微量元素在草原施用特点是用量小而适量。科学实验和生产实践证明，如果土壤中某一微量元素不足时，牧草就会出现一种缺乏病状，反之，若土壤中某一微量元素过多时，牧草就会出现中毒症状。微量元素一般用于浸泡、叶面喷雾和根外追肥。微量元素肥料的使用要慎重，不可随意施用。

（2）施肥作业。首先，根据牧草需要养分的时期施肥。在植物生长的前期，特别在分蘖期施肥效果好，能促进植物生长。施肥时要区别牧草种类和需肥特点，一般禾本科牧草需要多施些氮肥，豆科牧草需要多施些磷、钾肥。豆科、禾本科混播草原应施磷、钾肥。其次，依据土壤供给养分的能力和水分条件进行施肥。土壤对养分供应能力，同气候、微生物和水分条件密切相关。气候温暖时，土壤的硝化细菌等微生物活跃，氮素供应多，因此需多施磷肥和钾肥。土壤中水分的多少，决定施肥效果，影响植物对肥料的吸收和利用。水分少时，化肥不能溶解，植物无法吸收利用，同时有机肥不能分解利用。水分过多也不好，易造成养分流失。

(3)施肥方法。包括基肥、种肥、追肥。基肥是在草原播种前施入土壤中的厩肥、堆肥、人粪尿、河湖淤泥和绿肥等有机肥料。目的是供给植物整个生长期对养分的需要。种肥是以无机磷肥、氮肥为主，采取拌种或浸种方式在播种同时施入土壤。其目的是满足植物幼苗时期对养分的需要。追肥是以速效无机肥料为主，在植物生长期内施用的肥料。其目的是追加补充植物生长的某一阶段出现的某种营养的不足。

三、放牧利用管理

放牧是家畜在草地上的一种牧食行为，是使人工管护下的草食动物在放牧地上采食牧草并将其转化成畜产品的一种生产方式。在适当的管理下，放牧将利用光能生产的草原植物转化成畜产品，达到草原生产的目的，因此放牧是最重要的草原管理方式。

(一)放牧对草地的影响

放牧家畜通过采食、践踏和排泄(粪和尿)对草地产生影响，这些因素影响草地植物的产量、品质和植物学组成；反之，这些因素又受草地植物属性的影响。所以，它们之间的因果关系很难加以区分。如采叶家畜在草地放牧，主要是采食植物茎叶，因此对草地植物产量、营养物质积累、植物繁殖、草地植物学组成诸方面产生影响。此外，家畜除采食草地植物的茎叶外，总伴随采食行为把植物整株从土中连根拔出，把发育中的草茎和叶鞘撕裂，把它们不吃的草弄碎和遗弃。在草地放牧生产过程中，家畜通过畜蹄的践踏对草地的状况产生重要影响。畜蹄践踏对草地植被与土壤的作用，使草地的植物特性、土壤理化特性发生改变，从而对草地产生影响。放牧家畜的排泄粪尿对草地牧草的产量、质量、适口性和植物学成分均有局部影响，但对草地的总体影响不十分明显。

(二)合理的放牧利用

合理放牧的标准就是家畜在草地上放牧，草地在正确的管理下能长期保持稳定的生产力、相对稳定的草地群落结构，土壤不出现沙化、碱化或水土流失，家畜的各项生产指标(生长、泌乳、繁殖、产毛)处于良好的状态。因此，草地利用率、放牧强度及放牧时间对保持草地生产力、草地群落结构的稳定，具有决定性的作用。

1. 草地利用率

草地利用率是指在适度放牧情况下的采食量与产草量之比。在适度利用的情况下，家畜能维持正常的生长和生产，草地表现利用适度，植物正常生长，生草土保持正常发育。草地适宜利用率可用下列公式表示：

$$\text{草地利用率}(\%)=\frac{\text{适当采食量}}{\text{某地段总产草量}}\times 100\%$$

根据家畜实际的采食量可计算采食率，公式如下：

$$\text{采食率}(\%)=\frac{\text{实际采食量}}{\text{某地段总产草量}}\times 100\%$$

2. 草地放牧强度

放牧强度就是草地放牧利用的轻重程度，在理论上的表现为：

适度放牧：采食率 = 利用率；

轻度放牧：采食率 < 利用率；

重度放牧：采食率 > 利用率。

3. 草地的放牧时间

放牧草地从适当放牧开始到适当放牧结束的这一段时期称为放牧时期(放牧季)。正确的放牧时期就是表示在放牧期内家畜对草地牧草的危害最小，而收益最大的时期。

(1)适宜于开始放牧的时期。早春草地植物返青后完全依靠贮藏物质，直到草类开始发育 15~18 天后，消耗的营养物质才能补充，这段时间为牧草发育的临界期，这段时间也称作忌牧期。因此，春季放牧应在草地植物生长发育 15~18 天以后开始。此时，草地植物高度在草原区达 10~12cm，荒漠区 8~10cm。

(2)适宜于放牧结束时期。草地上多年生植物生长结束前，需要营养储备用于次年再生。因此，秋季在生长季结束前 30 天停止放牧最为适宜。

4. 放牧留茬高度

放牧留茬高度对草地植物的再生、草地群落结构和家畜生产均有影响。留茬过低，贮藏营养物质减少，影响次年再生；留茬过高，未利用草地植物将增多，降低草地利用率。通常，森林草原、草甸草原和干草原留茬高度为4~5cm，荒漠草原、荒漠和高山草地为2~3cm，播种的多年生草地5~6cm，而一年生草地无须留茬。

（三）放牧制度

放牧制度就是对草地进行放牧利用的一种基本制度，它规定了家畜对放牧地利用的时间和空间上的通盘安排，属于一种战略措施，每种放牧制度又包括一系列的放牧方式。放牧制度总体有两种类型，即自由放牧和划区轮牧。

1. 自由放牧（无系统放牧）

在整个放牧季，对放牧地不做划区轮牧规划，家畜始终保持在较大范围草地自由采食。该方法节省物力、财力投入，但导致家畜喜食植物的过度采食和其他适口性差的植物过轻采食（牧草浪费）。而且，不同季节草地植物生长量变动较大，自由放牧极易出现草地植物生长旺季草地植物利用充分，但在其他时期则出现超载过牧现象。

2. 划区轮牧

根据草地生产力和家畜数量，将草地划分为若干面积相等的分区，规定每分区的放牧日期，然后按计划分区顺序放牧，并在放牧日程上规定放牧周期和放牧次数。目前，世界上很多草原管理发达国家都采用这种放牧制度。在划区轮牧中，小区内的草量只够家畜在规定放牧日期内采食。小区内除不可食用的草类，大部分草地植物可以被家畜充分利用。放牧期间大部分草地植物处于幼嫩阶段，营养成分较高。采用划区轮牧，草地利用率可提高20%~30%，剩余草量不超过12%~15%，节省了草地面积，增加了畜产品。

3. 季节放牧

我国放牧利用的草地，牧民习惯按照季节来划分放牧地，也就是每年依照季节的更替来轮流更换放牧的草地。

（1）季节牧场的划分。季节牧场的划分是我国天然放牧草地利用的特点。各地区根据放牧地的自然条件与利用习惯对季节牧场进行划分。首先，地形地势是影响放牧地条件的重要因素。在山地草原，地势条件表现得较为突出。地势不同，气候条件差异甚大，山地草原植被垂直分布明显。在这些地区季节放牧地是按海拔高度划分的，而在一些海拔差别不大的地区，决定放牧地水势条件分布及其利用适宜性的主要是中小地形，夏季以凉爽的岗地、台地较好；冬季以温暖的洼地、谷地和低地为宜。其次，选择季节放牧地时应注意植被条件，如草层的植物组成、牧草的营养价值和适口性等。例如，芨芨草夏秋季家畜不食，冬春季饲用良好，蒿类植物夏季含有浓厚苦味，但秋季下霜后苦味减轻，是冬季放牧的重要饲料。再次，放牧地的合理利用，水源是一个重要的因素。不同季节条件下，家畜生理需要有差异，其饮水次数和饮水量也不同。例如，暖季天气干燥炎热，家畜饮水较多，因此要求放牧地有充足的水源，而且水源距离不可太远；在寒冷季节，家畜饮水次数较少，可安排水源较差或较远的放牧地。在降雪季节，家畜可以啃雪放牧，因此可以利用缺水草地进行放牧。最后，划分季节牧地时，还需考虑补饲矿物质饲料、草地面积、交通条件、防寒措施与饲料基地远近等。

(2)季节放牧地的选择。

①冬季牧场　气候寒冷，牧草枯黄，冬季又是母畜的怀孕后期，冬季放牧地应具备的条件：要求低凹避风向阳的地形，如沟谷、沙窝子、盆地等；要求植物枝叶保有良好，覆盖度大，如芨芨草滩羊草，针茅—蒿类等；要求距居民点、割草地、饲料地较近，运输方便，附近应有水源，以便人畜饮水，必须有棚圈设备。

②春季牧场　早春气候寒冷且变化无常，家畜经过漫长的冬季，体力消耗甚多，又处于产仔、哺乳和培育幼畜时期，急需各种养分，草地草产量低，要求春季放牧场开阔向阳、风小的地方、植物萌发较早。

③夏季牧场　草地植物生长茂盛，产量高，质量较好，夏季炎热，蚊蝇较多，影响牲畜安静采食，因此要求地势高燥、凉爽而通风，如山地、台地、岗地等。并且水源充沛，植物生长旺盛。

④秋季牧场　秋季天气凉爽，转向寒冷，要求开阔的平川和滩地。

由于各地自然经济条件不同，草地基本情况差异很大，在划分季节营地时，也各有特点，总的来说可分为四季、三季、两季牧场以及不划分季节的全年性放牧场四种。

4. 休牧

休牧，是指短期(一年内)为解除家畜对植物的啃食、践踏等不利影响，实施的禁止放牧以促使植物正常生长发育的措施。休牧有利于降低草地的利用强度，重建草地动态平衡，使草地群落得以恢复、生产力得到提升。休牧对于植物群落内杂草重要值的降低、优势种的重建以及群落物种多样性的增长具有重要意义。

根据各地气候状况、草地类型及土地状况不同，休牧时间也有所不同。通常，具体的休牧时间多选在春季植物返青期、幼苗的生长期以及秋季的结实期，休牧的起始期和延续时间也应根据草地具体情况和气候特点进行调整。选择春季和秋季作为休牧期，可以调节草地植物生产力季节性波动和常年放牧活动之间供需平衡，减少植被在生长关键期受家畜采食破坏，对草地植物营养物质的贮藏以及光合作用器官的生长方面有显著促进作用。休牧使草地植被得以顺利进行开花、结实，保持并提高了草地植物的繁殖能力，为草地生态环境的恢复与稳定提供了良好的条件。

四、人工草地建植与利用

对于严重退化的草原以及弃耕农田完全依靠自然恢复已经不可能实现或者需要时间漫长。解决这一问题切实可行的办法是建立人工草地，通过增加物质能量投入，来加速受损草原生态系统的恢复。尤其是在退耕还草生态建设工程中，人工草地建植技术更具有重要作用。

人工草地播种前都需耕翻耙、整平土地、耙碎土块、蓄水保墒，为种子的萌发、生长准备一个上虚下实的良好苗床。同时，为了出苗整齐，提高播种质量，还须对某些牧草种子进行处理，如禾本科牧草种子的去芒，豆科牧草种子硬实处理等。牧草播种质量的高低直接决定着草地建植的成败，所以，播种前土壤的准备、播种的方法、技术以及草地建植初期的管理是至关重要的。

(一)土壤准备

牧草的生长发育过程离不开光、热、空气、水分和养分。其中，水分和养分主要是通过土壤供给的，土壤的通气与土壤温度的变化也直接影响着牧草的生长。牧草只有生长在松紧度和孔隙度适宜、水分和养分充足、没有杂草和病虫害、物理化学性状良好的土壤上才能充分发挥其高产优质的性能。由于草原植物种子细小，苗期生长缓慢，容易受到杂草的危害，只有进行合理的土壤耕作，才能为草本植物的播种、出苗、生长发育创造良好的土壤条件。所以，土壤耕作是牧草栽培技术中最重要的措施之一。土壤耕作的作用如下：

(1)改善土壤耕作层的结构。改善耕层结构就是改善土壤固相、液相和气相之间的比例关系，调节土壤中水、肥、气、热等肥力因素，创造适合草原植物种子萌发和植株生长发育的耕层状态。同时，土壤耕作可使紧实的耕层转变成具有适当松紧度的土层，并能增加土壤总孔隙和毛细管孔隙，从而增加土壤的透水通气性，提高土壤温度，促进微生物活动，提高土壤中有效养分的含量，这就为草原植物播种出苗和生长发育创造了良好的条件。

(2)保持和恢复土壤团粒结构。由于降水、灌溉、人和畜践踏、农机具滚压和土壤有机质的积累，使耕作层0～10cm的土壤结构遭到破坏，逐渐变为紧实无结构状态，而下层土壤由于植物根系作用及有机质被嫌气性细菌分解，结构性能逐渐恢复。土壤耕作就是把已丧失土壤结构的上层土壤翻下去，把下层具有较好结构的土壤翻上来。

(3)消灭杂草和病虫害。通过耕翻和中耕可以直接消灭杂草，还可以把病菌孢子、害虫的卵蛹及幼虫等埋入土中或翻出地面，使其死亡。

(4)增加土壤有机质，提高土壤肥力。通过耕作将残茬、枯枝落叶、绿肥、有机肥料和无机肥料翻入土层，可促其分解转化，减少无机肥料的挥发与流失，利于根系吸收。同时也有利于接纳降水，蓄水保墒。

(5)准备苗床。通常采用耕地、耙地、耱地及镇压的手段，为牧草播种及种子发芽出苗创造上虚下实的苗床。

(二)植物选择

根据草地植物对生境的适应性，人工草地建植使用的常用植物如下：

(1)水分条件较好的草甸草原和森林草原地区可采用的草地植物。羊草、无芒雀麦、鸭茅、猫尾草、草地早熟禾、草地羊茅、披碱草、老芒麦、黄花苜蓿、各种三叶草、紫花苜蓿、山野豌豆、广播野豌豆、白花草木樨和直立黄芪等。

(2)典型草原地区可使用的草地植物。羊茅、碱草、洽草、无芒雀麦、冰草、硬质早熟禾、杂花苜蓿、达乌里胡枝子、锦鸡儿、木地肤、冷蒿等。

(3)荒漠化草原地区可采用的草地植物。沙生冰草、蒙古冰草、芨芨草、猪毛菜、木地肤等。

(4)在沙化地区可采用的草地植物。梭梭、沙竹、沙蒿、沙拐枣、柠条、花棒(细枝岩黄芪)、三芒草、羊柴、沙柳、沙生冰草、草木樨等。

(5)适合南方草山草坡区可采用的草地植物。多年生黑麦草、鸭茅、草地羊茅、狗牙根、鹅观草、各种三叶草、歪头菜和野古草等。

(三)种子处理

1. 硬实种子及其处理

很多豆科植物种子，在适宜的水、热条件下，由于种皮具有一层排列紧密的长柱状石细胞，即马氏细胞，水分不易渗入，种子不能吸水膨胀萌发，这些种子统称为硬实种子，俗称铁豆子。常见豆科植物的硬实率为：

紫花苜蓿为10%，白三叶14%，红三叶为35%，杂种紫花苜蓿为20%，红豆草为10%，草木樨为39%。因此，播种豆科植物，必须进行硬实种子处理工作。

通常对小粒种子可以用石碾碾压或用除去谷子皮壳的碾米机进行处理，也可以将豆科植物种子掺入一定数量碎石、沙砾，用搅拌器搅拌、振荡，或在砖地轻轻摩擦，使种皮粗糙发毛，以达擦破种皮的目的。对于颗粒较大的种子，通常采用热水浸泡处理的方法。种子浸泡一昼夜后捞出，白天放到阳光下暴晒，夜间转至凉处，并保持湿润，经2~3天后，种皮破裂。此外，也把浓硫酸加入种子中拌匀，短时间处理后，种皮出现孔纹，后将种子冲洗干净，稍加晾干即可播种。

2. 豆科植物接种根瘤菌

豆科植物能与根瘤菌共生固氮，当豆科植物生长在原产地及良好的土壤条件下，在其根上生有一种瘤状物，称为根瘤。只有土壤中存在某一豆科植物所专有的细菌并达到一定数量时，这种根瘤才能形成。这种能使豆科植物根上形成根瘤的细菌称为根瘤菌。根瘤菌生长、繁殖依靠从根中吸收碳水化合物等营养物质，同时，根瘤菌能从空气中固定游离的氮，转变成豆科植物便于吸收利用的含氮化合物，供豆科植物生长之需。豆科植物凭借根瘤菌能固定大量氮素。因此，在播种前对豆科植物进行根瘤菌接种，能提高植物产量和品质。

(1)接种需要。大多数的土地都需要进行接种，特别在下述情况下更为必要。某一豆科植物首次种植时，特别是种植在新垦的土地上；同一豆科植物经4~5年后再次种植于同一土地上时；当不良环境已改善而再次种植豆科植物时(如土壤酸度高、缺乏植物所需的营养物质、土壤过于干旱等)。

(2)接种方法。进行根瘤菌接种时，要正确选择根瘤菌的种类。豆科牧草根瘤菌分为8个可以互接种族，同族的豆科牧草和饲用作物的根瘤菌可以互相接种，不同族的互相接种则无效。根瘤菌接种常用方法有：干瘤法，在豆科牧草开花盛期，选择健壮的植株根部洗净、阴干并磨碎后进行拌种。鲜瘤法，将根瘤或干根磨碎，用水拌成菌液，与灭菌处理的土壤拌匀，在室温中培养3~5天，即可制成菌剂用于拌种。根瘤菌剂法，按说明规定用量制成菌液洒到种子上，拌种后应立即播种。

(3)接种时应注意的问题。根瘤菌是活的微生物，因此，不能在日光下直射；不能与农药一同拌种；根瘤菌适于生长在湿润的中性或微碱性土壤里，不适于酸性和干燥的土壤；已拌种根瘤菌的种子不能与生石灰或大量浓厚肥料接触，以免杀死根瘤菌。豆科牧草根瘤菌具有一定的专一性，接种时要注意，同族根瘤菌可以接种，不同族的互相接种无效。注意选择那些有效的根瘤菌接种。有效根瘤菌形成的根瘤，主要集中于主根上，个体较大而长，表面光滑或有皱纹，根瘤中心粉红色或红色；而无效根瘤菌常分散在第二级侧根上，数量多，个体较小而圆，中心白色带绿，无效根瘤菌接种无效。

3. 种子的去芒

一些禾本科植物的种子，带有芒、髯毛或颖片等附属物。这些附属物在收获及脱粒时不易除掉。为了增加种子的流动性，保证播种质量以及干燥、清选等作业的顺利进行，必须预先采用去芒机进行去芒处理。

(四)草地植物的播种

1. 播种方法

播种的方法有条播、撒播和点播。条播是利用播种机播种，条播时行距的大小因草本植物种类和利用方式不同而不同。撒播是在整地后用人工或撒播机把种子撒播于地表，后轻耙覆土。点播是间隔一定距离，挖穴播种，适于在较陡的山坡荒地上播种，点播节省种子，出苗容易，间苗方便。

2. 播种时期

适宜播种时期的确定，应考虑以下因素：水、热条件有利于植物种子的迅速萌发及定植，确保苗全苗壮；杂草病害较轻，或在播种前有充足的时间消除杂草，减少杂草的侵袭与危害；有利于草本植物的安全越冬，符合各种植物的生物学要求。

(1)春播。适于春季气温条件较稳定、水分条件较好、风害小而田间杂草较少的地区。春性草本植物及一年生草本植物由于播种当年收获，必须实行春播。但春播时杂草危害较严重，要注意采取有效的防除措施。

(2)夏播和夏秋播。在我国北方一些地区，春播时由于气温较低而不稳定，降水量少，蒸发量大，风大且刮风天数多，不利于草本植物的抓苗和保苗。在春季风大且干旱的情况下，这些地区春播往往失败的可能性较大。但是这些地区夏季或夏秋季气温较高而稳定，降水较多，形成水、热同期的有利条件，这对多年生草原植物的萌发和生长极为有利。因此，在这些地区适合夏播或夏秋播。播种前，合理进行土壤耕作，清除杂草。播种多年生优良草原植物，特别是在旱作条件下播种，夏播和夏秋播具有很大的优越性。此外，进行夏播或夏秋播，可以适当地调节劳动力和农机具。

3. 播种深度

草本植物播种深度是影响种植植物成活的关键因素之一，影响播种深度的因素主要有种子大小、土壤含水量及土壤类型等。一般来讲，牧草以浅播为宜，宁浅勿深。草原植物种子细小，一般播深2~3cm为宜，豆科植物宜浅，因其是双子叶植物，顶土困难，而禾本科植物可稍深。大粒种子可深，小粒种子宜浅。土壤干燥可稍深，潮湿土壤则宜浅。

4. 播种量

播种量主要根据草原植物的生物学特性、种子的大小、种子的品质、土壤肥力和整地质量、播种方法、播种时期及播种时气候条件等因素来决定。主要草原植物播种量见表6-1。此外，还要根据种子净度和种子发芽率即种子用价的高低来决定。计算实际播种量的公式如下：

实际播种量(kg/hm^2)=种子用价为100%时播种量÷种子用价(%)

种子用价=种子发芽率(%)×种子净度(%)

表6-1 主要草原植物的播种量

草原植物	播种量/(kg/hm^2)	草原植物	播种量/(kg/hm^2)
紫花苜蓿	7.5~15.0	无芒雀麦	22.5~30.0
沙打旺	3.75~7.5	羊草	60.0~75.0
草木樨	15.0~18.0	披碱草	22.5~30.0
红豆草	45.0~60.0	冰草	15.0~18.0

注：引自《牧草饲料作物栽培学》(2001)。

5. 草原植物的混播

在建立人工草地时，多用豆科草本植物与禾本科植物混播，混播可以提高生产力，改善草原的品质，有利于提高土壤肥力。在草原植物混播中如何选择适宜混播组合，只有通过科学试验和生产实践才能正确确定。在选择混播的草本植物时，应选择适应当地土壤、气候条件的植物品种，并根据利用目的(刈割、放牧)、利用年限，选择2~3种或4~5种草原植物组成混播。为了恢复土壤肥力，提高生产力，而进行大田轮作，混播草本植物通常利用2~3年，多用上繁的疏丛型禾本科植物和豆科植物，如苇状羊茅和紫花苜蓿。

6. 保护播种

在一年生作物保护下，播种多年生草本植物，这种播种形式叫作保护播种。保护播种有两大优势：一是抑制杂草对草原植物种苗的危害；二是当年有所收益。因为多年草本植物当年生长较缓慢，生产力较低，而一年生作物有所收获。但保护播种也有缺点，保护作物在生长中、后期与草原植物争光、争水、争肥。

保护作物要求是生长期短、枝叶不是十分繁茂的一年生作物，如燕麦等。一般保护作物应在生长季结束前一个月内收获完毕，使得草原植物入冬前有一段时间生长，贮藏更多的营养物质，有利于越冬和次年返青。如保护作物生长茂盛，并对草原植物产生遮阴，可部分或全部割掉保护作物，消除这种不良影响。

五、草原灾害的技术防控

草原防灾减灾是保障我国国民经济和社会发展的重要手段，随着遥感、地理信息系统、无人机、物联网和数字地球等关键技术在防灾减灾领域的应用，草原灾害频发趋势得到一定的遏制。

（一）草原生物灾害技术防控

1. 草原虫害防治

草原虫害的防治主要有生物防治和化学防治措施。生物防治措施具有安全、有效、无污染等特点，与保护生态环境和社会协调发展的要求相吻合的特点。同化学防治相比，生物防治具有选择性强、对人畜安全，对生态环境影响小等优点。生物防治技术主要包括利用杀虫真菌（绿僵菌、白僵菌等）、植物源农药（印楝素、苦参碱等）、天敌（寄生性天敌和捕食性天敌）、性诱剂及生态调控等各种防治措施。

（1）杀虫真菌防治技术。在昆虫病原微生物中，真菌种类最多，占昆虫病原微生物中的60%以上。利用真菌防治害虫已有百年的历史。真菌治虫因其反复侵染性和生产便利性，在害虫生物防治中有着极其重要的作用。可作为杀虫剂的种类主要有绿僵菌、白僵菌等。绿僵菌是最早用于防治农业害虫的真菌，是一种广谱的昆虫病原菌。它可诱发昆虫产生绿僵菌病，也能产生外毒素，使害虫得病死亡。白僵菌是普及面积大、应用最广的一种真菌杀虫剂。绿僵菌主要用于防治玉米螟和松毛虫。白僵菌的孢子可形成的菌丝穿透虫体壁，在虫体内繁殖，由菌丝的繁殖引起害虫的死亡。

（2）植物源农药防虫技术。植物源农药，就是直接利用或提取植物的根、茎、叶、花、果、种子等或利用其次生代谢物质制成具有杀虫作用的活性物质。植物源农药以其高效、低毒、低残留等，在草地病虫害防治中发挥着重要作用。可作为植物源农药的物质有印楝素、苦参碱、烟碱等。印楝素是从印楝树种子里提取具有杀虫作用的一种天然有机化合物。印楝素不易产生抗药性，同时能有选择性地保护芫菁、步甲、瓢虫等有益生物，是世界公认的无公害生产的首选植物保护剂。苦参，又名地槐、野槐，从苦参的根、茎等中经严格的工艺提取得到一种水溶性的苦参生物碱，具有一定的杀虫防病作用。苦参碱对多种害虫和病菌均有活性，且作为植物源农药，在自然界有其顺畅的降解渠道，对环境安全，有广阔的应用前景。烟碱通常是指烟草碱及其类似的生物碱的总称。烟碱杀虫剂对害虫具有触杀、熏蒸、胃毒作用，以触杀为主。该类杀虫剂杀虫范围广，属于高效、低残留的天然源植物杀虫剂。烟碱类杀虫剂近年来在植物保护领域中作为天然植物杀虫剂已在国内外广泛使用，我国农业农村部也推荐烟碱作为天然植物无公害杀虫剂。

(3)天敌昆虫保护利用技术。草原虫害生物防治的根本出发点就是保护利用天敌昆虫资源，控制害虫危害和减少环境污染。在各项草地活动和管理措施中应注意保护各种天敌昆虫，增加草地天敌昆虫种群数量，发挥其天敌昆虫在草地生态系统中的重要作用。蝗虫天敌资源极为丰富，其种类和数量都比较多，它们对抑制蝗虫种群数量，维护草原生态平衡具有不可低估的作用。蝗虫的寄生性天敌多属于昆虫纲，主要包括芫菁、步甲、虎甲、皮金龟、虻类、马蜂、泥蜂等类别。此外，牧鸡(鸭)治蝗是一项生物防虫技术，具有"防效高、见效快、成本低、无公害"等优点，对有效保护草地资源、控制草原退化、发展草地畜牧业和维护生态平衡等具有重要意义。通过在草地上有规则地放牧鸡(鸭)群，既防治以草地蝗虫为主的害虫，又节省饲料、降低饲养成本，兼收灭虫、育禽双重效果，是目前比较实用的灭蝗技术。

(4)昆虫性信息素利用技术。许多昆虫发育成熟以后能向体外释放具有特殊气味的微量化学物质，以引诱同种异性昆虫前去交配。这种在昆虫交配过程中起通信联络作用的化学物质是昆虫性信息素或性外激素。用人工合成的性信息素或类似物防治害虫时，通常叫作昆虫性引诱剂，简称性诱剂。性诱剂在害虫防治上的主要用途是监测虫情，作虫情测报。

2. 草地植物病害防治

(1)锈病类病害防治。锈菌是严格寄生菌，选用抗病品种防治此病是最有效的方法。此外，合理施肥及合理排灌可以提高草地植物对锈病的抗性。发病严重的草地应尽快刈割，对重病草地应翻耕。在锈病发病期内，可采用药物防治。

(2)白粉病类病害防治。防治白粉病，关键要选育抗病力强、表现好的品种。通过加强草地管理及合理排灌，如返青前清除田间病残体，增施磷、钾肥，保持田间通风透光等措施可提高白粉病类病害的抗性。发病严重的草地要提前刈割，减少其他草地植物的再次侵染。入冬前或返青前采用焚烧的办法清除田间病残体，减少初侵染来源。药物防治，播种前可使用农药进行种子灭菌处理。发病初期，用高脂膜乳剂、粉锈宁或甲基托布津等药物防治。

(3)霜霉病类病害防治。利用抗病品种是大面积防治霜霉病最有效的途径。此外，采用栽培技术防治，及时拔除、销毁病株，提前刈割，可减少孢子数量。合理排涝及合理施肥，如增施磷肥、钾肥和微肥，有利于提高草地植物对霜霉病的抗性。也可在播种前采用药物拌种，在生长期使用喷雾进行病害防治。

(4)黑粉病类病害防治。抗病品种选育，是抗黑粉病害的有效方法。采用栽培措施，使用不同品种交播，以及禾本科与豆科植物混合播种，增加抗病性。重病地应深翻后改种植非寄主植物。药物防治，黑粉病是体内病害，只能用内吸性杀菌剂才能予以防治。

(5)叶斑病类病害防治。可采用栽培措施，如增施有机肥和磷、钾肥，及时排灌，以减少甚至阻止叶斑病类病害的发生。此外，禾本科与豆科植物混播也可以显著减少发病。草地普遍发病时，应尽快刈割利用，以减少其他草地的发病程度。病害严重时，可采用接触性杀菌剂进行药物防治。

3. 草原鼠害防治

在灭鼠过程中，首先要正确掌握鼠类的生活规律和生态习性，如它们的种类、分布、习性、密度和危害情况。了解鼠类的分布情况，可以做出防治规划，有针对性地采取适当防治的措施。

(1)生物灭鼠。生物灭鼠是利用鼠类的天敌灭鼠。在鼠类危害严重的地区，必须保护鼠类的天敌。我国广大牧区常见的鼠类天敌有猛禽，如猫头鹰、鸢、草原隼等，兽类有狐狸、白鼬、黄鼬等。对猛禽的保护，除有计划地植树造林外，也可建招鹰架，便于猛禽停栖。

(2)机械灭鼠。较常用的灭鼠机械有鼠夹、捕鼠笼、捕鼠套、弓箭法、水淹、沙埋法、挖洞法和压板法等。

(3)化学灭鼠。化学灭鼠法具有经济、迅速、彻底的优点，较少受时间、地点和环境条件的限制，特别适用于草地大面积灭鼠。常用的有毒饵法和喷洒法。毒饵法就是将毒物加入鼠的食物中，使鼠类食后中毒致死的灭鼠方法。常用的毒饵有磷化锌和甘氟。喷洒法就是将杀鼠剂喷洒在鼠洞内的灭鼠方法。常用的杀鼠剂有氟乙酰胺和肉毒素。

(4)微生物灭鼠。微生物灭鼠可以选择对鼠有害，而对人、畜无害的菌类进行灭鼠。此外，它具有扩散灭鼠范围和不发生拒食现象，能长期保存药物，运输方便等优点。目前，世界各国都在研究应用微生物灭鼠。

4. 草原毒害草防治

草地有毒有害植物的防除途径通常分为三类，即化学防除、机械防除和生态防除。

(1)化学防除。目前，在我国草原上灭除毒害草的常用方法是选用化学除莠剂，常用的化学除莠剂有：2,4-D 丁酯、2,4,5-T、2,4-氯苯乙酸、杀草强(amitrole)、2,3,6-TBA、毒莠定(picloram)等。

(2)机械防除。在放牧以后，有计划地割除有毒植物，是一种十分有效的机械防除方法。放牧以后的草地，许多牧草已被家畜采食，而毒草却依然存在，放牧以后进行多次刈割，可削弱毒草的营养更新，并杜绝其种子繁殖，以至被逐渐淘汰，达到彻底清除的目的。

(3)生态防除。改善草群结构可达到防治草原毒害草的目的。内蒙古部分地区曾采取草库仑法(即种植优质牧草，降低毒草比例，改变草场牧草结构，有效地控制家畜误食毒害草中毒的发生)。此外，有毒植物的生物防治也取得了一定成果。有些有毒植物对某种家畜无毒害作用，如飞燕草对山羊就无毒，因而就可在飞燕草集中生长的地段，利用山羊反复重牧。其他一些烈毒性季节有毒植物，可选择对家畜无毒害作用的时期，进行重牧，就可消耗毒草生机，使其逐渐衰退。在毒草滋生的地段，补播一些适宜的优良牧草，应用生物竞争原理，抑制有毒植物的生长发育，改变生长地的环境条件，同样可使有毒植物的数量减少。

(二)草原非生物灾害技术防控

1. 草原干旱灾害防控

目前草原干旱灾害的防控主要集中在干旱的监测。目前监测技术包括传统干旱指标监测和遥感干旱灾害监测。

(1)传统干旱指标监测。传统的干旱监测指标均以气象站点监测数据为支撑，监测的精度全部需要依靠气象站点布网的密度，在区域干旱研究过程中还需要将气象站点数据进行空间数据插值。目前常用的传统干旱监测指标有：

①降水距平百分率　是干旱灾害监测最常用的指标，它是指某时段的降水量与常年同期降水量相比的百分率。其优点是计算方法简单，缺点是该方法实质上暗含着将降水量当作正态分布来考虑，而实际上多年平均值一般并不是降水量长期序列的中位数，由于降水量时空分布的差异，降水量偏离正常值的不同距离的出现频率以及不同地区降水量偏离正常值的距离大小是难以相互比较的。

②帕默尔指数　主要用来评价异常湿润和异常干燥天气的持续时间。它是美国最早的干旱灾害综合指数，如今帕默尔指数在美国已经成为半官方的干旱指标。

③标准降水指数　是以单一的降水为参数的干旱指数，由于其良好的表征性，现已被广泛接受。

④作物湿度指数　是在标准降水指数的基础上开发的作为监测短期农业干旱的指标。作物湿度指数主要是基于区域内每周或每旬的平均温度和总降水来计算，能快速反映农作物的土壤水分状况，它随降水变化波动十分明显，能快速反映短期的气候干湿状态转变，因此干旱过程中的一次有利的降水可以在作物湿度指数上有适当的反映。

(2)遥感干旱灾害监测。遥感监测具有监测面积大、实时性高的优势，以遥感手段获取地表信息，在草原干旱监测中潜力巨大。遥感监测干旱信息的挖掘需要通过监测指数来表达，国内外研究遥感干旱灾害监测指数很多种，目前最为常用的遥感干旱灾害指数有基于可见光/近红外数据的植被状态指数(vegetation condition index，VCI)、基于热红外数据的温度状态指数(temperature condition index，TCI)，以及前两者数据源相结合的温度植被干旱指数(TDVI)和热惯量指数等。

2. 草原雪灾防控

雪灾发生的时段，冬雪一般始于10月，春雪一般终于4月。危害较重的，一般是秋末冬初大雪形成的所谓“坐冬雪”。随后不断有降雪过程，使草原积雪越来越厚，以致危害牲畜的积雪持续整个冬天，因此冷季可食性草地植物保存量监测、雪灾背景数据库建立及雪灾模型预测等是雪灾防控的主要手段。冷季可食性草地植物保存量监测，是利用MODIS影像数据及地面调查数据计算获得。在综合分析研究草原区的气候条件、自然环境、牲畜状况和社会经济状况，构建雪灾背景数据库，进而制定草原雪灾分级标准，建立草原雪灾预警模型，及时为草原做成雪灾的灾前预测，减少牧民的雪灾损失。

3. 草原火灾防控

草原火灾最突出的特点是扩展迅速，很快能加速到最大速度，有时仅需要5分钟，每小时可达2万 hm^2。从着火到扑救需几个小时，而这之间已造成了很大损失，因此需要利用气象资料和可燃物针对火行为反应特征研究预警技术和火行为判别技术。草原火灾预警技术包括预报技术和预警系统，火行为判别技术包括草原火行为参数判别技术和灾害判别技术。灾情评估包括有形损失和无形损失评估。

(1)草地可燃物动态研究。可燃物是燃烧的基础。研究不同类型可燃物的卫星识别技术和可燃物数量变化动态。判定排除燃烧所需要最小量方法，并建立动态识别系统，辅助设计防火隔离带。

(2)燃烧系统水分变化过程。可燃物含水量和燃烧系统水分含量是草地火燃烧的决定因素。研究监测草地可燃物水分含量的变化过程，特别是枯落期燃烧系数(包括周围环境)水分含量的变化规律，预测防火期长度及重点防火区和防火期。

(3)火点准确判别、定位、面积测算技术。

(4)火行为判别技术。掌握火行为是预防和扑救草原火的前提条件。研究火险发生频率，发生后的扩展速度、扩展方向、能量释放强度、火焰高度和宽度、烟雾散发等行为特征及其与之相关的气象因素和可燃物特征及地形的关联程度，特别是卫星识别各参数的技术。

(5)草地火灾预警系统。研究草地火险区划、不同火险区内火灾发生频率及时空规律，结合气象资料研究制定预测预报系统，并研究遥感的预警技术。

(6)草原火管理对策研究。研究火灾的严重程度及其所造成的影响，评估火灾后的经济损失，研究灾后处理对策，如牲畜转场地点。

第七章

草原生态工程建设

第一节　草原工程建设基本情况

21 世纪以来，党和国家高度重视草原保护建设工作，制定了一系列有关草原生态保护建设的政策和文件，不断大幅度提高投资力度。据不完全统计，从 2000—2017 年，围绕草原生态工程，共发布了各类重要指导性文件和规范、办法等 30 余件，启动了 23 项重大草原工程项目，总投资 1767.64 亿元。

草原保护建设项目自 1978 年开始实施，从项目发展阶段看，大体可以分为三个阶段，第一个阶段是从改革开放到 21 世纪开始。这个阶段投资规模很小。1978—1994 年，中央财政草原基本建设投资平均每年不到 2000 万元，其间的 1982 年仅有 160 万元。1995 年启动牧区开发示范工程项目，投资增加到 7000 多万元。第二个阶段是 21 世纪初的 2000—2010 年的十年建设期。这个时期，国家对草原保护建设的投入大幅度增加。期间共启动了 15 个草原工程项目，包括天然草原植被恢复与建设工程、种子基地建设工程、草原围栏、退牧还草工程、无鼠害示范区、草原虫灾补助、草原防火、京津风沙源治理工程、育草基金、草原飞播、草原监测、牧草保种、游牧民定居工程和岩溶地区石漠化综合治理试点工程等一批重大草原工程建设项目，总投资约 216.39 亿元。第三个阶段是从 2011 年到目前，以国家启动草原生态保护奖励机制为代表，对草原工程建设项目支持力度和投资强度空前加大，草原工程建设机制创新不断深入完善。据不完全统计，在 2000—2009 年的十年支持投资基础上，从 2010—2017 年的 8 年期间，草原工程建设项目增加了 8 项，除过草原生态保护奖励机制之外，启动的重要的草原生态工程还包括边境防火隔离带补助资金、西藏生态安全屏障保护与建设工程、西藏草原生态保护奖励机制试点、草种质量安全监管、南方现代草地畜牧业发展、已垦草原治理、现代种业提升工程和草原石渠鼠害防治等，共投资1551.24亿元，是1978—1999年期间20年的246倍，是2000—2017年十年期间投资的7.2倍，其中仅2017年，全年投入238亿元，相当于2000—2009年十年投资的总和(图7-1)。

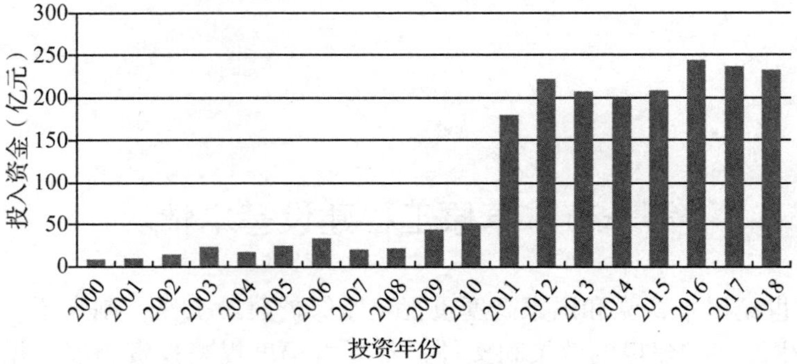

图7-1 历年草原中央投资统计图

中央一系列草原建设方针政策、工程项目和财政资金用于草原保护建设，有力促进了草原生态恢复，推动了草原保护制度落实，加快了草牧业生产方式转变，增加了农牧民收入。

第二节 草原工程建设取得的成效

草原工程实施以来，工程区草原生态环境明显好转，持续恶化的趋势得到有效遏制，呈现出草原综合生产能力迅速增强，草原畜牧业生产方式转变、结构调整加快，农牧民收入增长和社会可持续发展能力不断增强的良好局面，取得了显著的生态、社会和经济效益。

(一)提升了草原生态服务功能

通过实施草原工程，工程区草原得以休养生息，工程区内草原群落组成、植被生物多样性增加，自我修复能力增强，草原涵养水源、防风固沙、防治水土流失、草原碳汇、应对气候变化和大气污染等生态系统功能逐步恢复和增强，生态服务功能逐步提升。

2015年，国家发展改革委组织的退牧还草工程稽查结果显示，通过退牧还草工程的实施，抽查的25个工程县草原退化、沙化和盐碱化(简称

“三化”)的趋势得到了有效遏制，“三化”草原面积较实施前分别降低了19.56%、2.59%、1.01%。实地抽查的30个围栏项目，植被覆盖度平均达到68%，较实施前提高了5%~20%。

2017年，对100多个县(市、旗、团场)的草原生态保护修复工程建设情况的地面监测调查结果显示，与非工程区相比，工程区内草原植被盖度平均高15.0%，植被高度平均高48.1%，单位面积鲜草产量平均高85.0%。充分说明，草原保护建设工程采取的各项措施是切实可行、行而有效，通过工程实施，工程区内植被逐步恢复，生态环境明显改善，草原生态服务功能明显增强。

退牧还草工程：据对60个县(旗、市)退牧还草工程的实施情况进行地面监测，2017年工程区内的平均植被盖度为66%，比非工程区高14.0%；平均高度、单位面积鲜草产量分别为15.1cm、3551.3kg/hm^2，比非工程区分别高49.0%、51.3%。具体4个分区的情况如下：

内蒙古东部工程区：2017年工程区内平均植被盖度为70%，比非工程区高23.0%；高度、鲜草产量和可食鲜草产量分别为21cm、2609.7kg/hm^{2}和2310.5kg/hm^2，比非工程区分别高81.7%、137.6%和142.0%。

蒙陕甘宁工程区：2017年工程区内平均植被盖度为56%，比非工程区高10.0%；高度、鲜草产量和可食鲜草产量分别为16.9cm、1634.3kg/hm^{2}和1569.7kg/hm^2，比非工程区分别高21.8%、35.1%和35.9%。

新疆工程区：2017年工程区内平均植被盖度为67%，比非工程区高15.0%；高度、鲜草产量和可食鲜草产量分别为20.1cm、2708.1kg/hm^{2}和2693.9kg/hm^2，比非工程区分别高79.7%、80.0%和89.0%。

青藏高原工程区：2017年工程区内平均植被盖度为68%，比非工程区高7.0%；高度、鲜草产量和可食鲜草产量分别为7.1cm、5521.7kg/hm^{2}和3775.1kg/hm^2，比非工程区分别高20.5%、27.1%和25.1%。

对内蒙古陈巴尔虎旗、新巴尔虎右旗，甘肃玉门市、古浪县、华池县、岷县，新疆木垒县、巴里坤县、福海县、哈密市，四川炉霍县、乡城县、若尔盖县、会东县等14个典型工程县(市、旗)，2017年遥感监测显示，工程区内的平均植被盖度和单位面积鲜草产量较2012年工程实施前分别提高了7.0%和13.7%，草原生态系统得到恢复，生态服务功能会逐步增强。

京津风沙源治理工程：据对内蒙古、河北、山西3省(自治区)京津风沙源草地治理工程地面样点调查显示，2017年工程区内的平均植被盖度为59%，比非工程区高13%；平均高度和单位面积鲜草产量分别为24.7cm、

4346.3kg/hm^2，比非工程区分别高69.7%和114.6%。据对2001年实施工程的河北丰宁县、赤城县、围场县，山西繁峙县、朔城区，内蒙古镶黄旗、正蓝旗等7个县(旗)进行遥感监测，2017年草原平均植被盖度和单位面积鲜草产量比2001年分别增加11.0%和28.3%。京津风沙源治理工程的实施，有效遏制了严重沙化草地的扩张，其中内蒙古镶黄旗和正蓝旗严重沙化草地面积较2001年减少约59.0%，经过十几年的治理，工程区植被状况明显好转，草原防风固沙、改善气候的能力增强，风沙天气次数、风沙强度呈递减趋势，成效显著。

岩溶石漠化草地治理工程：据对工程区监测调查显示，改良草地工程区植被盖度、高度、单位面积鲜草产量比非工程区分别提高了17.0%、25.7%和89.1%；围栏封育工程区植被盖度、高度、单位面积鲜草产量比非工程区分别提高17.0%、81.7%和123.2%；人工草地工程区植被盖度、高度、单位面积鲜草产量比非工程区分别提高25.0%、131.6%和227.5%。工程区林草植被得到恢复，生态状况明显好转，水土流失、石漠化扩张趋势得到有效遏制。

(二)提高了草原生产力

通过草原生态保护修复工程的实施，天然草原得到休养生息，草原生产能力得到明显恢复和提高，2017年监测结果显示，工程区草原单位面积鲜草产量平均高85.0%，大部分优良禾本科牧草可以结籽成熟，完成生活周期，再通过自然落粒补播和人工补播，优良牧草比例逐年上升。工程区草原一般禁牧、休牧当年，产草量可提高30%~40%，禁牧、休牧两年后，产草量比对照提高40%以上。人工补播草地的产草量一般可以提高0.8~1.2倍，现代草业和草牧业发展的基础得到巩固。草原围栏、舍饲棚圈、青贮窖、贮草棚、人工饲草料基地等基础设施建设有效提升了草原牧区防灾减灾能力，减少了因灾损失次数和数量，保障草原牧区生产能力不下降。退牧还草等草原生态保护建设工程的实施，有效带动了项目区各地人工种草的发展壮大。据不完全统计，人工饲草地保留面积达到1万hm^2，估计年产草量可达1165.36万t，工程区2700多万个羊单位的牲畜从完全依赖天然草原放牧转变为舍饲半舍饲。内蒙古2015年常年饲草料储备达220亿kg，过冬羊单位平均贮草达到225kg，过冬羊单位棚圈面积达到1.1m^2，大小畜繁殖成活率98%以上，冬羔早春羔比重已达62%，成幼畜死亡大幅降低。

（三）促进了牧区发展与牧民增收

各地以实施草原生态保护修复工程为契机，将工程措施与落实草原生态补奖政策，推进精准扶贫工作有机结合，以生态保护建设为切入点，通过转变草牧业生产方式、完善草原牧区生产生活基础设施、提高草牧业生产效率等方式，在实现草原“绿起来”的同时，实现了牧民“富起来”的目标。2015 年，牧区半牧区县农牧民人均纯收入 8078 元，较 2010 年增长 79.7%。其中，牧业收入从 2010 年人均 2120.7 元增加到 2015 年 3685.5 元。2015 年，退牧还草工程区有 2700 多万个羊单位的牲畜从完全依赖天然草原放牧转变为舍饲半舍饲；15 万退牧户在实施退牧还草后处理了牲畜转而从事其他产业，近 20 万退牧户人口外出务工。奶牛存栏 100 头以上、肉牛出栏 50 头以上、肉羊出栏 100 只以上的规模养殖比重分别达 42.8%、30.6%、43.0%，分别比 2010 年提高 18.7%、5.1% 和 14.8%。牛、羊肉、奶类和羊毛羊绒产量分别达 407 万 t、303 万 t、2694 万 t 和 44.4 万 t，分别比 2010 年增加 7.6%、10.6%、2.3% 和 10.2%。一些省区通过草原工程的实施，提高了草原生产力，完善草牧业发展基础设施建设，科学化养殖水平提升，增加了收益。此外，退牧户还可参加工程建设获得直接收入。

（四）推动了草原承包经营制度的落实

草原工程较好解决了草场承包过程中的围栏隔离、四至界限确定等难题，促进了草场承包责任制的落实。西藏自治区在安排退牧还草工程任务的 41 个县落实完善草场承包经营责任制工作，共落实草场承包到户 13.5 万户，承包到户草场面积 3670 万 hm^2。青海省在深化草场承包体制的基础上，组建农牧民生产协会，以草场和家畜入股，由协会统一经营管理，为减轻放牧压力，合理利用草场资源，巩固退牧还草成果探索了一条新思路。通过落实草原承包工作，确定了草原的“权、责、利”，理顺了草原“管、护、用、建”的权属关系，改变了农牧民原有的“草原无价、使用无度、破坏无责”的观念，“管好自己的牲畜，守好自家的草场”已成为广大农牧民的自觉行动。

（五）推进了生态文明建设成果凸现

草原保护建设工程实施以来，工程区不仅改善了生态环境，转变了畜牧业生产方式，优化调整了牧区产业结构，也促进了草原工程区生态文明的提高。一是大批农牧民接受了系统科学的种草养畜生产、管理工程技术培训，工程区农牧民综合素质和劳动技能得到提高。据统计，工程区平均每年接受培训的农牧民约 20 万人次。二是工程建设加强棚圈、贮草棚、青贮窖等基础设施建设，促进了规模化养殖，粪污处理和资源化利用比重提高，农牧民生产生活条件得到极大改善，促进了乡村文明建设。三是全社会保护草原生态意识加强，农牧民对生态建设的态度由“要我管”向“我要管”转变的自愿行为，保护建设草原生态环境成为各级政府、干部群众的自觉行动，爱绿、护绿、增绿的生态文明氛围日益高涨。

第三节　草原工程项目简介

近年来，我国草原保护建设工程投资力度有较大幅度增长。2018 年，全年投入 236 亿元，实施了草原生态补奖、退牧还草、京津风沙源治理、农牧交错带已垦草原治理、退耕还林还草、西南岩溶地区石漠化综合治理、草原防火等一系列草原保护建设项目。改革开放以来，草原保护建设投资不断增大。1978—1994 年，中央财政草原基本建设投资平均每年不到 2000 万元，其间的 1982 年仅有 160 万元。1995 年国家启动牧区开发示范工程项目，中央投资增加到每年 7000 万元以上。2000 年以后，国家对草原保护建设的投入大幅度增加。据不完全统计，2000—2018 年，已累计投入中央财政资金约 2000 亿元用于草原保护建设，有力促进了草原生态恢复，推动了草原保护制度落实，加快了草牧业生产方式转变，增加了农牧民收入。

一、退牧还草工程

退牧还草工程是目前在建的投资规模最大的草原保护建设工程。2000 年 5 月，朱镕基同志在考察环京津地区生态环境建设时指出：“草原过度放牧是造成土地沙化的重要原因，要采取切实措施加强草原的保护和建设”“加强草原生态环境建设已经迫在眉睫”。2002 年 10 月 11 日，朱镕基同志主持召开了国务院西部地区开发领导小组第三次全体会议。会议议定，要把草原保护提到议事日程上来，尽快启动退牧还草工程，加强草原保护和建设的力度，对退化草原实行休牧育草、划区轮牧、封山禁牧舍饲圈养。经西部开发领导小组第 20 次会议原则通过，国家正式启动退牧还草工程。

（一）实施范围

2003 年，退牧还草工程正式启动时，工程主要在北方干旱、半干旱区和青藏高寒草原区的内蒙古、新疆、青海、宁夏、甘肃、四川、云南 7 个省(自治区)和兵团的 96 个县实施。2004 年国家将西藏自治区纳入工程实施范围。2007 年，国务院批复了《全国草原保护利用总体规划》，提出退牧还草工程主要在地处北方干旱、半干旱草原区的内蒙古东部和东北西部退化草原治理区、新疆退化草原治理区、蒙陕甘宁西部退化草原治理区和地处青藏高寒草原区的青藏高原江河源退化草原治理区的内蒙古、辽宁、吉林、黑龙江、四川、云南、西藏、陕西、甘肃、青海、宁夏、新疆 12 个省(自治区)及兵团，共 279 个县(旗、团场)实施。2012 年，国家将黑龙江省纳入工程实施范围。2014 年将辽宁省、吉林省纳入工程实施范围。2015 年将陕西省纳入工程实施范围。

(二)工程思路

通过实施退牧还草工程，进一步完善草原承包经营制度，把草畜生产经营、保护与建设的责任落实到户。实行以草定畜，严格控制载畜量。实行草场围栏封育，禁牧、休牧、划区轮牧，适当建设人工草地和饲草基地，大力推行舍饲圈养。以中央投入带动地方、个人投入。推行休牧与轮牧相结合、放牧与舍饲相结合的生产方式。优化畜草产业结构，恢复草原植被，实现畜牧业的可持续发展，确保农牧民的长远生计。

(三)建设内容

工程实施以来，建设内容进行了 4 次调整。2003 年，项目启动时建设内容是禁牧、休牧和轮牧，实行草场围栏。2005 年，为了加快工程区内草原植被恢复，新增了对工程区内部分重度退化草场实行补播的内容。2011 年起，国家在 8 省区全面实施了草原生态保护补助奖励政策，工程区内严重退化草原全部实行禁牧补贴，传统的草原畜牧业生产方式开始转型，为了加强生产性基础设施建设，再次对退牧还草政策做了优化调整和丰富完善，增加了舍饲棚圈和人工饲草地等建设内容。2015 年，为落实汪洋副总理 2014 年视察青海牧区发展的重要指示，安排了严重鼠荒地(黑土滩)和毒害草严重退化草地治理试点内容。同时，根据国务院批准的《农业环境突出问题治理总体规划(2014—2018)》又增加了已垦草原治理试点。目前，退牧还草工程建设内容包括围栏建设、退化草原改良、棚圈建设、人工饲草地建设、黑土滩治理、毒害草治理、石漠化草地治理、已垦草原治理等 8 项建设内容。

(四)建设标准

工程实施以来，建设标准依据《关于下达 2003 年退牧还草任务的通知》《关于进一步完善退牧还草政策措施若干意见的通知》《国家发展改革委农业部财政部关于印发完善退牧还草政策的意见的通知》、2015 年国家发改委和农业部印发的《关于下达 2015 年退牧还草工程建设任务的通知》和 2016 年国家发改委和农业部印发的《关于下达 2016 年退牧还草工程建设任务的通知》有关文件进行了调整。目前中央投资建设和补助标准如下：

围栏建设青藏高原江河源退化草原治理区中央投资补助标准 30 元/亩，其他区域 25 元/亩；严重退化草原补播 60 元/亩；人工饲草料地 200 元/亩；棚圈建设 6000 元/户(参照游牧民定居工程标准，每户建设面积 $80m^2$ 以上)；岩溶地区草地治理 160 元/亩；黑土滩治理 180 元/亩；毒害草严重退化草地治理 140 元/亩；已垦草原治理 160 元/亩。以上建设标准全部为中央投资补助标准。

(五)投资情况

2003—2018 年，退牧还草工程中央累计投入资金 295.7 亿元，安排围栏建设任务 11.58 亿亩，配套实施重度退化草原改良(补播)2.87 亿亩，建设人工饲草地 1036.2 万亩，舍饲棚圈建设 65.35 万户，石漠化草地治理 788 万亩，黑土滩治理 118 万亩，毒害草治理 212 万亩，惠及 279 个县(团、场)、150 多万户农牧民。其中，党的十八大以来，中央投入资金 120 亿元，安排围栏建设任务 2.65 亿亩，配套实施重度退化草原补播 5717 万亩，人工饲草地建设 883.2 万亩，舍饲棚圈建设 52.65 万户，岩溶地区石漠化治理任务 550 万亩，黑土滩治理 118 万亩，毒害草治理 212 万亩(图 7-2)。

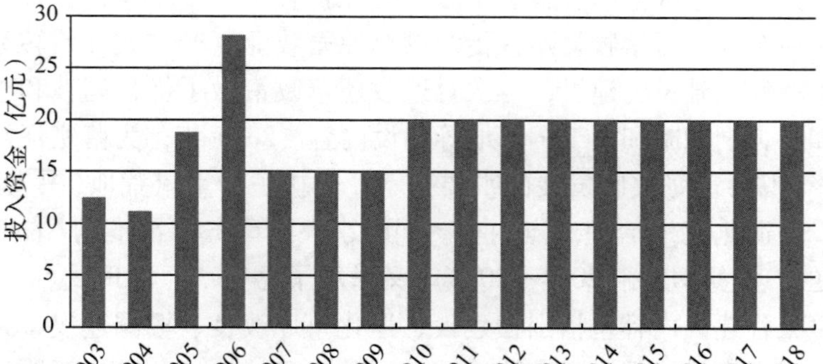

图 7-2 退牧还草工程历年中央投资统计图

二、草原生态保护补助奖励政策

为了加快恢复草原生态，根据国务院第128次常务会议决定，从2011年起，国家在内蒙古、新疆(含新疆生产建设兵团)、西藏、青海、四川、甘肃、宁夏和云南8个主要草原牧区省(自治区)，全面建立草原生态保护补助奖励机制，实施禁牧补助、草畜平衡奖励、牧民生产资料综合补贴和牧草良种补贴等政策措施(图7-3)。2012年，国家将河北、山西、黑龙江(含黑龙江农垦)、吉林和辽宁省的半牧业县纳入草原生态补奖政策实施范围。第一轮草原生态补奖政策补助标准是禁牧补助每亩每年6元，草畜平衡奖励每亩每年1.5元，生产资料综合补贴每户500元，5年一个周期。中央财政每年安排绩效考核奖励资金，对工作突出、成效显著的省区给予奖励。2011—2015年第一轮草原生态补奖资金763.64亿元，包括：禁牧补助372.12亿元、禁牧面积0.82亿 hm^2，草畜平衡奖励195.38亿元、面积1.74亿 hm^2，生产资料综合补贴62.51亿元，牧草良种补贴56.85亿元，绩效考核奖励资金74.79亿元(表7-1)。

农业部与财政部联合印发了《关于进一步推进草原生态保护补助奖励

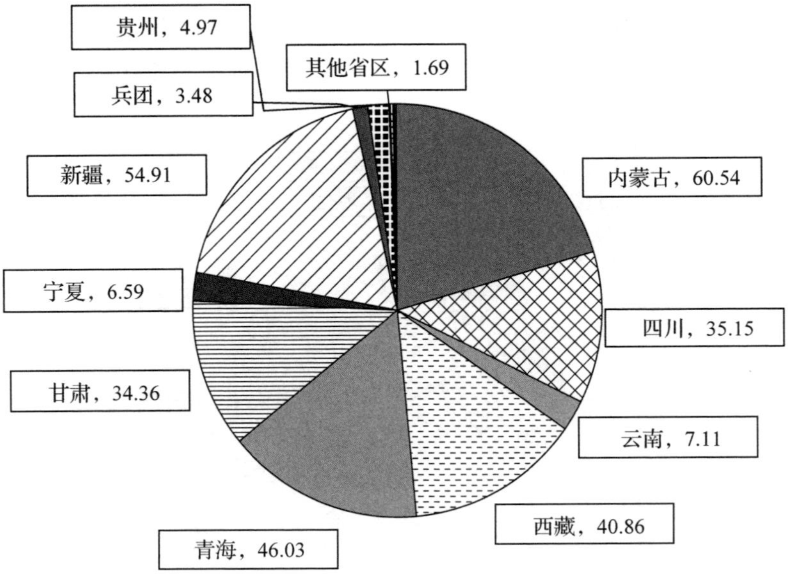

图7-3　退牧还草工程分省区投资图(单位：亿元)

表 7-1 退牧还草工程分省区投资表 亿元

省(自治区)	内蒙古	四川	云南	西藏	青海	甘肃	宁夏	新疆
投资金额	60.54	35.15	7.11	40.86	46.03	34.36	6.59	54.91
省(自治区)	兵团	贵州	总后勤	黑龙江	辽宁	吉林	陕西	合计
投资金额	3.48	4.97	0.31	0.63	0.16	0.19	0.40	295.69

机制落实工作的通知》《关于做好草原生态保护补助奖励资金绩效评价工作的通知》和《中央财政草原生态保护补助奖励资金绩效评价办法》等。组织开展政策落实督导检查，建立了实施情况定期报送制度。在评估和调研的基础上，报送了《财政部农业部关于调整完善草原生态保护补助奖励政策的请示》，提出了完善政策的有关建议。

2016 年开始，国家实施新一轮草原生态补奖政策，将河北省兴隆、滦平、怀来、涿鹿、赤城 5 个县纳入实施范围，构建和强化京津冀一体化发展的生态安全屏障。国家根据草原牧区实际情况和第一轮政策执行情况进行了政策调整，新政策内容包括：禁牧补助，中央财政按照每年每亩 7.5 元的测算标准给予禁牧补助，5 年为一个补助周期。草畜平衡奖励，中央财政对履行草畜平衡义务的牧民按照每年每亩 2.5 元的测算标准给予草畜平衡奖励。绩效考核奖励，中央财政每年安排绩效考核奖励资金，对工作突出、成效显著的省区给予资金奖励，由地方政府统筹用于草原生态保护

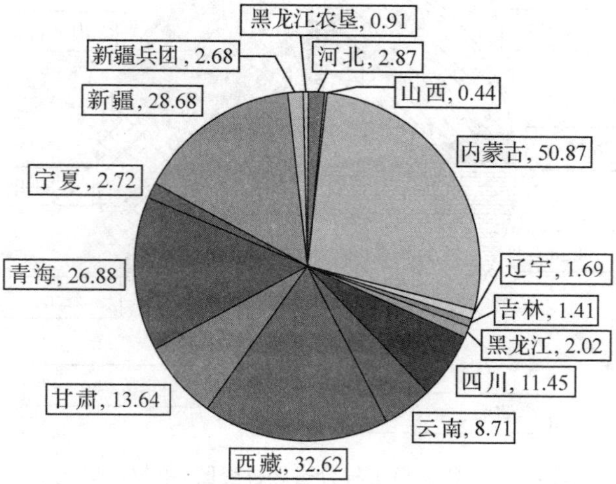

图 7-4 新一轮草原生态补奖政策 2017 年分省区投资图(单位：亿元)

建设和草牧业发展。2016—2018 年按新一轮草原生态补奖标准执行，两年资金总额 562.80 亿元，包括：禁牧补贴 271.46 亿元，草畜平衡奖励 195.38 亿元，绩效考核奖励 95.96 亿元(图 7-4)。草原生态补奖政策实施各省区实现禁牧面积 12.06 亿亩，草畜平衡面积 26.05 亿亩(表 7-2)。

表 7-2　新一轮草原生态补奖政策 2017 年分省区投资表　亿元

省(自治区)	河北	山西	内蒙古	辽宁	吉林	黑龙江	四川	云南
投资	2.87	0.44	50.87	1.69	1.41	2.02	11.45	8.71
省(自治区)	西藏	甘肃	青海	宁夏	新疆	新疆兵团	黑龙江农垦	合计
投资	32.62	13.64	26.88	2.72	28.68	2.68	0.91	187.60

三、京风沙源治理工程

为了改善和优化京津地区的生态环境质量，治理沙化土地，遏制沙尘危害，2000 年，国家启动京津风沙源治理工程。2002 年批复了《京津风沙源治理工程规划(2001—2010 年)》。2008 年，经报国务院批准建设期延长至 2012 年。为继续加强京津地区生态环境治理，2013 年，国务院批准了《京津风沙源治理二期工程规划(2013—2022 年)》，工程实施年限延至 2022 年。

(一)建设范围

根据《京津风沙源治理工程规划(2001—2010 年)》，京津风沙源治理一期工程建设范围为北京、天津、河北、山西、内蒙古 5 省(自治区、直辖市)的 75 个县(旗、市、区)。2012 年以后，根据《京津风沙源治理二期工程规划(2013—2022 年)》，工程范围调整为北京、天津、河北、山西、陕西及内蒙古 6 省(自治区、直辖市)的 138 个县。

(二)治理思路

京津风沙源治理工程以保护和扩大林草植被为出发点，以进行综合治理为基本建设内容，以减少风沙危害和水土流失、改善首都及周边地区生态状况为根本目标。京津风沙源治理工程建设内容包括现有林草植被的保护、草地治理、宜林荒山荒沙造林种草、飞播造林(草)、封山(沙)育林(草)、退耕还林、禁牧舍饲、小流域综合治理、种苗基地建设、水利配套措施、生态移民、建设农田林网等。各项措施要综合配套。各地要遵循客观规律，坚持保护和建设相结合，统筹规划，突出重点，保护优先，因地制宜，科学配置，综合治理。

（三）建设内容和投资标准

京津风沙源治理工程设计草原建设的主要内容为人工种草，飞播牧草，围栏封育，基本草场，草种基地，禁牧，青贮窖建设，棚圈建设，饲料机械等。其中，一期工程期间各项建设内容中央投资建设标准为人工种草 60 元/亩，飞播 50 元/亩，围栏 40 元/亩，基本草场建设 80 元/亩，草种基地 500 元/亩，棚圈 150 元/m^2，加工机械 2000 元/台（套）。二期工程期间各项建设内容中央投资建设标准为围栏 16 元/亩，飞播牧草 50 元/亩，人工饲草基地 200 元/亩，草种基地 1200 元/亩，暖棚 200 元/m^2，饲料机械 2500 元/台（套），青贮窖 120 元/m^3，贮草棚 120 元/m^2。

（四）草原工程投资和建设任务

2000—2018 年，草原工程部分已累计安排中央预算内资金 74.94 亿元，其中，2000—2012 年一期工程投入中央资金 44.68 亿元，2013—2018 二期工程投入中央资金 30.13 亿元。工程建设累计完成草地治理 1.34 亿亩，暖棚 2618 万 m^2，饲料机械 17.05 万套，青贮窖 224.49 万 m^3，贮草棚 145.2m^2（图 7-5）。

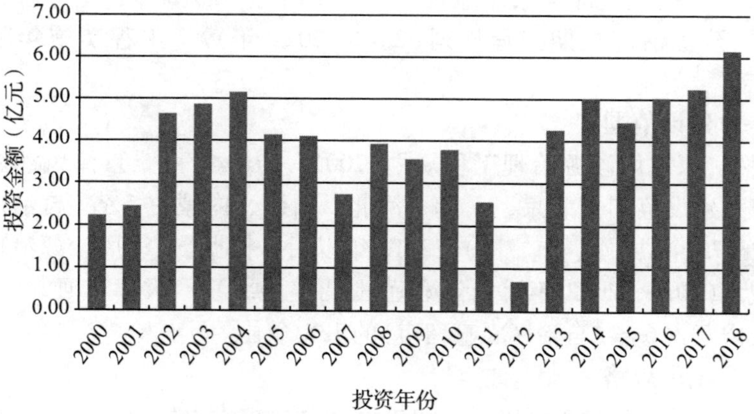

图 7-5　京津风沙源治理工程历年草原中央投资图

四、岩溶地区石漠化综合治理工程

石漠化是亚热带、热带湿润岩溶地区，土壤严重侵蚀，基岩大面积裸露，地表呈现石质化的土地退化现象。我国有岩溶面积 44.99 万 km^2。其中，石漠化土地面积 12.96 万 km^2。我国石漠化呈现局部治理、总体上加重的趋势。党中央、国务院高度重视石漠化治理工作。为了解决日益严重的石漠化导致的生态恶化、自然灾害频发、加剧区域贫困等问题，2008年，国家批复了《岩溶地区石漠化综合治理规划大纲》，并启动实施了岩溶地区石漠化综合治理工程。

（一）建设范围

根据《岩溶地区石漠化综合治理规划大纲》，岩溶地区石漠化综合治理工程在湖南、湖北、广西、广东、重庆、四川、云南、贵州8省（自治区、直辖市）石漠化严重的451个县实施。

（二）治理思路

岩溶地区石漠化综合治理工程在保护好现有林草植被的基础上，重点是加强草地保护与建设，发展草食畜牧业和生态旅游业。合理配置饲草的品种，提高单位面积草地的产量和品质，改良草食家畜品种，优化牲畜结构，做好草畜平衡。提高畜产品的科技附加值，利用岩溶自然景观，辅以民族文化底蕴，大力开发生态旅游。

（三）建设内容和投资标准

工程建设内容主要包括人工种草和改良草地，在中度和轻度石漠化地区的原有天然植被条件下，通过草地除杂、补播、施肥、围栏等措施，是退化了的天然低产劣质草地更新为优质高产的草地。根据实际需求和适宜的条件，建设人工草地。同时，按照草畜平衡的原则，合理安排载畜量。充分利用草地资源以及农作物秸秆资源，调整畜种结构，改良品种，加快草食畜牧业发展。其中，中央资金补助标准为人工种草160元/亩，草地改良80元/亩，棚圈200元/m^2，青贮窖100元/m^3，饲草料机械2500元/台（套）。

（四）草原工程投资和建设任务

2008—2018年，岩溶地区石漠化综合治理工程用于草原建设的中央资金超过13亿元，主要用于合理开发草地资源，大力发展草食畜牧业，共建设人工种草100万亩、草地改良40万亩、棚圈建设260万m^2、青贮窖50万m^3、饲草料机械购置3万台套（图7-6）。

五、新一轮退耕还林还草工程

退耕还林还草是治理我国水土流失和土地沙化的重大生态工程。为贯彻落实党的十八大和十八届三中全会精神，根据中央有关文件和国务院领导批示有关要求，2014年，国家启动实施新一轮退耕还林还草工程。新一轮退耕还林还草采取“自下而上、上下结合”的方式实施，即在农民自愿申

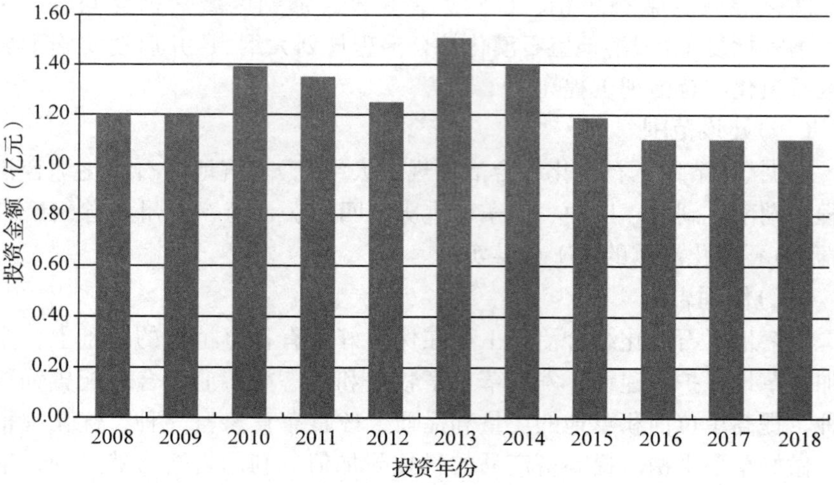

图 7-6　岩溶地区石漠化综合治理工程历年中央投资情况图

报退耕还林还草任务基础上，中央核定各省总规模，并划拨补助资金到省，省级人民政府对退耕还林还草负总责，自主确定兑现给农户的补助标准。

（一）治理区域

到 2020 年，将全国具备条件的坡耕地和严重沙化耕地约 4240 万亩退耕还林还草。其中包括：25°以上坡耕地 2173 万亩，严重沙化耕地 1700 万亩，丹江口水库和三峡库区 15°~ 25°坡耕地 370 万亩。对已划入基本农田的 25°以上坡耕地，本着实事求是的原则，在确保省域内规划基本农田保护面积不减少的前提下，依法定程序调整为非基本农田后，纳入退耕还林还草范围。严重沙化耕地、重要水源地 15°~ 25°坡耕地，需要有关部门研究划定范围，再考虑实施退耕还林还草。

（二）补助政策

（1）中央根据退耕还林还草面积将补助资金拨付给省级人民政府。2014 年退耕还草补助资金按以下标准测算：退耕还草每亩补助 800 元，其中，财政部通过专项资金安排现金补助 680 元、国家发展改革委通过中央预算内投资安排种苗费 120 元。2016 年，退耕还草补助标准提高到每亩 1000 元，其中，财政部通过专项资金安排现金补助 850 元、国家发展改革委通过中央预算内投资安排种苗费 150 元。

（2）退耕还草补助资金分两次下达，每亩第一年 600 元（其中种苗费

150元)、第三年400元。

(3)省级人民政府可在不低于中央补助标准的基础上自主确定兑现给退耕农民的具体补助标准和分次数额，地方提高标准超出中央补助规模部分，由地方财政自行负担。

(4)地方各级人民政府有关政策宣传、作业设计、技术指导、检查验收、政策兑现、确权发证、档案管理等工作所需经费，主要由省级财政承担，中央财政给予适当补助。

(三)前期工作

(1)组织农户自愿申请。国务院批准实施新一轮退耕还林还草总体方案后，各有关省(区、市)人民政府应尽快明确本省相关政策措施，并宣传到户，组织引导符合条件的农户申报各年度退耕还林还草任务。

(2)编制省级实施方案。县级政府有关部门登记并确认农户申请，汇总形成县级退耕还林还草总规模。在此基础上，省级林业和草原部门、农业农村主管部门会同自然资源部门编制明确到县的省级实施方案，经省级发展改革部门和财政部门综合平衡后，报省级人民政府批准，并报送国家发展改革委、财政部、国家林业和草原局、农业农村部、自然资源部。省级实施方案要做好与防沙治沙、环境保护等有关规划的衔接，并做好科学论证。

(3)编制全国退耕还林还草实施方案。在各省级实施方案基础上，国家林业和草原局会同自然资源部编制全国新一轮退耕还林还草实施方案。国家发展改革委、财政部综合平衡后，报国务院审批。

(4)确定年度任务。国家林业和草原局根据全国新一轮退耕还林还草实施方案、完成情况，提出年度任务建议，国家发展改革委、财政部会同有关部门综合平衡后下达年度任务。

(四)工程实施

(1)省级人民政府在编实施方案、确定年度任务时，要以县为单位相对集中，保证退耕一片，见效一片。可以采取竞争立项的方式，优先安排农民意愿强烈、县乡政府有积极性的县先期实施。

(2)新一轮退耕还林还草实施方案；要将退耕范围落实到土地利用现状图上，做到实地与图上一致。不得擅自扩大退耕还林还草规模，不得将基本农田、土地开发整理复垦耕地、坡改梯耕地、上一轮退耕还林已退耕地纳入退耕范围。

(3)国家林业和草原局制定统一的新一轮退耕还林还草验收标准和合

同范本。县级人民政府或由其委托的乡级人民政府要与退耕农户签订合同，明确退耕范围、面积、树种草种、初植密度、补助标准和金额，以及完成时间、质量要求、检查验收与资金兑付时间和管护责任等。

(4)县级林业和草原部门要大力培育良种壮苗，加强工作指导和技术服务，及时对退耕还林还草的情况进行验收检查，达到验收标准的，方可兑现补助资金。

(5)建立健全村级退耕还林还草公示制度，对退耕农户的退耕面积、退耕地点、树种草种以及质量要求、验收结果、补助资金等情况进行公示，接受社会和群众监督。

(6)各地要采取综合措施，确保农户退耕成果巩固，不反弹，不留后账。

(五)草原工程投资和建设任务

2014—2018 年，退耕还草工程投入中央资金 44. 33 亿元，累计安排退耕还草任务 482 万亩，取得了明显实效(图 7-7)。

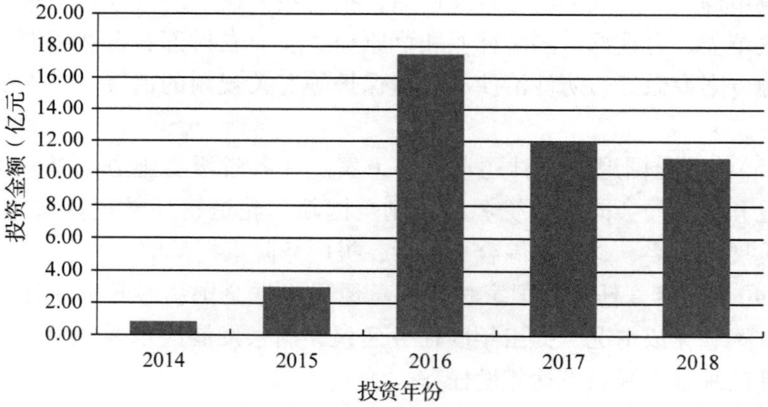

图 7-7　新一轮退耕还林还草工程历年中央投资情况图

六、农牧交错带已垦草原治理工程

农牧交错带是草原生态系统与农业生态系统相互交织、相互影响、相互制约的地带。这一地带东起大兴安岭西麓，经东北西部、内蒙古南部、华北平原北部、宁夏、甘肃，西至新疆和青藏高原南缘，是干旱地区向湿润地区、高原地区向丘陵、平原地区的过渡地带，更是连接牧区和农区的亦农亦牧、时农时牧地区。这一地带既包括牧区和半牧区，更包括与之毗邻的农区。受传统农业思想、区域社会经济发展、人口增长等多重因素的影响，我国农牧交错带非法开垦草原问题严重，这一问题已经严重影响了农牧交错带的生态安全和经济社会发展，成为农牧交错带农业环境问题中的突出问题。据统计，目前我国农牧交错带已垦草原面积5000多万亩，其中，弃耕的草原面积2000多万亩。在已垦草原上种植农作物，谷物生产广种薄收、收效甚微，被垦草原很快弃耕，草原畜牧业失去立地发展基础，生产受到制约，农牧业两败俱伤，原本脆弱的草原生态环境遭受严重破坏。

《中华人民共和国草原法》第四十六条明确规定："对水土流失严重、有沙化趋势、需要改善生态环境的已垦草原，应当有计划、有步骤地退耕还草；已造成沙化、盐碱化、石漠化的，应当限期治理。"实施农牧交错带已垦草原治理工程，对于解决农业环境突出问题、建设现代草原畜牧业、优化农业结构、促进农民增收、保障畜产品供给、维系生态平衡、促进经济社会可持续发展具有重要意义。2016年，国家正式启动实施农牧交错带已垦草原治理工程。

(一)治理范围

农牧交错带已垦草原治理工程在河北、山西、内蒙古、吉林、四川、云南、甘肃、宁夏和新疆9个省(自治区)的农牧交错带94个县实施，这94个县草原面积4.40亿亩，可利用草原面积3.90亿亩，承包草原面积3.82亿亩。已垦草原2662万亩，其中已弃耕(撂荒)草原面积1797万亩。

(二)治理目标

通过大力推广多年生优良牧草品种及其旱作栽培技术，确保已垦草原治理区植被覆盖率达到90%以上，打造优质稳定的多年生旱作人工牧草地1760万亩，产草量与同地区天然草原产量相比提高2倍以上。工程实施后，工程区生态环境明显改善，草原调节气候、涵养水源的生态功能得到恢复，水土流失和风沙侵蚀得到有效控制，草原生态系统得到恢复，农业生态系统得到保护，实现草原畜牧业和农业的可持续发展。

(三)技术路线

对农牧交错带已垦草原的弃耕地，采取"退、种结合"，采用全膜覆土精量穴播技术，将治理区恢复建设成植被覆盖率高、水土保持能力强、节水、优质、高效和稳产的多年生旱作人工草场，人工草场使用寿命保持在5年以上，第六年可以适当开展复种、轮作等。进一步加强区域内饲草棚、饲料播种加工贮运设施等畜牧业基础设施建设，提高四季饲草生产储备和利用能力，有效解决牧区储草水平低、冬春缺草的难题。要做到治理一片，建设一片，巩固一片，同时，采取遥感、地理信息系统(GIS)、全球定位系统(GPS)等技术对工程实施效果进行监测，建立起与草原区自然条件和社会经济可持续发展相适应的良性草地系统，达到生态效益、经济效益和社会效益的协调统一。

(四)工程措施

(1)人工饲草基地建设。在已垦草原退耕区域，平整治理弃耕地，采取施肥、平耙等多种措施恢复土地地力，选择适应当地气候、地力条件的优良牧草品种，科学配置牧草混播比例，采取混播、间作、套作等多种旱作种植技术，恢复建设多年生旱作优质人工饲草基地，建设旱作优质饲草基地。有条件的地区可以适当配套建设间节水灌溉设施。人工饲草基地建成后，要求第二年可以发挥经济效益，第三、四年产草量达到峰值，5年内不用复种，第六年可以对部分低产草地进行复种。

(2)配套饲草储备库和饲草播种加工贮运机械建设。为了提高饲草播种、加工贮运能力，充分发挥人工饲草基地的价值，配套建设饲草储备库饲草机械存放库主要用于存放饲草播种加工贮运机械，饲草储备库用于饲草贮备。按照计划1000亩配置一台机械。

(五)投资标准及规模

农牧交错带已垦草原治理工程人工种草投资补助标准为200元/亩，其中，中央补助160元/亩、地方配套40元/亩。每2000亩人工草地配套建设1个高7m、面积400m^2的饲草贮藏库；每1000亩配置一台(套)饲草播种加工贮运机械。饲草贮藏库和饲草播种加工贮运机械购置通过现有渠道、地方财政配套或自筹予以解决。2016—2018年农牧交错带已垦草原治理工程累计投入中央资金9.2亿元，安排人工种草任务575万亩。

七、草原鼠虫害治理项目

草原虫害、鼠害、病害、毒害草是草原上频繁发生、危害严重的生物灾害，年均危害面积达15.7亿亩。其中，虫害年均危害3.4亿亩、鼠害5.8亿亩、病害0.7亿亩、毒害草5.8亿亩。频繁发生的草原生物灾害不仅加剧了草原退化程度，而且每年因生物灾害造成的鲜草损失达471亿kg，直接经济损失近100亿元。国家高度重视草原鼠虫害治理工作，1978年就开始有计划地组织重点牧区开展草原鼠虫害防治工作，并于1985年制定印发了《草原治虫灭鼠实施规定》。2001年以来，国家组织开展牧草病害和毒害草防除试验示范项目。2004 年，国家发布了《全国草原虫灾应急防治预案》，对草原虫灾开展综合防治和治理。目前，每年国家安排草原鼠害、虫害的防治资金 2 亿元左右，每年防治草原鼠害、虫害面积 1.6 亿亩。

(一) 实施范围

草原鼠虫害治理项目实施范围包括内蒙古、青海、新疆、甘肃、四川、河北、西藏、山西、陕西、黑龙江、吉林、辽宁、宁夏 13 个省(自治区)和新疆生产建设兵团。

(二) 管理方式

草原生物灾害防治工作始终坚持“预防为主，综合防治”的防治方针和“属地管理，分级负责”的工作原则。各级草原管理部门每年 3 月组织开展当年发生趋势分析，预测预警危害程度，编发年度监测预警报告，指导防治工作。并根据预警，及早制定防治计划，下达防治任务，定期举办防治技术培训班。防治关键时期，加强督促检查，落实防治措施，防治工作机制逐步健全。

(三) 建设和投资规模

草原鼠虫害治理项目费用主要包括防控措施所需的物资材料补助，包括购买药剂、药械、燃油及生物防治、综合防治，生态控制技术应用费、技术指导费、作业费等内容。项目管理办法中没有明确补助标准，主要根据灾害情况制定分配依据及任务，大体按照生物防治 2 元/亩，化学防治 1 元/亩的标准核算治理任务量。2000—2018 年，国家鼠虫害防治累计投资超过 25 亿元，累计治理草原面积超过 16 亿亩。

(四) 建设成效

项目的实施，形成了“统筹规划、统防统治、国家扶持，农牧民参与”的工作机制和“以生物防治为主，化学、物理措施为辅”的技术路线，并建立起了国家、省、地、县四级体系，保障鼠虫害防治工作有效开展。各地大力宣传与推广生物防治技术，减少化学农药用量，改善了生物农药剂型，完善了相关技术标准，防治措施趋于长效化，生物防治比例逐年攀升，草原鼠害、虫害生物防治比例已经分别达到 82% 和 57%。防治区内草原防沙、固沙能力得到增强，保护了天敌，维护了草原生物多样性和生态系统的良性循环。草原植被得到恢复，生态环境明显改善，在促进畜牧业转型升级和牧民增产增收方面发挥了积极作用。

八、飞播牧草项目

飞播种草是改造退化草场，治理生态，发展现代化畜牧业的一项重要的科学技术手段，具有作业速度快、范围广、播种面积大、落种均匀、受地形地貌制约小、节省劳力等特点。1979 年，国家首先在陕西榆林地区及内蒙古、宁夏开始飞播种草试验并取得成功。1982 年财政部将飞播种草工作开始列入国家财政预算计划。目前，全国大部分省区市都执行过飞播种草项目。

(一)项目内容

飞播牧草项目包括飞机租赁、购买草种、组合拌种和丸衣化处理、作业现场的简易机场维护、播前播后地面处理、围栏和漏播区域补播等内容。

(二)补助标准及规模

根据民航总局《通用航空收费标准》和《天然草原植被恢复与建设试点项目测算标准》，结合各地区的实际情况，飞播种草每亩国家补助标准为 75 元，其中中央财政补助 45 元。为了集中连片发挥示范效果，确定每个县示范面积不小于 2 万亩。2001—2016 年，中央累计投资 1.38 亿元，累计完成草原飞播面积 1810 万亩，累计飞播保留面积 1009 万亩。

(三)建设成效

改革开放以来，飞播种草事业历经试验、示范、推广三个阶段。在技术规范、管理体制、科技转化、三大效益、培养人才及发展路线等诸多方面取得了一系列成果和成套经验。截至 2016 年，飞播草地累计新增干草 4283 万 t，直接经济效益 90 亿元。飞播区植被覆盖率由飞播前的 5%~10% 提高到 50% 以上，草地产草量提高几倍乃至几十倍，使泥土冲刷量减少 90% 以上，雨水泾流量减少 80% 以上。

九、牧草保种项目

我国草种质资源保护工作自 1997 年列为财政专项以来，在各级草原技术推广部门、有关科研院所、大专院校和专家学者的共同努力下，进展顺利，构建了种质资源收集保存体系，查明了我国草种质资源种类和分布状况，保存草种质资源数量和质量取得重大突破，全面开展草种质资源的农艺性状、抗性评价，筛选优异草种质资源，研发了国家草种质资源保护管理系统，实现草种质资源共享服务和有效利用。牧草保种项目将全国划分成华东、华南、华中、西南、东北、华北、黄土高原、青藏高原、内蒙古高原及新疆区10个生态区域，实施范围包括了全国所有的省份。

（一）建设内容

牧草保种项目主要包括国内牧草种质资源的收集、农艺性状评价、编目、保存、监测、繁殖更新，国外优良牧草种质资源引进、扩繁资源圃建植、无性材料保存、离体保存，抗性鉴定评价、品质分析和遗传多样性分析，基因挖掘，信息管理系统建设及维护，牧草种质资源保护成就宣传等重点环节。

（二）补助标准及投资规模

收集种质材料及农艺性状评价繁殖上交入库：野生材料一年生牧草补助2000元/份，多年生牧草补助2500元/份；栽培材料一年生牧草补助600元/份，多年生牧草补助900元/份，引进材料一年生牧草补助1000元/份，多年生牧草补助1400元/份；粮饲兼用材料补助200元/份。

繁殖更新中期库原有种质材料：野生材料一年生牧草补助800元/份，多年生牧草补助1200元/份；栽培材料一年生牧草补助600元/份，多年生牧草补助1000元/份；粮饲兼用材料100元/份。

2001—2018年，牧草保种项目累计落实中央投资1.31亿元，用于种质资源保护工作。

（三）建设成效

（1）生态效益。国家牧草种质资源共享服务平台累计为科研、教学、生产单位提供信息咨询20多万次，向有关育种家和“973”“863”、行业公益、科技支撑等国家重大科研项目提供牧草种质资源5349份，培育牧草新品种37个，累计推广49.67万hm^2，产生间接经济效益2.5亿元。项目培育新品种15个，提升优良牧草品种覆盖率和自育品种市场占有率，促进草产业的发展，提高了草地畜牧业在农业中的比重，在草原生态保护建设方面发挥重要作用。

（2）经济效益。利用项目筛选出的49份优异种质，采用远缘杂交等方法，培育出‘甘农4号’紫花苜蓿等新品种15个，累计推广91万hm^2。筛选出21种35份野生优异种质材料直接利用于生态生产建设，面积达95万hm^2，其中用于人工草地累计推广面积37万hm^2、用于生态治理累计推广面积58万hm^2。经济效益评价计算结果表明，可为社会创造45亿元的经济效益。

（3）社会效益。项目收集保存牧草种质资源103科680属2264种

47 404份，其中67种406份特有种填补了世界收集保存空白，使我国实现由资源大国向资源保护强国转变，提升了中国草业可持续发展的能力。培养和造就一支科技创新能力强、学术水平高的收集保存评价利用技术队伍，建设完善一批设施完备、功能齐全的保存评价基地，为科学研究提供了强有力的技术支撑，培养研究生162人，培训人员6371人次，夯实我国牧草种质资源保护利用可持续发展的基础。

十、草原防火工程

党中央、国务院高度重视草原防火工作。1992年草原防火基础设施建设就列入中央财政预算，1992—2000年国家累计投资6530万元，主要用于购置基层草原扑火工具、购置防火指挥车辆、建设隔离网带等内容。2000年温家宝同志对《关于赴内蒙古检查草原防火工作情况的报告》(农发[2000]55号)作出重要批示："要搞好草原防火隔离带建设，补充防火机具和通讯设备。此事要纳入计划，请计委、财政部予以支持。"此后，以建设草原防火物资保障系统、草原火灾应急通信指挥系统为重点，国家对草原防火基础设施建设投入逐年增加。

(一)建设范围

草原防火工程主要在内蒙古、新疆、黑龙江、青海、四川、甘肃、吉林、河北、辽宁、陕西、宁夏、山西、山东、西藏等省(自治区)及新疆生产建设兵团实施。

(二)工作思路

贯彻执行《草原防火条例》《国务院关于促进牧区又好又快发展的若干决定》提出的"预防为主、防消结合"的草原防火方针，加强和完善草原防火体系建设，建设草原火灾应急通信指挥系统、防火物资储备库、防火站和边境草原防火隔离带，建立专业半专业防扑火队伍，开展技能培训和应急演练，提高草原防扑火能力。

(三)项目政策

草原防火工程建设内容主要包括草原防火指挥中心、物资储备库、防火站等建设。建设标准为草原防火指挥中心约300万元，草原防火物资储备库420万元，极高火险县防火站420万元，高火险县防火站300万元，草原火灾监测预警项目200万元。草原防火项目中央投资与地方投资或自有资金比例为1:0.1。

(四)投资规模

2001—2018 年，全国草原防火基础设施建设中央投资累计达 17 亿元，共实施全国草原防火信息系统建设项目 1 个、草原火灾监测预警项目 1 个，建设草原防火指挥中心 36 个、草原防火物资储备库 69 个、草原防火站 235 个(图 7-8)。

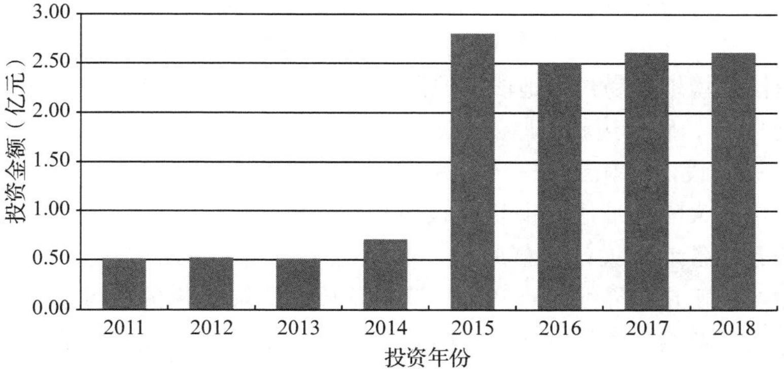

图 7-8　草原防火工程历年中央投资情况图

(五)建设成效

通过项目实施，草原防火基础设施从无到有，从弱到强，草原防火装备水平和物资保障能力有了显著提高，项目实施区草原火灾预防和扑救能力不断提升，建设项目在有效防控草原火灾、保障人民群众生命财产安全、维护社会和谐稳定等方面发挥了极其重要的作用。

十一、草原防火隔离带建设项目

为了减少境外草原火灾蔓延至我国境内，对境外火灾起到阻隔作用，保护草原资源，减少草原火灾对草原生产和人民生命财产造成的损失，从 1989 年开始，国家每年安排 400 万元专项资金，用于草原防火隔离带建设。2000 年以后，中央财政补助费由每年 400 万元增加到 1900 万元，每年建设边境草原防火隔离带约 3000km。从 2017 年开始，国家对草原防火隔离带投入进一步增强，中央财政补助经费提高到每年 2882 万元。边境草原防火隔离带建设对防止外火入侵、内火外延发挥着重要作用，减少了防扑火支出，减轻了火灾造成的损失。

(一)实施范围

防火隔离带建设 2002 年以前建设地点为河北、山西、内蒙古、辽宁、吉林、黑龙江、四川、陕西、甘肃、青海、宁夏、新疆12个省(自治区)和新疆生产建设兵团，2003年起仅在有边境防火任务的内蒙古、吉林、甘肃、新疆4个省(自治区)和新疆生产建设兵团的57个县(旗、团)实施边境草原防火隔离带建设。

(二)项目目标

贯彻执行《草原防火条例》，坚持“预防为主、防消结合”的草原防火方针，加强和完善草原防火体系建设，保证边境草原防火隔离带建设质量，形成全国边境地区易过火地段草原防火阻隔网带，实现成功堵截外火入侵率达到95%，确保边疆草原安全。

(三)建设内容和规模

草原防火隔离带建设项目建设单位为承担边境草原防火隔离带开设、营造任务的各地防火站、草原站、草原防火办、草原森林消防队等单位。项目主要用于在国界线内侧开设、营造草原防火隔离带的机械翻耕、化学除草、人工刈割、生物营造等方面的燃油、除草剂、机械设备购置、租用和维护、劳务雇工等支出。2000—2018年，边境防火隔离带建设累计投入4.15亿元，累计建设边境草原防火隔离带超过4亿km。

第八章

草原法律法规与政策

第一节　草原法律法规体系

一、草原法律法规体系概况

中华人民共和国成立后，最早开展草原法制建设的是内蒙古自治区。1948 年，内蒙古自治区政府出台《内蒙古土地制度改革法》，对内蒙古包括草原在内的所有土地的所有权、使用权以及分配使用方式作出了具体规定，同时还明确规定："保护畜牧区草原牧场，畜牧区内的土地未经政府许可，任何人不得开垦。"1963 年 5 月 11 日，内蒙古自治区人民政府首次发布《内蒙古自治区草原管理条例(试行草案)》，对当时草原管理方面的一些重要问题作了法律规定，这是全国各省区中最早公布的关于草原管理的地方性法规。1984 年 6 月 7 日，内蒙古自治区人大会第二次会议通过《内蒙古自治区草原管理条例》，同年 12 月 22 日，报经全国人民代表大会常务委员会同意，1985 年 1 月 1 日起施行。这是《内蒙古自治区草原管理条例》第一次按照人大法定程序通过并公布实施。

除内蒙古自治区外，其他一些省(自治区)也于《中华人民共和国草原法》颁布之前出台了地方性草原管理法规、规章。如宁夏回族自治区于 1983 年颁布了《宁夏回族自治区草原管理试行条例》，黑龙江省于 1984 年颁布了《黑龙江省草原管理条例》，新疆维吾尔自治区于 1984 年出台了《新疆维吾尔自治区草原管理暂行条例》。

1985 年 6 月 18 日，第六届全国人民代表大会常务委员会第十一次会议通过了我国第一部《中华人民共和国草原法》[以下简称《草原法(1985 版)》]。这是我国农业领域最早出台的一部法律。《草原法(1985 版)》的颁布实施，把草原保护、利用、建设提高到国土治理的重要地位，依法保护草原和加强对草原的监督管理逐步引起各级政府和各主管部门的重视，草原保护和建设开始步入法制化轨道。

《草原法(1985 版)》颁布施行后，内蒙古、新疆、青海、甘肃、黑龙江、辽宁、四川、西藏、宁夏等全国主要草原省(自治区)都制定或者修订出台了《草原法》实施细则或者草原管理条例等地方性法规、规章。

2002 年 12 月 28 日，第九届全国人民代表大会常务委员会第三十一次会议审议通过了《草原法(修订草案)》(以下简称《草原法》)，于 2003 年 3 月 1 日起施行。现行《草原法》总结了《草原法(1985 版)》颁布实施 16 年来的实践经验，并根据新形势下生态建设和畜牧业发展的需要，进一步健全和完善了对草原保护、建设和合理利用等方面的法律制度，加大了对违法行为的处罚力度。法律条款从原来的 23 条增加到 75 条，并根据条款内容分为 9 章，层次更加清晰、内容更加充实、可操作性更强。《草原法》的颁布和施行，对改善草原生态环境，提高广大农牧民生活水平，促进牧区社会进步、经济发展和政治稳定具有重要的意义。

《草原法》颁布实施后，国务院于 2008 年 11 月修订颁布了《草原防火条例》，农业部先后出台了《甘草和麻黄草采集管理办法》《草畜平衡管理办法》《草种管理办法》《草原征占用审核审批管理办法》等 4 部部门规章。各省区也积极推进配套法规规章的制定或修订工作，截至目前，已有 11 个省(自治区)共颁布了 13 部地方性法规和 11 部地方政府规章。

2012 年 11 月，最高人民法院颁布了《最高人民法院关于审理破坏草原资源刑事案件应用法律若干问题的解释》(以下简称《草原司法解释》)，明确了破坏草原资源刑事犯罪的定罪量刑标准，实现了《草原法》与《刑法》的有效衔接，为依法打击破坏草原资源的犯罪行为提供了强有力的法律武器。

除上述草原法律法规外，我国还有一些其他法律和行政法规也涉及草原资源保护和管理工作。主要有：《中华人民共和国土地管理法》《中华人民共和国种子法》《中华人民共和国防沙治沙法》《中华人民共和国农村土地承包法》《中华人民共和国物权法》《中华人民共和国自然保护区管理条例》《中华人民共和国野生植物管理条例》《中华人民共和国刑法》及《刑法修正案》，以及全国人大常委会、最高人民法院制定的有关司法解释等。这些法律法规为依法保护、建设、利用和管理草原，维护农牧民合法权益，打击草原违法行为，提供了重要法律依据。

二、《草原法》的主要内容

《草原法》共9章72条。

第一章总则，共8条，对《草原法》的立法宗旨，适用范围及草原的定义，国家对草原实行科学规划、全面保护、重点建设、合理利用的方针，政府的职责，守法义务及监督、检举、控告权利，鼓励支持科研、推广及人才培养，奖励措施，以及草原监督管理体制等内容作出了规定。

第二章草原权属，共8条，对草原所有权，草原使用权，草原确权登记，草原所有权与使用权的保护，草原承包经营权，草原承包经营合同，草原承包经营权的转让，草原权属争议的解决等内容作出了规定。

第三章规划，共9条，对草原规划的编制，编制草原规划的原则，草原规划的内容，草原规划与相关规划的衔接，草原规划的效力，草原调查制度，草原等级评定，草原统计制度，草原监测预警系统等内容作出了规定。

第四章建设，共7条，对草原建设投入，人工草地建设、天然草原改良和饲草饲料基地建设，草原生产生活设施和水利设施建设，草种选育、审定、引进、推广，草原防火设施建设，退化草原专项治理，草原改良、人工种草和草种建设资金等内容作出了规定。

第五章利用，共9条，对草畜平衡，划区轮牧，舍饲圈养及补助措施，割草场和野生草种基地轮割轮采，临时调剂使用草原，采矿、工程建设征收、征用或者使用草原，征收、征用或者使用草原的补偿和草原植被恢复费，临时占用草原的管理，修建直接为草原保护和畜牧业生产服务的工程设施的管理等内容作出了规定。

第六章保护，共14条，对基本草原保护制度，草原自然保护区，草原野生植物管理，草畜平衡制度，禁止开垦草原，禁牧休牧制度，退耕还草，禁止采挖草原野生植物，在草原上采土、采砂、采石管理，在草原上种植牧草、饲料作物管理，草原防火工作，草原生物灾害防治，机动车在草原上行驶管理等内容作出了规定。

第七章监督检查，共5条，对草原监督管理机构的设立及职责，草原监督检查人员有权采取的措施，不得妨碍监督人员履行公务，以及对草原行政主管部门不作为的纠正程序等内容作出了规定。

第八章法律责任，共13条，对各种违反草原法规定的行为作出了处罚规定。

第九章附则，共 2 条，对草原的界定范围作出了补充规定，明确了法律的施行日期。

《草原法》规定的主要制度共有八项：

(一) 草原承包经营制度

《草原法》第十三条规定，集体所有的草原或者依法确定给集体经济组织使用的国家所有的草原，可以由本集体经济组织内的家庭或者联户承包经营。

草原承包经营制度是草原地区的一项基本经营制度，是我国农村土地承包制度的重要组成部分。落实草原承包经营制度，赋予广大农牧民长期稳定的草原承包经营权，有利于增强农牧民保护和合理利用草原的责任意识，有利于发挥农牧民在草原保护建设中的主体作用。同时，落实草原承包经营制度，也是有效管理草原、落实草原保护政策以及开展草原执法监督等工作的重要基础。

我国草原承包工作始于 20 世纪 80 年代，内蒙古、新疆等草原牧区在牲畜作价到户的基础上逐步推进草原承包经营制度，而农区和半农半牧区则是伴随着农村土地承包进行的。2003 年开始，国家实施了退牧还草等草原保护建设重大工程，明确要求将落实草原家庭承包作为项目实施的前提，有力推动了草原家庭承包制的落实。2011 年国家在内蒙古等 11 个省 (自治区) 实施草原生态保护补助奖励政策，要求将禁牧补助和草畜平衡奖励发放到户，进一步推动了草原承包制的落实和完善。截至目前，全国已承包的草原面积约为 2.87 亿 hm^2，占可利用草原面积的 88.21%。其中，承包到户 2.13 亿 hm^2，占 74.3%，承包到联户 0.69 亿 hm^2，占 24%，其他形式 0.05 亿 hm^2，占比约 1.7%。从不同地域来看，我国主要牧区草原承包落实情况较好，管理比较规范。如草原生态保护补助奖励机制涉及的内蒙古、新疆、西藏、青海、四川、甘肃、宁夏和云南 8 个主要牧区省份和新疆生产建设兵团，已落实草原承包 2.72 亿 hm^2，占全部承包草原面积的 94.6%。半农半牧区和南方农区草山草坡的承包工作进展比较迟缓，承包率比较低。

各地在落实草原承包过程中，主要依照耕地承包的一些政策。但草原与耕地在许多方面存在较大的差异，草原地区经济社会发展状况也与农区有很大不同，一些耕地承包的政策在草原地区并不适用。目前，与耕地承包相比，草原承包落实和管理工作明显滞后，承包落实不到位、承包到户率低、承包界限不清、发包方主体不明、承包合同不规范、承包经营权流转混乱等问题还不同程度存在，与“权属明确、管理规范、承包到户”的要求相比还有较大差距，实现草原承包地块、面积、合同、证书“四到户”的任务还很繁重。

（二）草原保护建设利用规划制度

《草原法》第十七条规定，国家对草原保护、建设、利用实行统一规划制度。

我国草原面积大、分布广、类型多样。草原的保护、建设和利用是一项综合性的系统工程，涉及资源保护、生态建设、畜牧业发展、农牧民增收、社会稳定、民族团结等方方面面的内容。做好草原保护、建设和利用工作，必须进行科学规划，整体推进，实现草原生态保护与牧区经济发展的协调统一。《草原法》明确把草原规划作为一项法律制度，目的是进一步增强草原规划的权威性、严肃性和稳定性，确保草原规划得到全面实施。

按照《草原法》的规定，全国草原保护建设利用规划由国务院草原行政主管部门会同有关部门编制，报国务院批准后实施。县级以上地方各级人民政府草原行政主管部门依照上级以草原保护建设利用规划，会同相关部门编制本行政区域的草原保护建设利用规划，报本级人民政府批准后实施。同时，《草原法》第二十一条还明确规定，草原保护、建设、利用规划一经批准，必须严格执行。这项规定明确了草原规划的法律效力。也就是说，草原规划一经批准，各地方、各部门在草原保护、建设和利用上，都必须按照草原规划来执行，不得随意违反规划擅自行事。此外，《草原法》还对草原规划的调整、草原规划的编制原则和主要内容、草原规划与其他规划的衔接等问题作出了具体的规定。

从这项制度的落实情况看，原农业部已按照《草原法》的规定，组织编制了《全国草原保护建设利用总体规划》，并于2007年经国务院批准同意。同时，依据总体规划，组织编制了《全国草原保护建设利用总体规划》实施大纲。目前，部分省区编制了本省区的草原保护建设利用规划，但还有一些省（自治区）和市县没有编制本辖区的草原保护建设利用规划，开展草原保护建设和合理利用工作仍缺乏规划依据。

（三）草原调查制度

《草原法》第二十二条规定，国家建立草原调查制度。

草原调查是草原管理工作的重要基础。调查的目的是摸清不同时期及国民经济发展不同阶段草原资源的底数，为制定和完善草原保护建设政策，合理调整草原规划内容，更好地保护、建设、利用和管理草原提供科学依据。《草原法》把草原调查作为一项法律制度，是为了推进草原调查工作制度化、规范化。

目前，这项制度的落实情况还不够理想。自 20 世纪 80 年代组织开展全国草原资源调查以来，尚未再次开展全国草原资源调查，仅有部分省（自治区）根据工作需要，开展了本辖区的草原调查工作。但作为一项制度，草原调查工作还未全面有效开展，这也是目前全国草原家底不清、底数不明的一个重要原因。

（四）草原统计制度

《草原法》第二十四条规定，国家建立草原统计制度。

草原统计，就是对草原的面积、等级、产草量、载畜量等状况进行调查、汇总、统计和分析。开展草原统计工作的任务是及时、准确、全面掌握草原资源的利用现状和变化动态，系统收集、整理和分析草原数据信息，更新完善资料，保证统计资料的现时性，从而为国家和各级人民政府制定政策、规划和管好草原资源奠定良好的基础。

为保证草原统计数据的权威性，《草原法》专门规定，县级以上人民政府草原行政主管部门和同级统计部门共同制定草原统计调查颁发，定期发布草原统计资料。

与草原调查制度类似，目前草原统计工作也在不同程度地开展，但作为一项法律制度，还未有效建立起来。

（五）草原征占用审核审批制度

《草原法》第三十八条规定，进行矿藏开采和工程建设，应当不占或者少占草原；确需征收、征用或者使用草原的，必须经省级以上人民政府草原行政主管部门审核同意后，依照有关土地管理的法律、行政法规办理建设用地审批手续。第四十条规定，需要临时占用草原的，应当经县级以上地方人民政府草原性质主管部门审核同意。第四十一条规定，在草原上修建直接为草原保护和畜牧业生产服务的工程设施，需要使用草原的，由县级以上人民政府草原行政主管部门批准。

在上述三条规定中，虽然都没有明确提“制度”二字，但这三条规定实质上是关于草原征占用审核审批制度的规定，提出了草原征占用审核审批的类型、程序和权限。

从类型来看，草原征占用审核审批事项共有三类：一是征收、征用或者使用草原（即将草原的农用地属性变为建设用地）的审核审批；二是临时占用草原（不改变草原属性）的审核；三是在草原上修建直接为草原保护和畜牧业生产服务的工程设施的审批。

从审核审批程序来看，征收、征用或者使用草原的审核审批程序包括两个重要的环节：一是由省级以上人民政府草原行政主管部门审核同意；二是依照有关土地管理的法律、行政法规办理建设用地审批手续。临时占用草原的审核、在草原上修建直接为草原保护和畜牧业生产服务的工程设施的审批都只有一个环节，即由草原行政主管部门审核或者审批，无需再到土地部门办理手续。

从审核审批权限来看，征收、征用或者使用草原的审核权只有省级以上人民政府草原行政主管部门享有。为进一步明确国务院草原行政主管部门和省级主管部门的审核权限，在《草原征占用审核审批管理办法》中又作出了具体的规定，即征收、征用或者使用草原面积超过 $70hm^2$ 的，由国务院草原行政主管部门审核；$70hm^2$ 及以下的，由省级人民政府草原行政主管部门审核。临时占用草原的审核权由县级以上地方人民政府草原行政主管部门享有，省级、地级和县级主管部门的审核权限划分，由各省区根据实际情况确定，国家没有作出统一规定。在草原上修建直接为草原保护和畜牧业生产服务的工程设施的审批权限与征用、使用草原的审核权限一样，即超过 $70hm^2$ 的，由国务院草原行政主管部门审批；$70hm^2$ 及以下的，由省级人民政府草原行政主管部门审批。

目前，这项制度在执行过程中，遇到最主要的问题是许多征收、征用或者使用征草原的单位未经省级以上草原行政主管部门审核同意，直接到土地部门办理审批手续。针对这一问题，各地在不断加大对非法占用草原违法行为查处力度的同时，积极协调土地部门依法按照程序开展审核审批工作，这项制度得到了不断的完善和规范。据统计，2013—2017 年各级草原行政主管部门共审核审批征占用草原申请 3334 批次，审核审批征占用草原面积 $39\ 374hm^2$，累计征收植被恢复费 8 亿多元。其中，农业部审核通过 40 批次，面积 $9791hm^2$。河北、内蒙古、辽宁、吉林、黑龙江、四川、贵州、云南、西藏、甘肃、青海、宁夏、新疆 13 个省(自治区)及新疆生产建设兵团共审核审批通过 3294 批次，涉及草原面积 $29\ 583hm^2$。被征占用的草原用于水电建设 $10\ 051hm^2$，农牧业生产 $4838hm^2$，公路/铁路建设 $9117hm^2$，矿藏开采 $2383hm^2$，油田建设 $586hm^2$ 及其他用途 $12\ 399hm^2$。

(六)基本草原保护制度

《草原法》第四十二条规定，国家实行基本草原保护制度。

草原对牧民，如同耕地对农民一样重要。但目前各地对草原的保护力度远远不如对耕地的保护。针对这种情况，参照基本农田保护的做法，将重要的草原划定为基本草原，采取更加严格的保护措施，以达到有效保护草原的目的。

根据《草原法》的规定，有七类草原应当划定为基本草原，即：重要放牧场；割草地；用于畜牧业生产的人工草地、退耕还草地以及改良草地、草种基地；对调解气候、涵养水源、保持水土、防风固沙具有特殊作用的草原；作为国家重点保护野生动植物生存环境的草原；草原科研、教学实验基地；国务院规定应当划为基本草原的其他草原。上述规定的草原实际上涵盖了全国绝大部分的草原。

为推进基本草原划定工作，各地以实施退牧还草等草原生态保护工程和落实草原生态补奖政策为契机，积极推进基本草原划定工作。据统计，目前全国已划定基本草原35亿亩(约为2.3亿hm^2)。但目前国务院尚未制定出台《基本草原保护条例》，除内蒙古自治区出台了《内蒙古自治区基本草原保护条例》外，其他省区也未出台相关地方性法规和规章，对基本草原实施严格保护的法律依据还不够充分。

(七)草畜平衡制度

《草原法》第四十五条规定，国家对草原实行以草定畜、草畜平衡制度。

草畜平衡是指为保护草原生态系统良性循环，在一定区域和时间内通过草原和其他途径提供的饲草饲料总量与在草原上饲养的牲畜保持动态的平衡。草畜平衡管理是以核定草原的产草量为基础，以草定畜，增草增畜，以达到科学合理的载畜量，实现草与畜之间的动态平衡。长期以来，我国草原超载过牧现象比较普遍，已成为草原退化的主要原因之一，实现草畜平衡，促进草、畜生态系统良性循环，也是草原管理工作的核心任务之一。

落实草畜平衡制度的关键是以草定畜，需要各级人民政府、行政主管部门和草原承包经营者的共同努力。《草原法》第三十三条和第四十五条对草原行政主管部门、各级人民政府和草原承包经营者的责任和义务作出了明确的规定。国务院草原行政主管部门负责制定草原载畜量标准和草畜平衡管理办法；县级以上地方人民政府草原行政主管部门应当按照国务院草原行政主管部门制定的草原载畜量标准，结合当地实际情况，定期核定草原载畜量；各级人民政府应当采取有效措施，防止超载过牧；草原承包经营者应当合理利用草原，不得超过草原行政主管部门核定的载畜量，还应当采取种植和储备饲草饲料、增加饲草饲料供应量、调剂处理牲畜、优化畜群结构、提高出栏率等措施，保持草畜平衡。

为推进草畜平衡制度落实，原农业部于2005年制定出台了《草畜平衡管理办法》，明确开展草畜平衡工作应当坚持四条原则：一是加强保护，促进发展；二是以草定畜，增草增畜；三是因地制宜，分类指导；四是循序渐进，逐步推行。内蒙古、四川、云南、西藏、甘肃、青海、新疆等省（自治区）相继结合本地区实际，出台了草畜平衡管理办法或实施细则，积极组织开展草原载畜量核定和以草定畜工作，结合禁牧休牧制度的落实，采取扩大人工种草面积等措施，加快推进传统草原畜牧业生产方式转变，为实现草畜平衡奠定基础；各级草原监理机构认真履行职责，不断加强监管，及时纠正超载过牧行为，近五年，各地共查处违反草畜平衡规定案件5100多起。

从2011年起，国家在13个主要草原牧区省（自治区）组织实施草原生态保护补助奖励政策，草畜平衡奖励是主要内容之一，主要做法是对禁牧区域以外的草原根据承载力核定合理载畜量，引导鼓励牧民将超载的牲畜数量减下来，在草畜平衡的基础上实施季节性休牧和划区轮牧，形成草原合理利用的长效机制。在草原生态保护补助奖励政策的带动下，草畜平衡制度落实工作取得了显著进展。截至2017年，全国实现草畜平衡面积已达1.74亿hm^2。随着草畜平衡管理制度不断落实，草原畜牧业生产方式加快转变，草原利用方式更趋合理。2017年，全国重点天然草原平均牲畜超载率为11.3%，较2011年下降16.7%；全国268个牧区半牧区县（旗、市）天然草原平均牲畜超载率为14.1%，较2011年下降27.6%。

（八）禁牧休牧制度

《草原法》第四十七条规定，对严重退化、沙化、盐碱化、石漠化的草原和生态脆弱区的草原，实行禁牧、休牧制度。

禁牧是指为实现草原植被恢复正常水平而对草原实行全面禁止放牧利用的保护措施。禁牧相对时限较长，通常不低于一年。休牧是指为保护牧草正常生长和繁殖，在春季牧草返青期和秋季牧草结实期实行季节性禁止放牧利用或在整个植物生长期禁止放牧利用的措施。休牧的时限通常不超过一年。

由于我国牧区人口和牲畜数量不断增加，草原面积不断减少，草原生产力逐年下降，造成草畜矛盾日益突出，草原退化不断加剧。在这种情况下，对退化严重的草原实施禁牧措施，给草原以休养生息的机会，对促进草原植被恢复、提高草原生产力、缓解草畜矛盾十分重要。同时，在退化程度较轻的草原，在牧草春季返青期和秋季结实期进行休牧，促进草原恢复生长和结实繁殖，也是恢复草原植被、提高草原生产力的重要措施。《草原法》把禁牧休牧作为一项法律制度提出，目的就是推进草原禁牧、休牧工作的法制化、制度化。

为落实草原禁牧休牧制度，各地不断加大执法监督力度，及时对违反禁牧规定的行为予以纠正和处罚，近五年共查处违反禁牧规定案件65 000多起。各地在强化执法监督的同时，结合退牧还草等草原生态建设工程的实施，通过加强人工饲草地、棚圈、储草棚等基础设施建设，帮助农牧民转变畜牧业生产方式，有力推动了禁牧休牧制度的落实。特别是2011年国家实施草原生态保护补助奖励政策以来，通过向实施禁牧的牧户发放禁牧补助，进一步推进了禁牧制度的落实。目前，全国草原禁牧休牧面积达到了1.52亿hm^2，其中，禁牧面积0.93亿hm^2、休牧面积0.59亿hm^2。

三、《草原司法解释》

长期以来，草原执法工作一直面临着执法力量薄弱、执法装备条件落后等问题。但从法律和制度层面来看，草原执法工作面临的最突出问题是执法的法律依据不够完善，《草原法》和《刑法》缺乏有效的衔接，对破坏草原资源的犯罪行为缺乏量刑标准，难以追究刑事责任，草原执法的惩戒和震慑作用不明显，由此造成非法开垦草原、非法占用草原等违法犯罪行为屡禁不止。

针对这一问题，2010年最高人民法院在深入调研的基础上，启动了《草原司法解释》的制定工作。2012年10月22日，最高人民法院审判委员会第1558次会议审议通过《草原司法解释》，于2012年11月22日开始施行。《草原司法解释》明确了破坏草原资源犯罪行为的定罪量刑标准，实现了《草原法》与《刑法》的有效衔接，为依法打击草原犯罪行为提供了新的法律武器，从根本上扭转了“破坏草原无罪”的局面。

《草原司法解释》共七条，主要规定了非法占用草原行为的定性问题；刑法第三百四十二条规定的“数量较大”“造成耕地、林地等农用地大量毁坏”的认定标准；非法批准征收、征用、占用草原行为的定罪量刑标准；阻碍草原监督检查人员依法执行职务、煽动群众暴力抗拒法律实施的处理；单位非法占用草原的定罪量刑标准等问题。

第一条规定了非法占用草原定罪的罪名。该条规定，违反草原法等土地管理法规，非法占用草原，改变被占用草原用途，数量较大，造成草原大量毁坏的，依照刑法第三百四十二条的规定，以非法占用农用地罪定罪处罚。

第二条规定了非法占用草原的定罪量刑标准和具体情形。非法占用草原“数量较大”的标准一般为“二十亩以上”；曾因非法占用草原受过行政处罚，在三年内又非法占用草原的，则为“十亩以上”。同时，第二条对“非法占用草原，改变被占用草原用途，数量较大”的具体情形作出了明确规定，即：开垦草原种植粮食作物、经济作物、林木的；在草原上建窑、建房、修路、挖砂、采石、采矿、取土、剥取草皮的；在草原上堆放或者排放废弃物，造成草原的原有植被严重毁坏或者严重污染的；违反草原保护、建设、利用规划种植牧草和饲料作物，造成草原沙化或者水土严重流失的；其他造成草原严重毁坏的情形。有上述情形之一的，应当认定为刑法第三百四十二条规定的“造成耕地、林地等农用地大量毁坏”。

关于造成草原“大量毁坏”的认定标准，根据刑法第三百四十二条规定，非法占用草原，构成非法占用农用地罪，不仅以“改变被占用土地用途，数量较大”为条件，还需造成草原大量“毁坏”。对草原“毁坏”的认定标准，《解释》区分了两种不同情形：一是对于非法开垦草原种植粮食作物、经济作物、林木，或者在非法占用的草原上建窑、建房、修路、挖砂、采石、采矿、取土、剥取草皮的，采取“改变用途即毁坏”的认定标准，即只要在非法占用的草原上实施以上行为的，即应认定已对草原造成毁坏。这是因为，草原与耕地、林地不同，草原生态十分脆弱，一旦改变其用途，用于种粮、采矿等非草原建设，即会造成草原严重毁坏。以非法开垦草原为例，草原被开垦后，即便在降水条件好的地区，植被恢复也需要十年以上时间，且要花费上百倍于开垦草原的成本。考虑到草原的特殊性，结合司法实践，采取“改变用途即毁坏”的原则，改变被占用草原用途即意味着已对草原造成毁坏。二是对于在非法占用的草原上堆放或者排放废弃物，或者违反草原保护、建设、利用规划种植牧草和饲料作物的，分别以“造成草原的原有植被严重毁坏或者严重污染”或者“造成草原沙化或者水土严重流失”作为造成草原“毁坏”的认定标准。

第三条规定了国家机关工作人员非法批准征用、征收、占用草原行为的定罪量刑标准。针对实践中存在的国家机关工作人员违反《草原法》的规定，无权批准征收、征用、占用草原而批准，超越批准权限批准征收、征用、占用草原，不按照草原保护、建设、利用总体规划的用途批准占用草原，或者违反法律规定的程序批准占用草原的行为，规定了下列情形为“情节严重”：（一）非法批准征收、征用、占用草原四十亩以上的；（二）非法批准征收、征用、占用草原，造成二十亩以上草原被毁坏的；（三）非法批准征收、征用、占用草原，造成直接经济损失三十万元以上，或者具有其他恶劣情节的。规定具有下列情形之一，应当认定为刑法第四百一十条规定的“致使国家或者集体利益遭受特别重大损失”：（一）非法批准征收、征用、占用草原八十亩以上的；（二）非法批准征收、征用、占用草原，造成四十亩以上草原被毁坏的；（三）非法批准征收、征用、占用草原，造成直接经济损失六十万元以上，或者具有其他特别恶劣情节的。

第四条规定了抗拒草原执法的定性问题。针对草原面积大，草原执法人员人数少，执法装备差，履行职责时经常遇到暴力抗拒执法，甚至执法人员人身安全受到严重威胁和危害的情况，本条明确规定，以暴力、威胁方法阻碍草原监督检查人员依法执行职务，构成犯罪的，依照刑法第二百七十七条的规定，以妨碍公务罪追究刑事责任。煽动群众暴力抗拒草原法律、行政法规实施，构成犯罪的，依照刑法第二百七十八条的规定，以煽动暴力抗拒法律实施罪追究刑事责任。该规定将为有效惩治和预防各种暴力妨碍执法人员依法履行职务的行为，强化教育、威慑、警示效果，起到一定的作用。

第五条规定了单位实施刑法第三百四十二条规定的行为，对单位判处罚金，并对其直接负责的主管人员和其他直接责任人员，依照本解释规定的定罪量刑标准定罪处罚。

第六条规定了多次实施破坏草原资源的违法犯罪行为，未经处理，应当依法追究刑事责任的，按照累计的数量、数额定罪处罚。

第七条明确规定了本解释所称“草原”的具体范围，即草原是指天然草原和人工草地，天然草原包括草地、草山和草坡，人工草地包括改良草地和退耕还草地，不包括城镇草地。此条规定与《草原法》第二条第二款、第七十四条关于草原范围的规定一致。

第二节 草原政策

一、草原保护政策概述

20 世纪 50 年代中叶，我国工农业逐步复苏发展。在当时的历史条件下，发展农业主要任务是解决粮食增产的问题，基本没有对草原生态环境保护的具体政策，与之相反，通过开垦荒地(包括草原)扩大耕地面积是当时的一项主要政策。1954 年的政府工作报告提出，为了保证增加农业的产量以适应整个经济发展的需要，必须尽可能扩大耕地面积。1955 年的政府工作报告提出，把“开垦宜于耕种的荒地”，作为农业增产的重要措施。1958 年的政府工作报告指出，1958 年国家对于开垦荒地的投资是 2.35 亿元，计划农垦部直属企业开荒 700 万亩(约合 46.7 万 hm^2)，加上地方国营农场开荒、群众性开荒和移民开荒，全国开垦荒地共达 118.2 万 hm^2。受上述政策影响，我国大量优质草原被开垦为耕地。

中国共产党第十一届中央委员会第三次全体会议以来，我国经济社会发展迈入了新阶段。在这一阶段，国家关于草原的政策，从刚开始把草原视为发展畜牧业的生产资料加以重视，逐步向草原经济功能和生态功能并重的方向转变。

进入 21 世纪后，生态环境保护与建设得到了越来越广泛的关注和重视。草原作为国家生态的主体，也得到了越来越多的重视。这一时期，国家对草原的政策实现了从以经济目标为主向以生态保护目标为主的战略性转变。2002 年 9 月，国务院出台了《国务院关于加强草原保护与建设的若干意见》，这是中华人民共和国成立以来第一个专门针对草原工作出台的政策性文件，也是指导草原保护与建设工作的纲领性文件，为进一步做好草原保护与建设工作提供了明确的政策依据。2004 年以来，中央连续出台关于“三农”工作的中央一号文件，每年的中央一号文件都对加强草原保护建设提出明确要求。如 2004 年中央一号文件提出，“节水灌溉、人畜饮水、乡村道路、农村沼气、农村水电、草场围栏等‘六小工程’，对改善农民生产生活条件、带动农民就业、增加农民收入发挥着积极作用，要进一步增加投资规模，充实建设内容，扩大建设范围”“继续搞好生态建设，对天然林保护、退耕还林还草和湿地保护等生态工程，要统筹安排，因地制宜，巩固成果，注重实效”。2005 年中央 1 号文件提出，“进一步加强草原建设和保护，加快实施退牧还草工程，搞好牧区水利建设，加强森林草原防火和草原鼠虫害防治工作”。“增强农业综合生产能力必须培育发达的畜牧业。牧区要加快推行围栏放牧、轮牧休牧等生产方式，搞好饲草料地建设，改良牲畜品种，进一步减轻草场过牧的压力。”2006 年中央一号文件提出，“继续推进退牧还草、山区综合开发。建立和完善生态补偿机制”。2007 年中央一号文件提出，“启动石漠化综合治理工程，继续实施沿海防护林工程。完善森林生态效益补偿基金制度，探索建立草原生态补偿机制。加快实施退牧还草工程。加强森林草原防火工作”。2008 年中央一号文件提出，“建立健全森林、草原和水土保持生态效益补偿制度，多渠道筹集补偿资金，增强生态功能。落实草畜平衡制度，推进退牧还草，发展牧区水利，兴建人工草场。加强森林草原火灾监测预警体系和防火基础设施建设。”“稳步推进草原家庭承包经营”。2009 年中央 1 号文件提出，“扩大退牧还草工程实施范围，加强人工饲草地和灌溉草场建设。加强森林草原火灾监测预警体系和防火基础设施建设。提高中央财政森林生态效益补偿标准，启动草原、湿地、水土保持等生态效益补偿试点”。2010 年中央 1 号文件提出，“加大力度筹集森林、草原、水土保持等生态效益补偿资金”“切实加强草原生态保护建设，加大退牧还草工程实施力度，延长实施年限，适当提高补贴标准。落实草畜平衡制度，继续推行禁牧休牧轮牧，发展舍饲圈养，搞好人工饲草地和牧区水利建设。推进西藏草原生态保护奖励机制试点工作。加大草原鼠虫害防治力度”。首次明确提出要“加强草原监理体系建设，强化草原执法监督”。再次提出“按照权属明确、管理规范、承包到户的要求，继续推进草原基本经营制度改革”。2012 年中央 1 号文件提出，“探索建立森林、草原、水土保持等生态补偿制度”“加快转变草原畜牧业生产方式，加大对牧业、牧区、牧民的支持力度，草原生态保护补助奖励政策覆盖到国家确定的牧区半牧区县(市、旗)。”“加快推进牧区草原承包工作”“扩大退牧还草工程实施范围，支持草原围栏、饲草基地、牲畜棚圈建设和中毒退化草原改良。加强牧区半牧区草原监理工作”。

2011 年，草原工作迎来了三件大事。一是国家在内蒙古等 13 个省(自治区)启动实施草原生态保护补助奖励政策；二是国务院出台了《关于促进牧区又好又快发展的若干意见》；三是在时隔 24 年后国务院再次召开全国牧区工作会议。这三件大事标志着草原新政已经形成，草原这篇大文章已经开篇破题，草原保护建设迈入了新时期。

党的十八大以来，以习近平同志为核心的新一届中央领导集体高度重视生态文明建设，将建设生态文明提升到“关系人民福祉、关乎民族未来”的高度，明确提出了“保护生态环境就是保护生产力，改善生态环境就是发展生产力”的发展理念；将生态文明建设与经济建设、政治建设、文化建设、社会建设一道纳入中国特色社会主义事业“五位一体”总体布局，提出“创新、协调、绿色、开放、共享”发展理念。2015 年，中共中央、国务院印发了《关于加快推进生态文明建设的意见》《生态文明体制改革总体方案》。随后，中共中央办公厅、中华人民共和国国务院办公厅及相关部委相继印发了一系列生态文明体制改革的文件，为加快推进草原生态文明建设指明了方向。2017 年 7 月，习近平总书记在中央全面深化改革领导小组第 37 次会议上指出，“坚持山、水、林、田、湖、草是一个生命共同体”。将草纳入山、水、林、田、湖同一个生命共同体，是对草原生态地位认识的新突破，是对生态文明建设理论的新发展，对推进草原保护建设具有里程碑式的重要意义。党的十九大报告再次提出要“统筹山、水、林、田、湖、草系统治理，实行最严格的生态环境保护制度，形成绿色发展方式和生活方式，坚定走生产方针、生产富裕、生态良好的文明发展道路”。

由此可见，草原从被视为“荒地”到“陆地面积最大的绿色生态屏障”，人们对草原重要的生态、经济和社会价值的认识逐步提高，国家对草原保护工作从“被忽视”到“高度重视”，再到“山、水、林、田、湖、草生命共同体”，草原资源和生态保护工作经历了不平凡的发展历程。当前，草原资源和生态保护政策不断完善，投入力度不断加大，草原工作已迈入了新的时代。

二、《国务院关于加强草原保护与建设的若干意见》

为加强草原保护与建设，尽快改善草原生态环境，促进草原生态良性循环，维护国家生态安全，实现经济社会和生态环境的协调发展，2002 年 9 月，国务院出台了《国务院关于加强草原保护与建设的若干意见》(国发〔2002〕19 号，以下简称国务院 19 号文件)。

国务院 19 号文件围绕草原保护与建设工作，提出了九个方面的意见：

一是充分认识加强草原保护与建设的重要性和紧迫性。指出草原在国民经济和生态环境中具有重要的地位和作用，加强草原保护与建设刻不容缓。提出要按照统筹规划、分类指导、突出重点、保护优先、加强建设、可持续利用的总体要求，采取有效措施遏制草原退化趋势，提高草原生产能力，促进草原可持续利用，实现草原生态良性循环，促进经济社会和生态环境协调发展。

二是建立和完善草原保护制度。提出要建立基本草原保护制度，对基本草原实施严格的保护制度，任何单位和个人不得擅自征用、占用基本草原或改变其用途。实行草畜平衡制度。加快制定草原载畜量标准和草畜平衡管理办法，加强对草畜平衡工作的指导和监督检查，要加强宣传，提高农牧民的生态保护意识，鼓励农牧民积极发展饲草饲料生产，改良牲畜品种，控制草原牲畜放养数量，逐步解决草原超载过牧问题，实现草畜冬季平衡。推行划区轮牧、休牧和禁牧制度，要积极引导，有计划、分步骤组织实施划区轮牧、休牧和禁牧工作。

三是稳定和提高草原生产能力。提出要加强以围栏和牧区水利为重点的草原基础设施建设，突出抓好草原围栏。牧区水利、牲畜棚圈、饲草饲料储备等基础设施建设，合理开发和利用水资源，加强饲草饲料基地、人工草地、改良草地建设，增强牧草供给能力。加快退化草原治理，采取生物、工程和农艺等措施加快退化草原治理，逐步恢复草原生态功能和生产功能。提高防灾减灾能力，坚持“预防为主、防治结合”的方针，做好草原防火、草原鼠虫害防治等防灾减灾工作。

四是实施已垦草原退耕还草。提出要明确退耕还草范围和重点区域，对有利于改善生态环境的、水土流失严重的、有沙化趋势的已垦草原，实施退耕还草。完善和落实退耕还草的各项政策措施，国家向退耕还草农牧民提供粮食、现金和草种费补助。退耕还草任务完成后，由县级以上畜牧业主管部门核实登记，依法履行土地用途变更手续，由县级以上人民政府发放草原使用证。

五是转变草原畜牧业经营方式。提出要积极推行舍饲圈养方式，逐步改变一直以来天然草原放牧的生产方式。按照因地制宜，发挥比较效益的原则，调整和优化草原畜牧业区域布局，逐步形成牧区繁育，农区和半农半牧区育肥的生产格局。

六是推进草原保护与建设科技进步。提出要加强草原科学技术研究和开发，加强对草原退化机理认识。生态演替规律等基础理论研究，加强草原生态系统恢复与重建的宏观调控技术、优质抗逆牧草品种选育等关键技术的研究和开发。加快引进草原新技术和牧草新品种，加大草原实用技术推广力度。

七是增加草原保护与建设投入。提出县级以上地方人民政府依据上一级草原保护与建设规划，结合本地实际情况，编制本行政区域内的草原生态保护与建设规划，经同级人民政府批准后，严格组织实施。要广辟资金来源，增加草原投入，地方各级人民政府要将草原保护与建设纳入当地国民经济和社会发展计划，中央和地方财政要加大对草原保护建设的投入。要突出建设重点，提高投资效益，国家保护与建设草原的投入，主要用于天然草原恢复与建设、退化草原治理、生态脆弱区退牧封育、已垦草原退耕还草等工程建设，要强化工程质量管理，提高资金使用效益。

八是强化草原监督管理和监测预警工作。提出要依法加强草原监督管理工作，重点查处乱开滥垦、乱采滥挖等人为破坏草原的案件，禁止采集和销售发菜，严格对甘草、麻黄草等野生植物的采集管理。要加强草原监督管理队伍建设，健全草原监督管理机构，完善草原监督管理手段。要认真做好草原生态监测预警工作，建立和完善草原生态监测预警体系，重点做好草原面积、生产能力、生态环境状况、草原生物灾害，以及草原保护与建设效益等方面的监测工作。

九是加强对草原保护与建设工作的领导。提出地方各级人民政府要把草原保护与建设工作纳入重要议事日程，重点牧区省级人民政府要对草原保护与建设工作负总责，实行市(地)、县(市)政府目标责任制。同时，要按照长期、到户的原则，进一步推行草原家庭承包制，落实草原生产经营、保护与建设的责任，调动农牧民保护和建设草原的积极性。

三、《国务院关于促进牧区又好又快发展的若干意见》

2011 年 6 月 1 日，国务院印发了《关于促进牧区又好又快发展的若干意见》(国发〔2011〕17 号，以下简称国务院 17 号文件)，明确了新时期牧区发展“生产生态有机结合、生态优先”的基本方针，为做好草原工作定下了总基调。

国务院 17 号文件围绕促进牧区又好又快发展，提出了七个方面 26 条具体意见。

一是阐述了促进牧区又好又快发展的重要意义和基本方针。指出草原是我国面积最大的陆地生态系统，牧区是主要江河的发源地和水源涵养区，生态地位十分重要。草原畜牧业是牧区经济发展的基础产业，是牧民收入的主要来源，是全国畜牧业的重要组成部分。促进牧区实现又好又快发展，是加强草原生态保护与建设，构建国家生态安全屏障的迫切需求；是转变草原畜牧业发展方式，增加牧民收入的现实选择；是缩小区域发展差距，实现全面小康社会目标的必然要求；是使各族群众共享改革发展成果，促进民族团结和边疆稳定的战略举措。草原牧区发展必须树立生产生态有机结合、生态优先的基本方针，走出一条经济社会又好又快发展新路子。

二是明确提出了总体要求和发展目标。文件提出，促进牧区又好又快发展，要坚持以邓小平理论和“三个代表”重要思想为指导，深入贯彻落实科学发展观，牢固树立生态优先理念，以加快转变经济发展方式为主线，以保障改善民生为根本出发点和落脚点，进一步解放思想、锐意创新，进一步加大投入、强化支持，着力加强草原生态建设，实现生态良性循环；着力转变草原畜牧业生产方式，积极发展现代畜牧业；着力促进牧区经济全面发展，开辟牧民就业和增收新途径；着力增强基本公共服务能力，不断提高广大农牧民物质文化生活水平，努力把牧区建设成为生态良好、生活宽裕、经济发展、民族团结、社会稳定的新牧区。要坚持生态优先、协调发展，以人为本、改善民生，因地制宜、分类指导，深化改革、扩大开放和中央支持、地方负责五条原则。文件提出，到2015年，基本完成草原确权承包和基本草原划定工作，初步实现草畜平衡，草原生态持续恶化势头得到遏制；草原畜牧业良种覆盖率、牲畜出栏率和防灾减灾能力明显提高；特色优势产业初具规模，牧区自我发展能力增强；基本实现游牧民定居，生产生活条件明显改善，基本公共服务供给能力和可及性明显提高，人畜共患病得到基本控制；贫困人口数量减少一半，牧民收入增幅不低于本省（自治区）农民收入增幅，牧区与农区发展差距明显缩小。到2020年，全面实现草畜平衡，草原生态步入良性循环轨道；草原畜牧业向质量效益型转变取得重大进展，牧区经济结构进一步优化；牧民生产生活条件全面改善，基本公共服务能力达到本省（自治区）平均水平；基本消除绝对贫困现象，牧民收入与全国农民收入的差距明显缩小，基本实现全面建设小康社会目标。

三是加强草原生态保护建设，提高可持续发展能力。文件提出，要把保护基本草原和保护耕地放在同等重要的位置，依法推进基本草原划定，落实基本草原保护制度。根据全国主体功能区规划，加快草原功能区划工作。坚持重点突破与面上治理相结合、工程措施与自然修复相结合，全面加强草原生态建设。坚持保护草原生态和促进牧民增收相结合，建立草原生态保护补助奖励机制，实施禁牧补助和草畜平衡奖励，保障牧民减畜不减收，充分调动牧民保护草原的积极性。按照机构设置合理、队伍结构优化、设施装备齐全、执法监督有力的要求，进一步加强草原监管工作。

四是加快转变发展方式，积极发展现代草原畜牧业。文件提出，要促进草原畜牧业从粗放型向质量效益型转变。有步骤地减少天然草原过载牲畜数量，全面推行草畜平衡，落实草原禁牧休牧轮牧制度。强化科技支撑，完善服务体系，提高草原畜牧业发展水平。加大相关农业科研经费对牧区的支持力度，进一步加强优良畜种和草种选育、草原生态系统恢复与重建等关键技术的研发。提高防灾减灾能力，支持雪灾易灾县（旗、市）建设饲草料储备库，建立饲草料储备制度。建设草原火灾应急通讯指挥系统、防火物资储备库、防火站和边境防火隔离带，建立专业半专业防扑火队伍，开展技能培训和应急演练，提高草原防扑火能力。加强草原鼠虫害和毒害草防治基础设施建设，扩大防治面积，增加生物防治比例，加强草原外来物种入侵防控工作。针对牧区特点，完善草原畜牧业生产补贴政策。按照权属明确、管理规范、承包到户的要求，积极稳妥推进草原确权和承包工作。依法明确草原权属，实现草原承包地块、面积、合同、证书"四到户"，保持草原承包关系稳定并长久不变。

五是促进牧区经济发展，拓宽牧民增收和就业渠道。文件提出，要积极发展特色农畜产品加工业等牧区特色优势产业。在保护草原生态的前提下，有序开发矿产资源，整顿开发秩序，提高开发水平。积极发展风电、太阳能发电等清洁能源。大力发展循环经济，提高资源综合利用水平。合理开发利用药用动植物资源，扶持民族医药产业发展。进一步发掘民族文化、民俗文化、草原文化和民族民间传统体育特色，发展以草原风光、民族风情为特色的草原文化产业和旅游业。加强重点旅游景区基础设施建设，打造一批精品旅游线路，形成一批国内外知名的旅游目的地。不断提高牧区对内对外开放水平。加大对牧区特色优势产业发展的支持力度。促进牧民转产转业，减轻草原人口承载压力。设立毒草治理、围栏管护、减畜监督、防火、鼠虫害测报员等草原管护公益岗位，组织牧民开展草原管护。

六是大力发展公共事业，切实保障和改善民生。文件提出，要加强牧区基础设施建设。加快实施游牧民定居工程。大力发展牧区社会事业。加大牧区扶贫开发力度。促进民族团结和社会稳定。

七是切实加强对牧区工作的组织领导。文件提出，要落实地方政府责任。地方各级政府要切实把促进牧区又好又快发展工作摆上重要位置，统一思想，加强领导，全面部署，狠抓落实，确保牧区工作不断取得新进展。国务院各有关部门要充分认识促进牧区发展的重要意义，认真履行职责，加强工作指导，加大工作力度，积极落实各项政策措施，支持地方政府做好工作，为促进牧区又好又快发展创造良好条件。

2011 年 8 月，国务院在内蒙古自治区呼伦贝尔市召开全国牧区工作会议。会议对贯彻落实《国务院关于促进牧区又好又快发展的若干意见》精神，做好新时期的牧区工作作出了全面部署。

四、草原生态保护补助奖励政策

长期以来，国家对草原牧区的投入不足，再加上草原牧区主要是少数民族的聚居区，地处偏远、气候恶劣、条件艰苦、基础设施建设滞后，草原牧区经济社会发展相对落后，已成为全面建成小康社会的难点。进入21世纪以来，国家不断加大对“三农”的支持力度，对农民给予了多种补贴，但牧民却享受不到这些补贴，导致农牧民收入差距扩大，不利于维护民族团结和边疆和谐稳定。

党中央、国务院对草原牧区面临的问题高度重视。2009—2010年，国家在西藏的部分县实施了草原补奖试点工作。2010年10月12日，温家宝同志主持召开国务院第128次常务会议，决定在主要草原省份全面建立草原生态保护补助奖励机制。2011年，国家首先在内蒙古、新疆(含新疆生产建设兵团)、西藏、青海、四川、甘肃、宁夏和云南8个主要草原牧区省(自治区)，全面建立草原生态保护补助奖励机制，实施禁牧补助、草畜平衡奖励、牧民生产资料综合补贴和牧草良种补贴等政策措施。2012年，国家将河北、山西、黑龙江、吉林和辽宁的36个半牧业县纳入草原生态补奖政策实施范围。

政策主要有四个方面的内容。一是实施禁牧补助。对生态环境恶劣、退化严重、不宜放牧的草原，实行禁牧封育。中央财政按每亩6元的测算标准对牧民给予禁牧补助。二是实施草畜平衡奖励。对禁牧区域以外的可利用草原，在核定合理载畜量的基础上，中央财政对未超载的牧民按照每亩1.5元的测算标准给予草畜平衡奖励。三是给予牧民生产性补贴。包括畜牧良种补贴、牧草良种补贴和每户牧民500元的生产资料综合补贴。四是实行绩效考核奖励。中央财政每年安排奖励资金，对工作突出、成效显著的省份给予资金奖励，由地方政府统筹用于草原生态保护工作。政策实施要求主要是“四到省”和“五到户”。“四到省”：目标到省、任务到省、责任到省、资金到省。“五到户”：任务落实到户、补助发放到户、服务指导到户、监督管理到户、建档立卡到户。

2016年开始，国家实施新一轮草原生态补奖政策，将河北省兴隆、滦平、怀来、涿鹿、赤城5个县纳入实施范围，构建和强化京津冀一体化发展的生态安全屏障。国家根据草原牧区实际情况和第一轮政策执行情况进行了政策调整，新政策内容包括：禁牧补助，中央财政按照每年每亩7.5元的测算标准给予禁牧补助，5年为一个补助周期。草畜平衡奖励，中央财政对履行草畜平衡义务的牧民按照每年每亩2.5元的测算标准给予草畜平衡奖励。绩效考核奖励，中央财政每年安排绩效考核奖励资金，对工作突出、成效显著的省区给予资金奖励，由地方政府统筹用于草原生态保护建设和草牧业发展。

2011—2017年，国家累计投入草原生态补奖资金1138.84亿元，其中，2011—2015年第一轮草原生态补奖资金763.64亿元，包括：禁牧补助372.12亿元、禁牧面积0.82亿hm^2，草畜平衡奖励195.38亿元、面积1.74亿hm^2，生产资料综合补贴62.51亿元，牧草良种补贴56.85亿元，绩效考核奖励资金74.79亿元。2016—2017年按新一轮草原生态补奖标准执行，两年资金总额375.20亿元，包括：禁牧补贴180.97亿元，草畜平衡奖励130.25亿元，绩效考核奖励63.98亿元。草原生态补奖政策实施各省区实现禁牧面积0.80亿hm^2，草畜平衡面积1.74亿hm^2。

五、生态文明建设相关政策

(一)《中共中央国务院关于加快推进生态文明建设的意见》

2015年4月，中国共产党中央委员会、国务院印发了《关于加快推进生态文明建设的意见》。意见坚持节约资源和保护环境的基本国策，把生态文明建设放在突出的战略位置，协同推进新型工业化、信息化、城镇化、农业现代化和绿色化。提出到2020年，生态环境质量总体改善，草原综合植被覆盖度达到56%。党中央、国务院对生态文明建设的系列战略部署，为我们做好新时期草原生态文明建设提供了重要遵循。

意见对草原保护建设工作提出具体要求。主要有：严格落实禁牧休牧和草畜平衡制度，加快推进基本草原划定和保护工作；加大退牧还草力度，继续实行草原生态保护补助奖励政策；稳定和完善草原承包经营制度。在重点生态功能区、生态环境敏感区和脆弱区等区域划定生态红线，确保生态功能不降低、面积不减少、性质不改变；科学划定森林、草原、湿地、海洋等领域生态红线，严格自然生态空间征(占)用管理，有效遏制生态系统退化的趋势。对水流、森林、山岭、草原、荒地、滩涂等自然生态空间进行统一确权登记。实施重大生态修复工程，扩大森林、湖泊、湿地面积，提高沙区、草原植被覆盖率，有序实现休养生息。继续推进京津风沙源治理、黄土高原地区综合治理、石漠化综合治理，通过节约能源和提高能效，优化能源结构，增加森林、草原、湿地、海洋碳汇等手段，有效控制温室气体排放。对各类环境违法违规行为实行“零容忍”，加大查处力度，严厉惩处违法违规行为。加强基层执法队伍能力建设，修订《草原法》。

（二）《生态文明体制改革总体方案》

2015 年 9 月，为加快建立系统完整的生态文明制度体系，加快推进生态文明建设，增强生态文明体制改革的系统性、整体性、协同性，党中央、国务院印发《生态文明体制改革总体方案》。方案提出了生态文明体制改革的 6 大理念、6 项原则，提出了构建起由自然资源资产产权制度、国土空间开发保护制度、空间规划体系、资源总量管理和全面节约制度、资源有偿使用和生态补偿制度、环境治理体系、环境治理和生态保护市场体系、生态文明绩效评价考核和责任追究制度 8 项制度构成的产权清晰、多元参与、激励约束并重、系统完整的生态文明制度体系。

方案中与草原资源和生态环境保护直接相关的内容主要有：坚持资源公有、物权法定，清晰界定全部国土空间各类自然资源资产的产权主体。对水流、森林、山岭、草原、荒地、滩涂等所有自然生态空间统一进行确权登记，逐步划清全民所有和集体所有之间的边界，划清全民所有、不同层级政府行使所有权的边界，划清不同集体所有者的边界。按照所有者和监管者分开和一件事情由一个部门负责的原则，整合分散的全民所有自然资源资产所有者职责，组建对全民所有的矿藏、水流、森林、山岭、草原、荒地、海域、滩涂等各类自然资源统一行使所有权的机构，负责全民所有自然资源的出让等。中央政府主要对石油天然气、贵重稀有矿产资源、重点国有林区、大江大河大湖和跨境河流、生态功能重要的湿地草原、海域滩涂、珍稀野生动植物种和部分国家公园等直接行使所有权。逐步建立全国碳排放总量控制制度和分解落实机制，建立增加森林、草原、湿地、海洋碳汇的有效机制，加强应对气候变化国际合作。确立草原保护制度。稳定和完善草原承包经营制度，实现草原承包地块、面积、合同、证书“四到户”，规范草原经营权流转。实行基本草原保护制度，确保基本草原面积不减少、质量不下降、用途不改变。健全草原生态保护补奖机制，实施禁牧休牧、划区轮牧和草畜平衡等制度。加强对草原征用使用审核审批的监管，严格控制草原非牧使用。建立耕地草原河湖休养生息制度。编制耕地、草原、河湖休养生息规划，调整严重污染和地下水严重超采地区的耕地用途，逐步将 25°以上不适宜耕种且有损生态的陡坡地退出基本农田。建立巩固退耕还林还草、退牧还草成果长效机制。

（三）其他有关生态文明体制改革的政策性文件

中国共产党第十八次全国代表大会以来，除《中共中央国务院关于加快推进生态文明建设的意见》和《生态文明体制改革总体方案》两个纲领性的文件外，中共中央办公厅中办、中华人民共和国国务院办公厅及相关部委还出台了一系列生态文明体制改革的重要文件，包括《党政领导干部生态环境损害责任追究办法（试行）》《关于设立统一规范的国家生态文明试验区的意见》《生态环境损害赔偿制度改革试点方案》《关于健全生态保护补偿机制的意见》《编制自然资源资产负债表试点方案》《关于加强资源环境生态红线管控的指导意见》《耕地草原河湖休养生息规划（2016—2030 年）》《生态文明建设目标评价考核办法》《自然资源统一确权登记办法（试行）》《关于全民所有制自然资源资产有偿使用制度改革的指导意见》《省级空间规划试点方案》《关于划定并严守生态保护红线的若干意见》《自然生态空间用途管制办法（试行）》《关于建立资源环境承载能力监测预警长效机制的若干意见》《建立国家公园体制总体方案》《生态环境损害制度改革方案》《关于建立健全长江经济带生态补偿与保护长效机制的指导意见》等。这些文件进一步细化了生态文明制度体系，其中许多内容都与草原资源与生态环境保护工作密切相关，需要在草原资源与生态保护工作中认真落实。

第九章

草原科技与教育

第一节　草原科技教育队伍

一、科研机构与队伍

草原科研机构与队伍由国家和部省的研究院所、技术监督与推广机构、院校、企业、社会团体等方面组成，共同构成了我国多层次、多类型、覆盖全国的草业科技与研发体系，不断推动草业的发展与科技进步，为生态安全与社会经济发展做出了积极贡献。

（一）主要草原研究机构

草原研究机构主要有中国农业科学院、中国科学院、部省合办或省农牧科学院等设立的相对独立的专业性草业研究机构。中国农科院从事草原类研究的科研机构主要有：中国农业科学院草原研究所、中国农业科学院北京畜牧与兽医研究所草业科学研究室、中国农业科学院农业资源与农业区划研究所草地生态遥感团队、中国农业科学院兰州畜牧与兽药研究所草业饲料研究室、中国热带农业科学院热带作物品种资源研究所草业研究室等。

中国科学院系统从事草原类研究的科研机构主要有：中国科学院西北高原生物所、中国科学院寒区旱区环境与工程研究所、中国科学院水利部水土保持研究所、中国科学院地理科学与资源环境研究所、中国科学院植物研究所等。

部省合办或省农牧科学院等设立的相对独立的专业性草业研究机构主要有：甘肃省草原生态研究所、内蒙古畜牧科学院草原勘察设计所、内蒙古农牧业科学院草原研究所、四川省草原科学研究院、新疆畜牧科学院草业研究所、青海省畜牧兽医科学院草原研究所、吉林省农业科学院草业科学研究所、黑龙江省畜牧研究所、黑龙江省农业科学院、云南省草地动物科学院、贵州省草业研究所、贵州省畜牧兽医科学研究所牧草研究室、西藏自治区农牧科学院畜牧兽医研究所牧草研究室、江苏省农业科学院牧草研究室、江苏省中国科学院植物研究所草业研究中心、湖北省农业科学院畜牧兽医研究所牧草研究室、湖南省畜牧兽医研究所草业科学研究室、广西畜牧研究所牧草研究室、北京草业与环境研究发展中心等。

（二）草原监理机构与草业技术推广队伍

1. 草原监理机构

草原执法监督是我国草业政法保障体系的重要内容，由草原执法监督机构来执行，中央草原监理机构为原农业部草原监理中心，成立于2003年，下设草原执法监督处、草原保护处、草原监测处、草原防火处、草原指导处等五个业务处室。草原监理中心的成立是草原保护建设走向法制管理的重要一步，弥补了我国草原管理45年来缺少国家草原执法监督专门机构的空白，同时已在全国23个省、地、县建立了草原监理机构，初步形成国家—省（自治区）—地（市）—县四级草原监理体系。

截至2011年年底，建立国家级草原监理单位1个，省级23个，地级134个，县级658个。现有机构中，单独设置的机构288个，占机构总数的35.3%；实行参照公务员法管理的机构262个，占机构总数的32.1%。23个省级机构中，有7个省（自治区）的草原监理机构是单独设置的；有12个省（自治区）的草原监理机构实行了参照公务员法管理。

我国草原监理队伍成立时间短，但是专业对口，结构合理，年富力强，具有一定的实践经验、政策水平和执法能力。全国草原监理人员共有9518人，其中国家级33人，省级357人，地级1370人，县级7758人。已在全国设立县级以上草原防火机构770多个，防火工作人员7300多人，省、地、县、乡四级草原火灾应急队伍近1.9万人。

从人员的年龄结构看，30~50岁的人员占76.1%；从专业背景看，草原和法律专业背景的人员占30%；从文化程度看，大专和本科学历的人员居多，占70.1%。有行政执法证的人员6008人，占63.1%。2006—2011年，全国共查处各类草原违法案件101 010起，有力打击了各种破坏草原的违法行为。在处理信访督办工作中共接到群众来电来信反映情况300多起，对符合受理条件的50余起举报案件及时转办和督办。

各级草原监理机构设立并公布了举报电话，畅通信访渠道，为农牧民群众反映情况提供便利。各级草原监理机构还坚持不断改进草原信访工作方式，提高信访工作质量，采取对信访案件进行分类处理、强化特殊时期信访工作、变“上访”为“下访”等措施，积极改进草原信访工作方式。

2018 年，国家行政机构调整，农业部草原监理中心的职能转入国家林业和草原局草原管理司，个别职能如草原防火等转入国家应急部。草原作为自然资源综合体，其管理保护得到进一步的加强。

2. 草业技术推广

草业技术推广机构主要是各级草原工作站，是中华人民共和国成立以后随着草地建设事业发展与管理需要逐渐建立起来的，负责草业技术推广工作。有的称牧草工作站或饲草饲料工作站等。

从 1953 年随着我国第一个五年计划开始，根据国家经济建设需要，有的省(自治区)成立了草原站，有的是中国科学院在各地组织自然资源综合考察队，在考察结束后改建为省区草原技术推广总站。

草地畜牧占比例较大省(自治区)，设有省(自治区、直辖市)、地区(地、州、盟)、县(旗)、乡(苏木)四级草原站。到 20 世纪 80 年代末，全国各级草原工作站发展到 2000 多个，队伍达到 24 000 人。截至 2018 年，全国有省级草原或饲草饲料技术推广站 18 个，地市级草原工作站 152 个，县级草原工作站 805 个。成为草原技术研发、特别是草业技术推广的主要力量。

(三)草原科技组织体系

1. 中国草学会

中国草学会是 1991 年经中国科学技术协会和民政部批准的全国学会，截至 2018 年，中国草学会先后成立了包括草地管理、农业伦理学、能源草类、草营养与加工、草业机械、草业生物技术、草业植物保护、草地资源与利用、牧草遗传资源、草原火。草原生态、牧草育种、饲料生产、教育、草业经济与政策、种子科学与技术、草坪及青年专业委员会等 17 个专业委员会，是中国草原科技工作者的学术性群众团体。

2. 中国畜牧业协会草业分会

中国畜牧业协会草业分会成立于 2010 年 5 月，是中国畜牧业协会的二级分支机构，由从事草业及相关行业产、学、研、管相结合的全国性草业联合组织。主要任务是服务企业、服务政府、服务社会、服务用户，是联通国内企业和国外合作交流的桥梁，通过协会组织，维护企业权益、自律企业行为、加强国际合作、指导产业发展。

2010 年 5 月，中国畜牧业协会草业分会成立之后，面对优质安全畜牧业对优质饲草产业的迫切需求，组织了一批专家院士，由卢欣石执笔向国务院主要领导上报了《关于大力推进苜蓿产业发展的建议》。建议书针对我国苜蓿产业发展存在的主要问题提出了四项建议：第一，建议将苜蓿产业纳入到作物种植体系之中；第二，针对大型规模化奶牛养殖，建立 500 万亩苜蓿草产品产业基地，实施“苜蓿—奶业安全工程”；第三，针对小型奶牛饲养户，提供优惠政策，启动“种植苜蓿、饲喂奶牛”行动；第四，鼓励土地流转，培育龙头企业，创建“苜蓿—奶业”安全生产体系。此建议书于 2010 年 12 月 30 日得到了国务院温家宝同志和回良玉同志的批示，并迅速下达至农业部。农业部领导高度重视温家宝同志的批示，立即组织相关部门成立调查小组展开调研，拟定实施方案。温家宝同志批示明确提出了草业与优质畜牧业的密切关系，再次肯定了饲草产业的重要作用和地位，体现了国家对食物安全的高度重视，为草产业发展提供了广阔的空间。

中国畜牧业协会草业分会从 2010 年分会成立之日起，就定期轮替举办“中国草业大会”和“中国苜蓿发展大会”，创办品牌、统一认识、凝聚合力、唱响草业，称谓产业发展历程中的一个重要标志性行动。

二、专业教育机构与队伍

中国草业高等教育起源于草原学。1958 年，我国设立了第一个草原学本科专业。在过去的 60 年中，我国草业高等教育取得了飞速的发展。在本科招生专业名称上，经历了从草原学专业到草业科学专业的转变；在学科地位上，经历了隶属于畜牧学的二级学科到草学一级学科的发展；在教育理论方面，奠定了以任继周院士的草业生态系统思想为基础的现代草业科学高等教育理论。草学高等教育发展至今，形成了学科内容丰富、具有明显中国特色的草原学高等教育体系。

（一）中国草业高等教育发展历史与现状

1. 单门课程教学阶段

19 世纪 30 年代末至 40 年代初，孙逢吉与王栋先生分别在浙江大学与西北农学院（现西北农林科技大学）开设牧草学，主要讲授饲用草本植物及其栽培利用技术。1951 年，王栋先生在南京农业大学招收了第一批牧草学研究生。之后，河北农业大学、华中农业大学、甘肃农业大学、内蒙古农业大学、中国农业大学、新疆农业大学相继开设草原学与牧草学相关课程，并招收牧草学、草原学研究生。这一时期的草业高等教育处于起步阶段，主要是为畜牧学、农学等专业提供牧草学与草原学相关课程，但尚未建立本科专业。

2. 专业建立与发展阶段

1958 年，内蒙古农业大学建立了我国第一个草原学专业，开始招收我国第一届草原专业本科生。1964 年，甘肃农业大学在畜牧系内成立草原学本科专业，并于 1972 年建立了我国第一个草原系。1958 年至 20 世纪 90 年代初的 30 余年间，除以上两所学校外，新疆农业大学、内蒙古民族大学、青海大学、四川农业大学、贵州大学、宁夏大学也相继建立草原学专业，招收草原学本科及研究生。20 世纪 80 年代，草原学硕士学位学科(1981 年)、草原学博士学位学科(1984 年)相继获得批准，标志着草业高等教育体系的全面形成，这一时期也是草业高等教育的蓬勃发展时期。

3. 草业高等教育全面发展阶段

21 世纪以来，随着国家生态环境建设的需求以及我国草产业的快速发展，极大地推动了草业高等教育在国内的迅速发展。截至 2008 年，我国开设草业科学本科专业的高校数量增加到 30 个，专业设立也扩展到了非农业院校，如北京林业大学和兰州大学分别于 2001 年和 2002 年设立了草业科学本科专业。专业除在畜牧、农学等学院开设外，还在林业、生态环境、园艺及园林类学院相继开设。随着草业高等教育的蓬勃发展，草业科学涉及的学科门类也在不断优化。这一时期全国高校范围内设有草业(原)学院增加至 5 个，包括甘肃农业大学草业学院、内蒙古农业大学草原与资源环境学院、新疆农业大学草业与环境科学学院、兰州大学草地农业科技学院和南京农业大学草业学院。

4. 草业高等教育发展新时期

2011 年 3 月 8 日，国务院学位委员会和教育部颁发的《学位授予和人才培养学科目录(2011 年)》中，农学学科门类中新增草学一级学科，标志着草业高等教育进入新的发展时期。草学一级学科下，自主设立的二级学科包括草原学、饲草学、草坪学、草业系统和草原保护学。2018 年，十九大报告提出了“统筹山水林田湖草系统治理”的新要求，草业教育迎来新的历史机遇。西北农林科技大学与北京林业大学先后成立了草业与草原学院。截至 2018 年 12 月，全国高等院校中独立的草业学院增加至 7 个。

(二)草业科学教育机构

我国草业科学的高等教育，已具备了专科、本科、硕士、博士和博士后流动站 5 个层次完整的教育体系。我国不仅成为世界上草业科学专业最多，而且也是空间分布趋于均匀、布局较为合理的国家。其中设立独立草原类学院的高等院校有：南京农业大学、甘肃农业大学、内蒙农业大学、新疆农业大学、兰州大学、西北农林科技大学和北京林业大学。

设立草业科学专业的高等院校有：中国农业大学、内蒙古民族大学、青海大学、四川农业大学、贵州大学、宁夏大学、西藏大学、云南农业大学、山西农业大学、仲恺农业工程学院、湖南农业大学、海南大学、黑龙江八一农垦大学、青岛农业大学、华南农业大学、沈阳农业大学、河南农业大学、西南大学、山东农业大学、塔里木大学、吉林农业大学、东北农业大学、安徽农业大学、扬州大学、河北农业大学等。

此外，还有不设立草业科学专业，但设有硕士或者博士学科点的高校，包括：东北师范大学草地科学研究所、中山大学草业与绿地技术研究中心、华中农业大学、内蒙古大学、吉林大学、延边大学、江西农业大学、上海交通大学、福建农林大学、石河子大学等。

第二节　草原科技教育的主要成果

一、牧草种质资源收集保存与新品种培育

(一)牧草种质资源收集保存

我国饲用植物有 5 门 246 科 1545 属 6704 种。豆科和禾本科的种类最丰富，分别占 1231 种和 1127 种。我国饲用植物优良种类最多，分布广泛，包含有特有种 7 科 100 属 320 种，主要栽培牧草的野生类型 69 种，主要栽培牧草野生近缘植物 295 种，珍稀濒危饲用植物 32 科 45 属 60 种，其中国家一级保护 2 科 2 属 2 种，国家二级保护 19 科 17 属 19 种，国家三级保护 23 科 32 属 39 种。

牧草种质资源的系统保存工作始于 20 世纪 80 年代，1978 年，在中国农科院作物品种资源研究所，建立了国家作物种质资源保存长期库，其中包括牧草种质资源。1979—1987 年的全国草地资源调查期间，各省(自治区)有关的草地研究人员，在进行草地资源考察的同时，也进行了大量牧草种质资源的收集，并结合开展了牧草引种栽培方面的试验工作。在种质资源收集的同时，以贾慎修为主编的《中国饲用植物志》(1987—1997)，吴仁润、卢欣石为主编的《中国热带亚热带牧草种质资源》(1992)，陈山为主编的《中国草地饲用植物资源》(1994)等陆续出版。

1998年以来，全国畜牧总站组织建立了以华北协作组、东北协作组、青藏高原协作组、黄土高原协作组等10个生态区域技术协作组为主体，中国农业科学院北京畜牧兽医研究所、中国农业科学院草原研究所、甘肃农业大学、北京林业大学等56个协作单位参加的全国草种质资源协作网络体系。组织建立了以收集、保存、评价、利用、技术创新为主要任务的技术研发体系，建立了1个中心库(国家牧草种质资源中期库)+2个备份库(温带草种质备份库、热带草种质备份库)，1个离体库+17个资源圃+1个数据库及信息管理系统相结合的保存利用体系，实现了我国草种质资源的有效保护利用。

(二)牧草引种与新品种培育

1949年以前，我国牧草引种和选育工作十分薄弱，只有少数学者进行过野生牧草调查、搜集、选育及国外牧草品种的引种栽培试验。其中最具代表性的是叶培忠先生，1943—1948年在天水水土保持实验区工作期间，从引种的300多个牧草中，选育出了草木樨、狼尾草、野牛草、苏丹草、二叶草、葛藤等60多个有推广价值的优良品种。

20世纪50年代开始，牧草选育工作逐步开展。1979年开始，农业部畜牧局组织全国20多所大专院校和科研单位，建立了全国性优良牧草和草坪草引种育种实验网，在不同类型地区引种驯化、筛选培育了30多种当家优良牧草，为各地生产部门提供了良种、良法，培训了人才。20世纪80年代初，在洪绂曾等主持下，全国各科研教学单位协作，历时数年，完成了全国多年生栽培牧草品种区划。1987年正式成立了全国牧草品种审定委员会。截至2018年，农业部在全国不同气候区域已经建立了53个国家草品种区域试验站(点)。我国牧草资源研究、品种区域试验、新品种选育体系初步形成。

牧草审定登记新品种有四种类型，包括：育成品种、地方品种、野生栽培品种和国外引进品种。我国的牧草育种目标多以抗性为主，兼顾丰产或其他特性，如抗寒品种、抗旱品种、耐热品种、抗病品种、耐盐碱品种、早熟品种、多倍体品种、耐牧根蘖型苜蓿选育、野生优良牧草的驯化，不同特性草坪草品种的选育等。

1987—2018年，经全国草品种审定委员会审定的牧草、饲料作物、绿肥作物、水土保持植物和草坪草品种共559个。包括禾本科46属95种291个品种，主要有冰草、鸭茅、无芒雀麦、披碱草、狼尾草、燕麦、黑麦草、结缕草等草种；豆科30属58种218个品种，主要有苜蓿、沙打旺、草木樨、三叶草、柱花草等；其他科 22 属 31 种 51 个品种，主要有苦荬菜、苋、菊苣等。

苜蓿作为一种世界性牧草和我国种植面积最大、种植历史最悠久的优良豆科牧草，被称为“牧草之王”，近年来广泛应用于生态建设。截至 2018 年，全国共审定登记苜蓿品种 99 个，其中育成品种 48 个。

二、草原保护与培育改良系统理论技术

（一）划区轮牧与放牧生态管理技术

划区轮牧是指在草畜平衡的前提下，有计划地将季节放牧草原分成若干个轮牧小区，按照一定的顺序逐区放牧采食、轮回利用的放牧制度。轮牧有利于合理分配草地，提高草地牧草利用率，利于牧草休养生息和种子的成熟与繁衍，有利于防止家畜的寄生虫病。《草原划区轮牧技术规程》（NY/T 1343—2007）规定了天然草原划区轮牧的相关指标和设计管理方案。包括划区轮牧周期、放牧频率、各类草原划区设计方案等技术规程。划区轮牧的主要技术包括：

1. 制定畜群轮牧计划

依照放牧场轮牧设计方案，根据草场类型、牧草再生率，确定轮牧周期、轮牧频率、小区放牧天数、始终轮牧期、轮牧畜群的饮水、补盐及疾病防治等日常管理方案，以单户或联户为一个放牧单元，制定畜群轮牧计划。

2. 制定放牧小区轮换计划

放牧小区轮换是按每一放牧单元中的各轮牧小区，每年的利用时间，利用方式按一定规律顺序变动，周期轮换。

3. 围栏及饮水设施

设置围栏、牧道与饮水设施要求牧户定期检查，禁止畜群放牧时穿越轮牧小区。饮水设施有破损要及时检修。

（二）季节畜牧业

我国草原家畜的饲料几乎完全依靠天然草原，但在牧草的“供”与家畜的“求”之间存在着尖锐的矛盾，暖季牧草利用不完，而冷季牧草供应不足，家畜长期处于饥饿状态。全国每年因“春乏”而使家畜死亡及体重减轻的损失约占畜群生长量的 30%。为解决这一问题，可通过实施季节畜牧业，即采取下列综合措施加以解决：

一是冷季保持最低数量的畜群，以减轻冷季牧场的压力，结合补饲，

使草畜基本平衡，避免因营养不足造成的家畜损失。

二是暖季充分利用牧草的生长优势，杂种幼畜的生长优势及杂种优势，快速育肥。

三是冷季来临前，按计划淘汰家畜，不使其越冬(羊)或只越一个冬季(牛)，当年(或18个月内)收获畜产品。通过这些综合措施，有效地缩短生产周期，减少冬春损失，加强畜群周转，使幼畜的增重尽可能转化为畜产品，提高草原畜牧业的生产效率。

草原季节畜牧业理论的提出，改进了我国草原畜牧业传统生产方式，通过一些地方的实施，大幅度地提高了我国北方牧区的生产效益。

(三)退化草原植被恢复技术

通过人工播种牧草、恢复植被、改良草地，是草地改良与建设的一项有效措施。退化草原植被恢复技术的主要技术流程包括：

1. 草种选择

针对不同区域退化草原区，选择适宜生态草种，配制抗旱、耐寒等生态型草种建立混播组合，通常以豆科和禾本科多年生牧草为主。

2. 种子处理

人工播种种子可事先经过种子处理，如丸衣化，既能保护种子、提供营养，对小粒种子丸衣化，还能防止种子位移，提高播种质量。

3. 适时播种

尽量选择雨前或雨后适时播种，飞播后应加强管理，当年禁止利用。

(四)高产优质人工草地建设技术

人工草地占整个草地面积的比例大小也是衡量一个国家草地畜牧业生产力水平高低的重要标志。美国的人工草地(包括轮作草地)占草地总面积的29%；新西兰的则占61.9%。据测定，一般人工草地产草量可比当地天然草地高10倍以上。通过高产优质人工草地的建设，一方面可以弥补天然草地产草量低的不足，有效缓解草场放牧压力；另一方面又可以源源不断地为家畜提供量多、优质饲草。

利用综合农业技术，通过人为播种优质牧草而建植的人工草本群落，在不破坏或少破坏天然植被的条件下，通过补播、施肥、灌溉、除杂等措施培育的高产优质草地，称为半人工草地或半天然草地。《人工草地建设技术规程》(NY/T 1342—2007)中规定了人工草地建设的各项技术规范。主要包括：

1. 地段选择

地势相对平缓开阔，便于田间作业，土壤质地和水热条件较好，适合播种牧草生长，如果降水不足以保证牧草出苗和正常生长，则应有灌溉条件。

2. 草种选择

根据科研实验数据和其他可靠依据，选择适合当地环境条件的适宜草种和品种，并采用经过授权检验部门认证的合格种子。

3. 播种前准备

播种材料应适应当地气候和土壤条件，符合建植人工草地的目的和要求，种子质量符合国家质量标准；无性繁殖材料要求健壮、无病、芽饱满，就近供种。首次种植的豆科牧草播种时须接种根瘤菌。

4. 栽培管理技术

包括土壤处理、水肥管理、病虫草害防控等技术。

（五）有害生物与自然灾害防治技术

20 世纪 70 年代以来，草原啮齿动物与防治研究、草原害虫与防治研究、牧草病害与防治研究、草原毒杂草与防治研究、草原火灾防治研究，包括人工的、物理的、化学的、农业的防治技术等都取得了一系列成果。制定了《草原治虫灭鼠实施规定》《草原鼠虫害预测预报试行规定》《关于制止捕杀草原、森林鼠虫害天敌的通知》等技术管理规程。全国建立鼠虫害测报点，建立了鼠虫害防治、科研技术培训制度，形成了鼠虫害防治体系。多年来，形成了招鹰灭（控）鼠、"以鸟治虫"、以虫治虫、以菌治虫、生防治草、草原病虫鼠害预测、预报技术及草原防火监测管理等一系列有害生物与自然灾害防治技术。

（六）飞播种草技术

飞播种草是指利用飞机作业将草种均匀撒在具有落种成草立地条件土地上的种草技术。《飞播种草技术规程》（NY/T 635—2002）规定了飞播种草的播区选择、地面处理、草种选择及其组合、播种量、播种期、飞行作业、播区管护和评价指标等。

1. 飞播种草区域选择

播区内地形高差小，进出航两端净空条件好、地势开阔、无突出山峰，面积不小于 350hm^2，年降水量不低于 200mm，且飞播的有效面积在 80% 以上，界限清楚使用权落实，符合当地土地利用、生态环境治理、产业结构调整和可持续发展规划的草原区。

2. 播前地面处理

北方草原退化、沙化区：沙质土壤，严重沙化退化，植被盖度在10%以下的草原，不进行处理；植被盖度10%~20%要进行重牧或耙地处理。黄土高原水土流失区：硬梁地或板结地，退耕、撂荒地或水土流失区，根据不同情况进行重耙或翻耕处理。南方水土流失区：因杂草植被盖度大，需进行翻耕、灭草处理。高寒草原退化区：根据不同情况进行重耙或翻耕处理。

3. 草种选择与播前处理

草种须适宜播区生境条件，做到适地适草，合理组合。既能起防风固沙和水土保持的生态作用，又具有良好的饲用价值，应以多年生乡土草种为主；外地引种必须经过风土驯化试验，确认表现好的方可作为飞播用种；飞播一、二年生草种必须与多年生草种相补相济。速生草种播种量不宜超过1/5。飞播草种要进行丸衣或包衣处理。应加入根瘤菌（豆科）、肥料、生长素、稀土、保水剂、灭鼠灭虫药品等。

三、草原区域规划与综合治理模式

根据区域特性，将我国草原分为北方干旱、半干旱草原区、青藏高寒草原区、东北华北区半湿润草原区和南方草地区四大草原片区。

（一）青藏高寒草原区

涉及青海、西藏、四川、云南、甘肃5个省（自治区），该区域气候寒冷，区域内70%地区为高寒草原，是中华民族的“水塔”，是高原生物多样性最集中的地区，是亚洲、北半球乃至全球气候变化的敏感区和重要启动区。该区域的主要生态功能为水源涵养、生物多样性保护等功能。

该区域是我国长江、黄河、澜沧江等大江大河的发源地或重要的水资源补给地，被称为中华民族的“水塔”；是我国高原生物多样性最集中的地区，是亚洲、北半球乃至全球气候变化的敏感区和重要启动区；是藏族等少数民族的集中居住区，有着丰富的人文及自然资源。该区域草原实行全面保护为主。

（二）北方干旱半干旱草原区

涉及内蒙古、陕西、宁夏、甘肃、新疆、黑龙江、吉林、辽宁、河北、山西10省（自治区），该区域为风沙源区，生态环境非常脆弱，降水量一般在400mm以下，且水分蒸发量大，一般为降水量的几倍或几十倍。该区域大部分地区自然条件严酷，草原植被覆盖度低，土壤瘠薄，草原退化、沙化、碱化严重。该区域主要生态功能为防风固沙、水源涵养等，区内土壤沙化敏感性高。

该区域是我国主要的沙尘源区，对维护北方乃至东部地区生态环境具有关键作用；同时也是重要的草原畜牧业生产基地；是北方少数民族的集中居住区，有着丰富的草原文化及自然和人文资源。该区域草原实行保护为主，兼顾利用，并通过建设高、优质人工草地，弥补天然草地产草量低的不足，有效缓解草场放牧压力。

（三）东北华北湿润、半湿润草原区

涉及北京、天津、黑龙江、吉林、辽宁、山西、河北、山东、河南、陕西10省（直辖市），该区域是风沙源区和水土流失区，东北和东部沿海地带草原盐碱化、沙化严重；黄泛区风沙土较多，极易受风蚀、水蚀危害；其他部分地区草原土层浅薄，水源涵养能力差，水土流失严重。该区域主要生态功能为防风固沙、水源涵养功能。部分草原土壤沙化。

该区域属于我国北方主要的农耕区和农牧交错区，草原对减少水土流失、维护耕地安全及生态安全具有无可替代的作用；该区域草原是北方重要的水源涵养区或补给区；区域内富有耐旱、耐寒、耐湿、耐盐碱的各类草甸植物和暖性中生植物类群以及珍贵动物资源，是重要的基因库。该区域草原实行保护为主，利用为辅。进行退化、沙化草原植被恢复建设及高产优质人工草地建设。

（四）南方草地区

涉及四川、贵州、重庆、云南、广西、江苏、浙江、安徽、湖南、湖北、江西、海南、广州、福建、上海15省（自治区、直辖市），该区域是石漠化区和水土流失区，部分地区由于毁草种地，草原植被覆盖度降低，石漠化水土流失加剧，泥沙下泄淤积江河湖库，增加了山洪地质灾害发生风险。该区域草地主要生态功能为水土保持与石漠化灾害防治。该区域以多年生人工草地建设为主，可同时满足石漠化防治与生产的需求。

四、国家草原遥感监测体系建立

“八五”期间，中国农科院草原研究所、中国农业大学、甘肃草原生态研究所、中国农科院区划所、内蒙古大学、内蒙古草原勘查设计院等承担了多项草地植被调查与研究方面的项目，此阶段遥感应用研究由原来的再生资源调查、制图为主，转入遥感信息接收与预处理、图像处理、资源动态与灾害监测、微机制图软件研制、提供信息和技术服务，如农业部重点工程项目“我国北方草地畜牧业动态监测”；国家“八五”科技攻关“北方草地草畜平衡动态监测”和国家航天办资助项目“卫星遥感技术在我国北方草原产量动态与灾害监测中的应用研究”等。以生态学和草地科学理论为基础，以遥感与地理信息系统(GIS)为技术支持，实现了大面积草地估产、草畜平衡估算、草地灾害评估与草地资源动态监测。

在试点取得经验后，扩大范围，在面上推广，并建成可运行的操作系统，于1995年建成“中国北方草地草畜平衡动态监测系统”，包括：建成专用于草地动态监测的气象卫星接收和预处理系统；按不同草原类型和区域分布差异建成19个地面监测点；建立了草地遥感估产模型、地学模型和草地利用模型；建成了草地资源数据库；自行设计和研制了专用的GDMS软件；完成了系统的集成，解决了统计数据库、图像数据库、模型库与GDMS核心模块之间的接口，实现了多功能及快速运行。本技术系统从1995年开始正式运行，可按要求及时提供我国北方10个省(自治区)221个县的产草量和草畜平衡、季节和年度间的变化和灾害情况。过去由常规的方法需百人数年完成的工作量，应用本系统7天便可完成。

“九五”以来，随着改革开放和科技改革的深化，研究目的和任务进一步明确，农业部“九五”重点项目“我国北方退化草地监测、评估及防治对策研究”、农业部区划司科研课题“北方四省(自治区)土地资源开发利用调查与评价”，国防科工委卫星应用重点项目“卫星遥感草原火险预警、火灾监测和灾情评估系统”等研究课题的完成。“草地动态监测系统”进一步扩充完善，并转入业务化运行。火灾监测研究，建成“我国北方草原地区火险预警、火灾监测和灾情评估系统”，为业务主管部门决策提供科学依据，为生产部门提供技术服务和咨询服务。

近几年，由全国草原监理中心与全国畜牧总站牵头，在国内主要草原省(自治区)建立了草地资源动态监测网，每年向各有关方面发布全国草原第一性生产力监测报告，提供草原防火信息，发布各种公报、公告等，为草原生态保护、建设和合理利用与草业发展提供多种服务。

五、草原教育科技主要获奖成果

(一)草原教学成果奖

以任继周院士率领学术集体，20余年致力于教学与人才培养的系统总结，形成了草业科学学科设计与人才培养体系建设的教学成果。草业科学主要源于草原学，是草地农业科学的简称，作为独立的学科，在我国不过

20余年的历史。1982年，任继周第一次提出了草地农业的名称与概念。1984年，钱学森多次论述了草产业，推动了全社会对草业的认识。同年，任继周定义了草地农业生态系统的概念，论证了其发生与发展，提出了草业系统有前植物（环境、景观）—植物（牧草、作物、林木）—动物（家畜及野生动物）—外生物（草畜产品加工、流通、管理）等四个生产层，建立了草业系统的理论。使我国的草业科学理论达到了世界先进水平，推动草原学向现代草业科学的转变。

以草业系统的理论为学科设计的基础，创建了草业科学的学科框架体系。突破了草原学的传统框架，将分散在畜牧学科的草原学与饲料生产学、园艺学科的草坪学、作物学科的牧草学与绿肥学以及植物保护下、资源学、应用经济学和管理学等一级学科的相关内容，设计整合为包括前植物生产、动物生产和外生物生产等4个生产层的草业科学学科框架体系，使专业口径大为拓宽，各分支学科的内在联系更为紧密。

依据草业系统的4个生产层，设置本科专业、硕士学位授权二级专业和草业科学博士研究生的研究方向，形成了以草业系统4个生产层为主干、本科生—硕士生—博士生完整的培养体系。

草业系统的理论在全国草学界和国际草学界得到了推广应用，产生了显著效果。“草业科学学科设计与人才培养体系建设”成果获第六届高等教育国家级教学成果奖特等奖。

（二）草原科技进步奖励

1. 草原管理类科技成果奖励

“中国北方草地退化恢复机制及其健康评价”成果提出了草业系统的界面论，研制出草地健康评价的CVOR综合指数及其测算模型和一系列辅助指标体系，并评估了我国草地的经营状况。揭示了草地退化与恢复过程中土壤、植物、微生物、家畜与啮齿类动物的动态及其对草地生态系统的作用；明确了草地退化的主要原因。阐明了草地围封禁牧对草地生态系统的正、负作用。研究提出了合理利用与改良草地的技术体系。

“三江源区草地生态恢复及可持续管理技术创新和应用”成果通过三江源草地综合治理技术的研发，创建了“三区耦合”发展模式，系统回答了草地退化成因。育成草品种11个，累计生产牧草良种36 590万kg，用于青藏高原及北方退化草地治理、黑土滩治理、天然草地补播改良及退牧还草草带更新。研究成果有效支撑了三江源生态保护与建设一期、二期工程，退牧还草工程，开创了科学研究与工程实践相结合的可持续研发体系，有效促进了三江源草地生态功能恢复、草地畜牧业生产方式转变、资源利用效率及经济效益提高。

中国北方草地草畜平衡动态监测系统成果以生态学和草地科学理论为基础，以遥感与地理信息系统(GIS 为技术支持，实现了大面积草地估产、草畜平衡估算、草地灾害评估与草地资源动态监测，建成了一套可运行的草地资源信息系统。

云贵高原草地畜牧业优化生产模式化的研究成果根据草地农业生态系统的基本原理，采用系统研究方法，对草地畜牧业生产的关键技术和管理对策，进行了专项研究与系统监测分析，解决了人工草地放牧系统中以草畜供求动态平衡为核心的技术关键和管理对策，提出了人工草地绵羊、奶牛、肉牛和草业综合开发系统优化生产模式。

南方 6 省份草山草坡改良及利用技术成果项目开展了草地畜牧业的综合试验，共选出优良牧草 33 种，混播组合 6 个，人工草地畜产品产出率为全国平均水平的 55 倍。接近新西兰 20 世纪 80 年代初的水平，推广牧草良种与良种半细毛羊及细毛羊，为贫困山区人民脱贫致富找到一条切实可行的途径。

“云贵高原草地畜牧业优化生产模式”成果筛选出适合当地的高产、优质牧草 14 种；揭示了杂草入侵人工草地的生态学机制，找到了遏制草地退化以及人工草地豆科与禾本科牧草的比例与群落稳定的方法和途径；研究并提出了利用绵羊高强度放牧和草地宿营法防治蟒蠼的实用技术；贵州岩溶山区采取绵羊就地宿营法，为我国南方山区难利用土地和草山草坡资源的开发建设，开辟了一条新途径。提出了人工草地绵羊、肉牛、奶牛三大体系优化生产模式及综合开发系统优化生产模式。

2. 牧草资源搜集评价与新品种培育推广类

包括牧草绿肥新品种早熟沙打旺、碱茅草改良碱斑草场综合技术、青藏高原特色牧草种质资源挖掘与育种应用等。

其中，“青藏高原特色牧草种质资源挖掘与育种应用”成果收集了本土牧草资源 26 643 份，挖掘创制抗寒耐旱等优异种质 465 份；在高寒、高海拔生态条件下，选育出 14 个高产优质、性能稳定的牧草新品种，大部分品种入选农业部主导品种；创建了新品种丰产栽培、加工利用及退化草地治理等配套技术体系；获授权专利 14 件(发明专利 9 件)，制定省级标准 40 项，发表论文 222 篇(其中 SCI 收录 36 篇)，出版著作 12 部；建种子基地 8200hm^2，形成了“育—繁—推，产—加—销”一体化的牧草产业体系，老芒麦、披碱草种子产量占全国同期的54%，推广应用210万hm^2，获直接经济效益47亿元；培训农牧民3.2万人次，培养本土高级专家120余名，培养研究生59名；形成国家牧草体系综合试验站等科研平台12个。

3. 人工草地建设类

“中国饲料区划”成果摸清了我国饲料资源现状。对我国目前饲料的供需平衡问题做出了评价、提出了我国5种不同经济类型区的饲料生产发展方向及措施。确立了我国饲料区划的分区体系。

“荒漠草原井灌饲草料基地地下资源评价管理与保护对策”成果确定了荒漠草原区节水最优灌溉制度，扩大了灌溉面积，节约了用水，使地下水的开采进入水量水质呈平衡状态的良性开发过程。项目在查哈尔滩荒漠草原建设出一片绿洲。

“全国主要栽培牧草种子质量分级标准的研究与制订”成果制定出紫花苜蓿、羊草等37种全国主要栽培牧草种子质量分级标准，其中豆科牧草20种、禾本科牧草15种、藜科1种、菊科1种。种子质量分级标准采用三级制和净度、发芽率、其他种子粒数、种子水分含量四项指标。该标准实施以来，已在全国重点牧区推广应用。

“伊盟优良牧草筛选及人工、半人工草地建立的研究”成果根据因地制宜的原则，按照伊盟干旱丘陵、沙地、荒漠草原的不同生境特点，在筛选适宜草种的基础上，采取不同的播期、播量、间混播组合和草灌带状种植的方法，充分利用小地形水热再分配的优势和雨季水热充沛的特点建立不同形式的旱作人工、半人工草地。研究出在伊盟建立草、灌结合的旱直播人工、半人工草地的综合技术，包括不同草场类型旱直播草种的选择，适宜的播期、播量和播种技术的确定，间混播组合，草灌带状种植的方式方法等。

4. 草坪管理类

运动场草坪建植管理技术等成果从国内外大量品质中筛选确定了适于我国北方及南方温带与亚热带交错区适应的品种40个；提出了“最佳坪床结构”“混合直播法”“草坪建植的数量化决策”“坪用价值”“运动场草坪质量评定体系”等新概念和方法，总结出了坪床准备、土壤处理、草种组合、播种方法、播后处理等技术要点，提出了不同条件下运动场草坪的建植、管理技术，总结出了我国自己的运动场草坪建植管理的理论和方法，丰富和发展了我国草坪学理论。

“裸露坡面植被恢复综合技术研究”成果首次引进并筛选出适合我国不

同气候带的优良护坡植物(草种、灌木)及其最佳配置模式，同时，对我国优良的野生护坡植物假俭草、狗牙根等进行了系统研究，为护坡植物的国产化奠定了理论基础。研制出适合我国国情的护坡施工机械——喷播机；研制出适合我国不同气候带的岩石边坡的多种喷混基材；首次系统地提出了我国裸露边坡植被恢复的技术体系，建立了裸露边坡植被质量评价体系，为裸露坡面植被恢复和相关产业的市场化、标准化提供了重要保障。

5. 草原保护类

“草原蝗虫生态学研究”成果以温带草原生态系统为背景，在研究蝗虫亚系统结构、功能的基础上，通过研究蝗虫个体、种群、群落、能量、化学和行为生态学等关键问题，阐明草原蝗虫在生态系统中的功能、作用和地位，揭示草原生态系统中的重要、关键性生态规律和问题，强调草原人为活动影响下的扰动生态学等和蝗虫成灾规律的认识。在此基础上，提出草原蝗虫生态控制以及草原保护的理论和途径。

“牧草病害及其防治”成果编辑出版了《中国牧草病害名录》，共报道真菌929种(含变种)，在15科182属的903种牧草上引致2831种病害；确立了柱花草种子健康检验方法；查明了三种柱花草和沙打旺种带真菌和带菌部位；明确了沙打旺和哈马他柱花草种子和幼苗的重要病原真菌；在国内首次全面系统地研究了牧草病害的综合防治技术。

“草原毛虫病毒杀虫剂研究及生产应用推广”成果根据草原特殊的自然环境条件，研制一种以草原毛虫自身分离的核型多角体病毒和杆状芽孢菌为主体成分，外加Ca^{2+}、微量化学农药和光保护剂等辅助成分的草原毛虫病毒杀虫剂。该杀虫剂对草原毛虫具良好的防治效果，并在川青藏高原草地上应用，获得了巨大的经济和社会效益。

第十章

中国主要草原

中国草原资源丰富，分布地域广阔，草原类型众多，自然景观优美，生态系统多样。近年来，随着草原旅游业的发展，人们从各自的角度，特别是对草原优美的自然景观、地域面积的大小、旅游目的地知名度等方面提出了心中最美的草原。但是，迄今为止，并没有任何组织和机构对我国草原进行过不同类型的评比，也没有给出先后名次的排序。在我国，草原广布于东北西部、内蒙古、黄土高原北部、西北荒漠地区山地和青藏高原大部分地区。分布在我国不同地域上的草原，是我国丰富的自然资源与社会民族的组成部分。本章主要基于对草原的研究和草原所处的地理区位、资源特点、历史文化和社会影响，对我国的主要草原做一介绍，并不意味对这些草原的排序和未能提到草原的不重要。

第一节　呼伦贝尔草原

一、地理位置

呼伦贝尔草原地处东经 115°31′~126°04′、北纬 47°05′~53°20′之间。东邻黑龙江省，西北与蒙古国、俄罗斯接壤，是中、俄、蒙三国的交界地带，与俄罗斯、蒙古国有 1723km 的边境线。呼伦贝尔草原在内蒙古自治区的东北部，大兴安岭以西，因呼伦湖、贝尔湖而得名。草原涵盖行政区域包括内蒙古自治区呼伦贝尔市的新巴尔虎右旗、新巴尔虎左旗、陈巴尔虎旗、鄂温克旗、海拉尔区、满洲里市以及额尔古纳市南部、牙克石市西部地区，草原总面积 9. 3 万 km^2，占呼伦贝尔市总面积 25. 3 万 km^2 的近 40%。欧亚草原是世界上面积最大的草原，自欧洲多瑙河下游起，呈连续带状往东延伸，经东欧平原、西西伯利亚平原、哈萨克丘陵、蒙古高原，直达中国的东北，东西绵延近110个经度，构成地球上最宽广的欧亚草原区。呼伦贝尔草原地处欧亚大草原最东部，是欧亚大草原中保存最为完好、景观最为壮美的草原。

春末夏初，冰雪融化，小草飘动着细细的嫩芽，草原上的各种野花相继盛开，五颜六色，装点着呼伦贝尔大草原。盛夏时节，草原绿波千里，蓝天白云，湖水涟漪，牛羊成群，点点毡房，一望无垠。秋天，这里是一片金黄色的世界。冬天，这里经常大雪纷飞，银装素裹，给草原穿上了洁白的盛装。

呼伦贝尔草原是世界少有的绿色净土和人间乐园，四季风光无限。

二、草原特征

呼伦贝尔草原地势东高西低，海拔在650~700m，由东向西呈缓慢过渡，地跨森林草原、草甸草原和干旱草原三个地带。除东部地区约占本区面积的10.5%为森林草原过渡地带外，其余多为地势相对平坦的天然草地。

呼伦贝尔草原河流、湖泊众多，分布着大小3000多条河流，500多个大中型湖泊，还有星罗棋布数量众多的季节性水泡子。河流都属于额尔古纳河水系，除克鲁伦河之外，均发源于大兴安岭山地。大兴安岭是呼伦贝尔高原与松嫩平原的分界线，也是额尔古纳河水系与嫩江水系的分水岭。呼伦贝尔草原两大湖泊分别为呼伦湖和贝尔湖，其中呼伦湖为内蒙古自治区最大淡水湖，湖面面积达3000km^2，平均水深5~8m，呼伦湖也是内蒙古自治区最大的渔场，贝尔湖为中国、蒙古国界湖，湖面610km^2，平均水深8m。河流主要包括额尔古纳河、克鲁伦河、乌尔逊河、海拉尔河、伊敏河和辉河等。河流泥沙含量较少，水源主要为雨水和融雪。

呼伦贝尔草原以海拉尔河、呼伦湖—克鲁伦河为分界线，呼伦贝尔草原大体分为三大生态地质单元：海拉尔河北部的典型草原、呼伦湖—克鲁伦河以西的干旱草原以及大兴安岭以西的伊敏河两岸，海拉尔河以南，克鲁伦河以东广大地带的半湿润、半干旱沙质草原。在这些波状起伏的沙质草原上，沿海拉尔河南北两岸、呼伦湖东岸、乌尔逊河与伊敏河、辉河右岸，分布三条大的沙带与零星沙丘堆积，多为固定或半固定的梁窝状、蜂窝状沙丘，高度3~10m，丘间多为广阔的地平地貌，总面积达88万hm^2。这些沙带大体为东西走向。北部沙带位于海拉尔河以南，东起鄂温克旗霍吉诺尔，西止嵯岗附近，东西延展80余km，东部宽3~4km，西部赫尔洪得一带宽35km左右。中部沙带从东端的鄂龙诺尔到西部的英吉苏木，东西长约30km，宽约5~10km。南部沙带分布范围最广，东起伊敏河上游的头道桥，西到甘珠尔庙附近的广阔沼泽湿地东缘，是一个宽阔的沙丘起伏的波状沙地。其形态特征多为咸水湖泊和风蚀洼地、风蚀坑。呼伦贝尔草原平坦的地貌特征为大风的形成创造了条件，薄而多沙、缺少细粒物质的土质，在干旱、强风条件下，易使土壤裸露形成风蚀坑，并扩展成风蚀沙带。

呼伦贝尔草原属于温带半干旱大陆性气候区，无霜期一般在110天左右，年平均气温－2℃。由于纬度偏高，远离海洋，加之大兴安岭的屏障作用，使湿润的海洋性气团的影响减弱，大部分时间受西伯利亚高压的控制，由此形成了春季多风少雨，蒸发量大；夏季温凉短促，降水集中；秋季降温快速，霜冻雪早；冬季气温严寒，积雪漫长的气候特点。受大兴安岭山地影响，冬春季节自西伯利亚来的冷空气在大兴安岭西侧长期滞留，气温较同纬度其他地区低。

草原区平均气温为0.4~3.0℃。最冷月（1月）平均气温在－30~－18℃，最热月（7月）平均气温在16~21℃。降水变率大，分布不均匀，年际变化也大。冬春两季降水一般为40~80mm，占年降水量15%左右。夏季降水量大而集中，大部地区为200~300mm，占年降水量65%~70%，秋季降水量相应减少，年降水量300~500mm。有研究表明，呼伦贝尔草原在近30年中存在明显的变暖趋势，降水呈现减少，湿润指数呈现下降趋势，持续干燥指数呈现上升趋势。

呼伦贝尔草原地域辽阔，四季气候变化较为剧烈，春季干燥多大风，夏季温凉短促，雨热同期；秋季霜冻较早，降温较快，冬季盛行西北风，严寒干燥。气候特点总体呈现出热量不足，昼夜温差大，有效积温利用率高，无霜期短，日照丰富，降水量差异大，降水期多集中在7~8月。全年气温冬冷夏暖，温度较差大。

呼伦贝尔草原主要有六大类，即山地草甸、山地草甸草原、丘陵草甸草原、平原丘陵干旱草原、沙地植被草地、低地草甸草场，另有草原东部约占草原总面积10.5%的森林草原过渡带。植被分布从东向西由森林向草原过渡，植被的分布依年降水量决定。除森林草原、干草原等地带性植被，还有草甸、沼泽、沙生、盐生植被。天然草场以干草原为主体，包括林缘草甸、草甸草原、河滩与沙地草原等多种类型。

与草原分布的地带性相一致的是土壤的地带性演替，从森林草原到干草原依次为黑土、暗棕壤、棕色针叶林土、灰色森林土、黑钙土和栗钙土地带。在水热要素和大兴安岭山脉影响下，在草甸草原地带形成了温性草甸草原。由于地形、土壤质地条件的差异，构成了山地草甸草原、呼伦贝尔高平原上的平原丘陵草甸草原和乔木沙地植被草原三个亚类。在大兴安岭山地林缘及林间空地、沟谷、台地上形成了山地草甸草原，在高平原上栗钙土地带形成了温带干草原类草地。此外，受环境条件的影响，特别是土壤水分状况及地表积水状况的限制，在河谷沿岸及低洼地带常有草甸和沼泽隐域性植被的发育，基质为草甸土、沼泽土等隐域性土壤，形成了低地草甸类和沼泽类两个草地类别。

呼伦贝尔草原多年生草本植物是组成草原植物群落的基本生态特征，草原植物资源相当丰富，共有野生植物1400余种，隶属100个科450属。有羊草、针茅、苜蓿、冰草等1000多种营养丰富的牧草，有牧草王国之称。有经济价值的野生植物达500种以上，主要有野生药用植物、野生经济植物、野生油料植物、野生纤维植物、野生淀粉植物、野生食用植物、野生果品植物等。野生动物种和数量繁多。据不完全统计，境内313种鸟类当中，受国家保护的鸟类有60多种，如丹顶鹤、白头鹤、灰鹤、大天鹅、小天鹅、大雁、鸿雁等。

呼伦贝尔草原上纵横交错的河流和星罗棋布的湖泊孕育了大片的草原湿地。呼伦贝尔草原范围较大的4处湿地是：呼伦湖湿地、辉河湿地、莫日格勒河湿地和二卡湿地。这些湿地堪称呼伦贝尔草原之肾，滋润草原，调节气候，为迁徙鸟类提供栖息地，同时也是物种多样性的摇篮，水草最为丰美的草场。以呼伦贝尔草原湿地为例，在湿地内常年栖息和出没的鸟类有大天鹅、丹顶鹤、大雁、鸿雁等约200余种，该湿地也是西伯利亚和东北地区鸟类南迁越冬的中转站。呼伦贝尔已经成为我国鸿雁重要的栖息地、繁殖地以及迁徙停歇地，每年鸿雁在其境内的繁殖种群数量达3000~4000只。2016年中国野生动物保护协会授予呼伦贝尔市为“中国鸿雁之乡”称号。

自公元前200年左右（西汉时期）直至清朝，在2000多年的时间里，呼伦贝尔草原以其丰饶的自然资源孕育了我国北方诸多的游牧民族，被誉为“中国北方游牧民族成长的历史摇篮”。东胡、匈奴、鲜卑、室韦、突厥、回纥、契丹、女真、蒙古等十几个游牧部族，或在此厉兵秣马，或在此转徙、征战、割据，创造了灿烂的游牧文化。1世纪，拓跋鲜卑族在呼伦贝尔草原上的海拉尔河、伊敏河、根河和呼伦湖一带安家落户，由狩猎转向游牧业。新的生产方式使他们壮大了自己的民族，取代了匈奴的统治，建立了强大的鲜卑部落联盟。并由此入主中原，建立了北魏王朝。这是中国历史上第一个少数民族政权。12 世纪，成吉思汗统一了蒙古高原，从此形成了一个具有语言、地域和文化共同性，在经济生活中有许多共同特点的民族——蒙古族。1368 年，明朝建立后，元顺帝退守蒙古高原，呼伦贝尔大兴安岭岭西直至尼布楚的广阔草原为蒙古四子、乌拉特和茂名安部游牧地。清朝建立后，由鄂温克、达斡尔、巴尔虎蒙古、鄂伦春人组成的布特哈八旗兵、索伦八旗兵和巴尔虎八旗兵，勇猛善战，镇守着边疆，为防御沙俄入侵，保障驿站畅通，维护边疆安宁做出了贡献。

近代以来，特别是在 1893—1903 年沙俄帝国修筑滨州铁路时，毁灭性地砍伐了海拉尔河两岸沙地上的樟子松林，造成两岸草原地表裸露，进而沙化。

呼伦贝尔草原是个风景优美、景色宜人的地方。陈巴尔草原上的莫日格勒河被称为第一曲水，此地是游牧部落的天然牧场，水草丰美的季节，大量游牧的牧民聚集在此，形成自然的游牧部落。呼伦贝尔是举世公认的蒙古族发祥地，全国仅有的达斡尔、鄂温克、鄂伦春 3 个少数民族都在这片草原上。

第二节　锡林郭勒草原

一、地理位置

锡林郭勒草原位于内蒙古自治区中部偏东，地理坐标为：东经 111°09′~119°58′，北纬 41°35′~46°46′，北与蒙古国接壤，南邻河北省，东与赤峰市、通辽市、兴安盟相接，西与乌兰察布市交界。锡林郭勒草原涵盖了锡林郭勒盟的全部市、旗、县及管理区，包括锡林浩特市、二连浩特市、苏尼特左旗、苏尼特右旗、阿巴嘎旗、东乌珠穆沁旗、西乌珠穆沁旗、镶黄旗、正镶白旗、太仆寺旗、正蓝旗、多伦县、乌拉盖管理区等。锡林郭勒盟位于内蒙古自治区中部，土地总面积 20. 3 万 km^2，锡林郭勒草原面积 19. 6 万 km^2，占内蒙古自治区草原总面积的 1/4 以上。

二、草原特征

锡林郭勒草原地势由东南向西北方向倾斜，东南部多低山丘陵，盆地错落，西北部地形平坦，低山丘陵和熔岩台地零星分布，东北部为乌珠穆沁盆地，西南部为浑善达克沙地，由一系列垄岗沙带组成，多为固定和半固定沙丘，海拔在800~1200m。

锡林郭勒系蒙古语，意为丘陵地带的母亲河。境内有大小河流20条，湖泊1363个，其中淡水湖672个。分为三大水系，南部正蓝旗、多伦县境内的滦河水系，中部的呼尔查干诺尔水系，东北部的乌拉盖水系。河流大多为内陆河，总体流量小，流程短，主要有乌拉盖河、巴拉根河、锡林河、高格斯泰河。外流河有滦河水系。镶嵌在辽阔草原上的湖泊，较大的有：乌拉盖湖、查干淖尔、白音库伦诺尔湖、浩勒图音诺尔湖。湖泊总蓄水量达35亿m^3，其中淡水湖的蓄水量达20亿m^3。

锡林郭勒草原地势南高北低，锡林河从东向西，沿岸绵延分布有风积沙带，沙丘起伏，以沙垄与新月形沙链波状沙地为主，相对高差多在10~20m，基本固定，仅局部有流沙裸露，沙地呈条带状分布，并与南部的浑善达克沙地断续相连，成为浑善达克沙地最北分布区。沙带以北为构造剥蚀高平原地区，地形起伏，缓丘与沟谷相间，高度50~150m，最大高差不超过250m。流域以南为玄武岩台地，台地西部虽较平坦，但因构造活动及剥蚀作用，形成了向西北方向倾斜下降的地貌。

锡林郭勒草原由西向东分布着荒漠草原、典型草原和草甸草原。草原土壤也呈地带性分布。荒漠草原土壤为棕钙土，典型草原为栗钙土，草甸草原为草甸土。进一步细分还有黑钙土区，碳酸性黑钙土区，暗栗钙土区，栗沙土与沙栗土区，厚层暗栗钙土区，草甸、沼泽土区等。

锡林郭勒草原地处中纬度内陆，属中温带半干旱、干旱大陆性季风气候，具有干燥、寒冷、多风的气候特点。锡林郭勒草原气候资源呈带状分布。西北部为荒漠草原气候区，降水稀少，气温相对较高，风沙天气多。年均降水量135.2~207.3mm，年平均气温在3.2~5.1℃。典型草原气候区由东北向西南呈带状横跨锡林郭勒中部，占据锡林郭勒大部分地区，各地降水和温度差异较大，年均降水量222.7~301.1mm，年平均气温在0.1~3.1℃。东南部为草甸草原气候区，是锡林郭勒降水最多的地区，气候相对比较湿润，年均降水量324~380mm，年平均气温在1.7~2.4℃。

锡林郭勒草原多年平均气温为-0.2℃，极端最低气温达-47.5℃（1978年1月），7月平均气温在18.2℃，极端最高气温32.8℃。冬季严寒，长达5~6个月，日均温大于等于10℃的年积温2000~2200℃，平均无霜期79天，平均日照时数2600h。年降水量由东向西递减，年内分布不均匀，7、8 两月降水占全年总量的 52%，年际变幅较大。年蒸发量是降水量的 4~5 倍。平均风速为 3.2m/s，春季最大平均为 3.6m/s，多在春季 4、5 月，冬季最小，夏季居中。锡林郭勒草原春季气温回升迅速，风多风大雨量少；夏季凉爽多雨，雨量变率较大；秋季天气凉爽，天气晴朗，风力小，气候稳定；冬季漫长严寒。

锡林郭勒草原是内蒙古主要的天然牧场，是华北地区重要的生态屏障，是距首都北京最近的草原牧区，境内的锡林郭勒国家级草原自然保护区已被联合国教科文组织纳入国际生物圈监测体系。

锡林郭勒草原是我国北方最具代表性的温性典型草原区，其典型草原面积达 11.33 万 km^2，占北方温性典型草原面积的 46.53%。锡林郭勒草原不仅有温性典型草原，还有草甸草原、荒漠草原、沙地植被和其他草地类型。草甸草原主要集中分布在锡林郭勒盟东北部和东部地区，以低山丘陵、高平原与宽谷平原地形为主，是森林向草原的过渡地段，优良牧草占草群的 50%，是水草丰美的牧场；典型草原主要分布于锡林郭勒盟中部，是锡林郭勒草原的主体，地形以平原和低山丘陵为主，占锡林郭勒草原面积的 50.6%，地表水比较丰富，牧草质量好，优良牧草占 50%~60%；荒漠草原位于锡林郭勒盟西部，占全盟可利用草场面积的 15.9%，植被属旱生类型，植物群落主要由旱生丛生小禾草组成，并混生小半灌木与葱属植物，适宜饲养羊和骆驼。沙地植被主要分布在锡林郭勒盟的西部和中南部地区，植被是由发育在纯沙性母质土壤上的植物群落的组合，沙生系列植物为沙地植被的主体，伴有大量榆、柳、桦等灌木、半灌木林，沙地植被占全盟可利用草场面积的 13.6%。

锡林郭勒草原拥有丰富的自然资源，以其草场类型齐全、动植物种类繁多等特征而成为闻名。境内有被联合国教科文组织纳入国际生物圈监测体系的锡林郭勒国家级草原自然保护区。保护区面积 5800km^2，主要保护对象为草甸草原、典型草原、沙地疏林草原和河谷湿地生态系统，对野生动物、植物、菌类的多样性，对濒危物种实行特殊保护。

锡林郭勒草原不仅植被类型繁多，而且植物种类十分丰富。植被主要由禾本科、豆科、菊科和莎草科等植物组成，主要草原群落为以贝加尔针茅建群的贝加尔针茅草原、以羊草建群的羊草草原和以线叶菊建群的线叶菊草原，主要伴生种有糙隐子草、寸草苔、洽草、扁蓿豆、达乌里胡枝子、冷蒿、黄芩和矮葱等。野生种子植物达 1200 多种，其中饲用植物 671 种，可栽培植物 60 多种，可供药用植物 400 多种，油料科植物 50 余种，树木18种。经济植物资源也很丰富，有黄芪、防风、柴胡、知母、麻黄、甘草等426种药用植物，116种优良牧草。

锡林郭勒草原是我国重要的畜产品基地。主要畜种中地方优良品种有乌珠穆沁羊、苏尼特羊、乌珠穆沁白山羊和苏尼特双峰驼、乌珠穆沁马。培育新品种有内蒙古细毛羊、内蒙古绒山羊、草原红牛、锡林郭勒马；引进品种有黑白花奶牛、西门塔尔肉牛等。

历史上的锡林郭勒大草原由五个部落组成，由东向西为乌珠穆沁、浩济特、阿巴哈纳尔、阿巴嘎和苏尼特五大部落。1958年锡林郭勒盟和察哈尔盟合并成锡林郭勒盟，察哈尔部落也融入到锡林郭勒草原上。察哈尔部落是从成吉思汗开始的黄金家族蒙古大汗的住帐部落，阿巴嘎部落是成吉思汗的弟弟别里古台的后裔。他们至今仍然完整地保留着草原游牧文化与风俗习惯。

成吉思汗之孙忽必烈，在锡林郭勒草原上继承帝位，建立大元帝国，并在锡林郭勒草原上建筑了著名的元上都。如今的锡林郭勒草原，碧绿如画，一望无际，不仅是蒙古族牧民的优良牧场，也是北方重要的生态屏障，对维护国家生态安全发挥着重要作用。近年来实施的草原保护工程，包括京津风沙源治理工程、退耕还林还草工程、草原保护区建设、生态保护红线等。通过草原生态保护工程对现有植被的保育、退牧还草、舍饲禁牧等措施，使锡林郭勒草原沙化总体上得到遏制，沙尘天气明显减少。

第三节　科尔沁草原

一、地理位置

科尔沁草原位于欧亚大陆草原的东端，是欧亚大草原的一部分，其地理位置东经116°21′~123°43′，北纬41°41′~47°39′。地处内蒙古东部，松辽平原的西北端，北与呼伦贝尔草原相邻，西与锡林郭勒草原相接。海拔250~650m，处于西拉木伦河西岸和老哈河之间的三角地带，西高东低，面积约4.23万km^2。

科尔沁草原包括内蒙古自治区兴安盟的扎赉特旗、科尔沁右翼前旗、乌兰浩特市、科尔沁右翼中旗；通辽市的科尔沁左翼中旗、扎鲁特旗、库伦旗、奈曼旗、科尔沁左翼后旗、开鲁县、霍林郭勒市；赤峰市的阿鲁科尔沁旗、巴林右旗、林西县、克什克腾旗、翁牛特旗、敖汉旗，共15个旗

（县）、2 市、416 个苏木（乡、镇）。

二、草原特征

大兴安岭山脉将科尔沁草原与蒙古高原的草原分开，使科尔沁草原成为一个独立的草原区。科尔沁草原主要分布在西辽河砂质冲积平原、大兴安岭南端东侧的山前台地、低山丘陵以及燕山山脉北端的低山丘陵上。科尔沁草原包含有山地、丘陵和平原地形地貌。在平原的低洼地段还有一些湿地和湖泊。

地质构造上科尔沁属于松辽台向斜、吉林准褶皱带三大地质构造单元。第四纪以来草原西部缓慢上升，东部轻微下沉，由下更新世到全新世相继沉积了深厚的松散岩系。特殊的气候与地质结构形成了科尔沁草原特殊的坨、甸地形组合。坨子地是一种相对高度 2m 以上的流动、半流动沙丘和半固定沙丘，土壤为白沙土和黄沙土，植被主要有糙隐子草、芦苇、小黄柳、榆树等。甸子地是指分布在坨子地内部及其之间的低湿地，多由各类草甸土组成，植被主要由羊草、寸草苔、地榆、拂子茅、马蔺等组成。

科尔沁草原东部和东北部有少量钙土分布，科尔沁西部大兴安岭山前冲积扇上主要为栗钙土；南部黄土丘陵山地主要是褐土、黑垆土。沙质平原广泛分布，其中风沙土是主要土壤，按土壤分类可分为：流动风沙土、生草风沙土和栗钙土型风沙土。风沙土是科尔沁沙地的基本土类。流动风沙土是风沙土中分布面积最广的。生草风沙土主要分布在科尔沁沙地的东部，它们可固定沙丘、沙地和丘间低平地，成土时间较早，土层较厚是草原植被长期作用形成的。栗钙土型风沙土主要分布在科尔沁沙地西部和西北部，有钙积层和盐酸反应，有沙地榆树疏林分布。

原来的科尔沁草原现在更多的称谓是科尔沁沙地。由于人们超载放牧，加上气候干旱，使得草原演变成了沙地。科尔沁沙地主要处在农牧交错带，它的形成有三个自然方面的原因：生态环境脆弱、土壤机制不稳定，风势强劲，而且风的作用和干旱季节同期。近年来，为防止草原沙化、退化和盐碱化，采取了草场封育，翻耕补播、人工种草等大量措施，并在科尔沁草原先后建立了大青沟国家级自然保护区和特金罕山自然保护区。大青沟自然保护区的主要保护对象为天然珍贵阔叶混交林和科尔沁沙地原生森林生态系统。特金罕山自然保护区是以保护生物多样性和自然生态系统为重点的森林生态系统类型的自然保护区。

科尔沁草原丰富多样的生态环境吸引了167种鸟类来这里繁衍生息，其中属国家一、二级重点保护的珍稀鸟类就有34种，鹤类就有丹顶鹤、白鹤、白头鹤、白枕鹤、灰鹤、蓑羽鹤等。

科尔沁草原地域辽阔，资源丰富，是我国重要的畜牧业基地之一。这里有科尔沁红牛、兴安细毛羊和蒙古羊。拥有绰尔河、洮儿河、归流河、霍林河等240条大小河流和莫力庙、翰嘎利、察尔森等20多座大中型水库。丰富的水资源养育了众多的淡水鱼，科尔沁年鱼业产量也很高。

科尔沁草原属于温带半干旱气候，冬季寒冷，夏季炎热，春秋风大，年均降水量360mm，年际变化较大，年内分配不均，多集中6~8月。年均风速3.5m/s，大风日数常达30天左右。全区日照2900h，日照率达67%，10℃以上活动积温3160℃，无霜期140~150天。

历史上的科尔沁草原，河川众多、水草丰茂，是蒙古族逐水草而居的天然牧场。据记载，10世纪时科尔沁是“地沃宜耕植，水草便畜牧”。随着时代的变迁、人类活动的频繁，大量移民涌入科尔沁，开始垦草种田，砍伐森林，从而导致科尔沁草原遭到不同程度的破坏。

20世纪60年代以来，随着人口的增加，草原放牧压力越来越大，加之不合理的开垦采伐，使草原的退化、沙化和盐碱化问题突出，草原南部辽河两岸已成为万顷良田，科尔沁草原失去了昔日那种“天苍苍野茫茫，风吹草低见牛羊”的景象，更多的是以科尔沁沙地代称科尔沁草原。

然而，在科尔沁草原北部通辽市扎鲁特旗和霍林河市境内仍然有一处保留得十分完整的原始草原，它北依大兴安岭，西连锡林郭勒草原，地貌特征既有浅山丘陵，疏林草地，又有冲积平原，更有山地平台，无数条弯弯曲曲的小河宛如玉带游动在蓝天白云，碧草绿茵之间。每年夏季牧民从村落迁徙到小河两岸，座座毡房和漫散的牛羊构成一幅彩绘的画卷。

科尔沁草原有着悠久的历史和深厚的人文文化渊源。在科尔沁草原这片神奇的土地上很早就有人类的活动。一般来说，历史上的科尔沁草原是指东起嫩江、伊敏河，北及蒙古高原东南部，包括大兴安岭中部山脉南北两侧，南至辽河、柳河、大凌河流域，西至西拉木伦河、老哈河流域。面积大约45万~60万km^2。这片土地的基本特征是：地域辽阔，物产丰饶。北部是蒙古草原南端和大兴安岭中部山地，这里林草丰盛，宜林宜猎。中部辽河平原和嫩江平原，地肥水美，地域平坦辽阔，宜农宜牧。南部紧邻辽西山地和燕山北麓，是游牧文化向农耕文化过度地带。正是这些特征，使得这里成为许多民族发源、成长、壮大的社会舞台，科尔沁草原西南部的红山文化、中北部的富河文化、东部的昂昂溪文化，以及南部、中部平原上的夏家店文化都充分证实，昔日的科尔沁草原是人类繁衍生息之地，这里曾孕育出了古老而又崭新的人类文明。今日的科尔沁草原，大体算是历史上科尔沁草原的腹地。

第四节　巴音布鲁克草原

一、地理位置

巴音布鲁克草原位于新疆维吾尔自治区巴音郭楞蒙古族自治州和静县西北部，东经82°38′~93°45′，北纬35°33′~43°26′。地处天山山脉中部南麓的尤尔都斯盆地，开都河上游，四周雪山环抱，面积2. 38万km^2，是我国最大的亚高山高寒草甸草原。

雄踞草原中部的艾尔温根乌拉山脉东西绵延170km，南北宽约50km，呈狭长状，将盆地分割成东、西两部分，即伊克(大)尤尔都斯和巴尕(小)尤尔都斯两块山间盆地。这些在天山隆起带的山间盆地，属中生代山间断陷，盆底被第四纪沉积物覆盖，是集山岳、盆地、草原为一体的自然景观。盆地东西长约250km，南北最宽处约65km。地势由西北向东南倾斜，海拔高度在2300~4500m，盆地中部海拔2300~2600m，地势相对平坦。

二、草原特征

地处天山中部腹地的巴音布鲁克草原，东西长270 km，南北宽136km，由大小尤尔都斯盆地和巩乃斯沟山地草甸草原组成。除巩乃斯沟能够受到伊犁河谷地湿润气流的影响外，大小尤尔都斯盆地三面基本封闭，形成了独特的高寒山区气候。

横亘于新疆中部的天山山脉峰峦重叠，气势雄伟，呈东西走向。天山既阻挡了冬季寒潮南下，也阻拦了来自大西洋和北冰洋的湿润气流。天山南坡既背风且朝南向阳，较少受到西来湿润气流滋润，又承受太阳辐射热量较多，再加上塔里木盆地温暖性荒漠干旱气流的强烈影响，使天山南坡山地气候十分干旱。巴音布鲁克草原就处在天山中部的南麓封闭性的高位盆地，形成了独特的干燥而寒冷的高寒山区气候，冬春漫长而严寒，夏秋短暂而温和。在干燥、多风、寒冷的高寒山区气候条件下，巴音布鲁克形成了以高寒草甸、高寒草原和高寒低地沼泽草甸为主的草原类型。

巴音布鲁克是蒙古语泉水丰饶的意思，这里泉眼众多，春夏秋冬泉水淙淙流淌不息，也孕育了为数众多的草原河流、湖泊。巴音布鲁克草原境内有大小 7 个湖泊，20 条河流，水资源十分丰富。既是新疆南部最优良的高山天然牧场，也是新疆重要的水源涵养地和重要的生态功能区，素有“天山之肾”和“新疆水塔”之称。

其中开都河为流经巴音布鲁克草原的最大河流。开都河自河源向西流经巴音布鲁克草原的大、小尤尔都斯盆地，汇入数十条山泉溪流，折向南再向东进入天山南部的深山峡谷，在巴音布鲁克流域面积达 227 km^2。开都河及其多条支流流经巴音布鲁克草原，水流平缓，河岸宽阔，四周水草丰茂，是天然的优良牧场。特别是在小尤尔都斯盆地平坦辽阔的草原上，开都河蜿蜒流淌，形成九曲十八弯的壮丽景象。开都河的尾闾是中国最大的内陆淡水湖——博斯腾湖。

草原水源补给以冰雪融水和降雨为主，部分地区有地下水补给，形成了大量的沼泽、湿地和湖泊。其中最重要的草原湿地就是天鹅湖。天鹅湖实际上是由众多相互串联的小湖组成的大面积沼泽湿地，面积逾 300km^2，位于大尤尔都斯盆地，是一个东西长 30km、南北宽 10 km 的天然高山湖泊群。湖水清澈见底，水中生长着大量水生动植物，四周群山环抱，绿草如茵，环境十分幽静。这里主要有大天鹅、小天鹅、疣鼻天鹅、灰鹤、白鹭、金雕、斑头雁等多种珍稀鸟类，境内天鹅总数约占世界的五分之三，为世界上最大的天鹅湖。1986 年确定为国家级天鹅自然保护区。2009 年 12 月《中国国家地理》将巴音布鲁克湿地入选中国最美的六大沼泽湿地之一。

由于巴音布鲁克草原独特的三面封闭性特点，这里年平均气温 -4.5℃，1 月平均气温 -26.8℃，7 月平均气温 10.4℃。植物生长季节4~9 月的平均气温 5~10℃。高于 0℃的年积温 1250.6℃，高于 10℃的年积温 227.2℃。极端最低气温 -46.6℃，无霜期不明显，只有 29 天。多年平均降水量 276.2mm，周围山地平均降水量 400mm 以上。年蒸发量为降水量的 3.5~4 倍。9 月下旬开始降雪，积雪厚度 28~35cm，积雪天数 150~180 天。全年最大冻土深度 307~361cm，盆地中心地层有永久冻土。

汇集于盆地的地表径流不易渗入地下，平缓的低地长期积水而形成大面积的高寒沼泽草地。盆地周围山地降水与气温随海拔高度而变化，同一海拔山地的热量与水分条件随坡向而不同。这种气候与地形形成的水热特点，导致了草地类型的规律性分布。在盆地中心开都河上游沿岸为高寒沼泽草甸，在盆地四周海拔高度在2400~2600m的山麓至2800m的阳坡山地为高寒草原，在海拔2800~3400m的山地分布着高寒草甸，在巩乃斯沟和大尤尔都斯山麓海拔2500m的缓平阴坡零星分布着草甸草原和山地草甸。高寒沼泽草甸约占巴音布鲁克草原面积的5.3%，高寒草原占23.3%，高寒草甸占67.9%，草甸草原和山地草甸占3.5%。

巴音布鲁克草原，地势平坦，开都河宁静地淌过草原，水草丰盛，是典型的禾草草甸草原，也是天山南麓最肥美的夏牧场。巴音布鲁克草原受人类活动影响较小，保存了世界上多种的稀有物种，成为天鹅等野生动物理想的繁殖栖息地。其中鸟类23科128种；兽类12科24种；爬行类动物2科4种，两栖类2科2种，鱼类2科5种及多种无脊椎动物等，其中就有国家保护的珍稀动物，如雪豹、黑鹳、金雕、白肩雕、天鹅、盘羊、雪鸡等。景观基本都处于原始状态。

巴音布鲁克草原、湖泊、雪山交相辉映，平缓宽阔的开都河、激流湍急的巴音郭楞河、秀丽多姿的赛里木河和清澈见底的巩乃斯河的河谷地带、生长着130多种优质牧草。这里盛产着焉耆马、巴音布鲁克大尾羊、中国的美利奴羊和新疆高山牦牛。每到仲夏季节，草原上鲜花盛开，争奇斗艳，羊群像白云游荡，雪莲花般的座座蒙古包坐落其间。

历史上，这片草原曾哺育过匈奴、突厥等古代民族，从13世纪成吉思汗西征起，这里是蒙古许多部族的驻牧之地。清乾隆39年(1774年)安置了渥巴锡率领东归的土尔扈特蒙古部。现在巴音布鲁克草原居住着蒙、汉、藏、哈等9个民族。蒙古族热爱草原，敬重草原上的河，从不在河里洗脏东西、不倒脏水、不修堤筑坝。所以草原上那些马能踏过去的河可以流淌千里，河水到下游还清澈见底。

第五节　伊犁草原

一、地理位置

伊犁草原通常是指伊犁哈萨克族自治州11个直属县市境内的草原，而不是人们比较熟悉的那拉提草原。位于伊犁哈萨克族自治州新源县东部的那拉提草原是伊犁草原中最为靓丽的一块。伊犁州地处东经80°9′42″~91°01′45″，北纬40°14′16″~49°10′45″，位于新疆西北部，西与哈萨克斯坦接壤。

新疆伊犁哈萨克族自治州地处中亚内陆腹地，境内分布着许多高山峻岭，又有广阔的山间平原盆地和河谷地，“三山两盆两谷”组成了伊犁州的主要地貌单元。东北部的阿勒泰地区，系阿尔泰山中段南坡。天山山脉及其支脉婆罗科努山横亘于州南部。平行山脉之间为大小不等的山间盆地和谷地。伊犁河谷就位于天山西部，三面环山，有婆罗科努、科古琴、乌孙山和那拉提山，谷地呈三角形，东部顶点为特克斯河与巩乃斯河交汇处，西部朝向中哈边界，东高西低，地势由东向西倾斜，东西长170km。伊犁河两岸为洪积冲积平原，伊犁河谷地南部为昭苏—特克斯盆地，呈东窄西宽的楔形，主要为特克斯洪积冲积平原。

二、草原特征

伊犁河谷东、南、北三面环山，西面敞开。由西风环流带来的大西洋水气可达伊犁谷地，形成了荒漠中的“中亚湿岛”，也使伊犁成为新疆最为湿润的地区。特殊的自然地理和地形地貌及气候，孕育了巩乃斯、唐布拉、昭苏、喀拉峻等举世闻名的大草原，使得伊犁河谷有“塞外江南”之美称。其间河流纵横、草原丰茂、林海苍莽、湿地诸多，并孕育了丰富的动植物资源，是世界少有的生物多样性天然基因库，成为我国西北重要生态屏障。

独特的地形地貌使伊犁河谷的草原依海拔高度的下降顺次发育有：高寒草甸类、山地草甸类、山地草甸草原类、山地草原类、山地荒漠草原类、平原荒漠草原类、平原低地草甸类、平原沼泽八大类，共238个草地型，山地植被垂直带结构明显，发育完整。

伊犁哈萨克族自治州草原资源丰富，天然草原面积达18.95万km^2，占农田、森林、草原、荒地四类土地总面积的71%，是新疆重要草原畜牧业基地。伊犁的那拉提草原，自然风光优美，民俗风情多彩，构成了伊犁独具魅力的草原旅游盛景。伊犁州土地类型及面积比例见图10-1。

伊犁地区属湿润的大陆性中温带气候，年平均气温为2.8~9.2℃，大于10℃年积温1326~3300℃，年平均日照时数为2898h，无霜期80~160天。降水量250~300mm，山区降水量可达500~800mm。水资源充沛，从水量上伊犁河是新疆最大的河流，年平均径流量381亿m^3。平原区地下水储量约27.5亿m^3。伊犁自然条件优越，气候温和湿润，草原植被生长茂盛，是名副其实的水草丰美的绿色世界，绿色植被覆盖率高达82.5%。真正是不到伊犁不知新疆有多美。著名作家王蒙曾说“新疆是个好地方，伊犁是好地方中的好地方”。

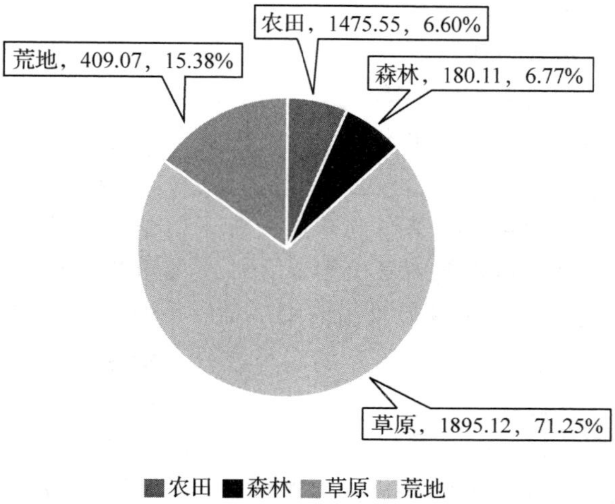

图 10-1　伊犁州不同土地类型面积及其占比

（单位：万 hm^2）

伊犁良好的生态环境保存了许多珍贵的野生动植物资源，如雪豹、棕熊、高鼻羚羊、四爪陆龟、伊犁鼠兔、草原蝰蛇、布尔根河狸等都是伊犁独有的珍贵物种。野苹果即火棘、野核桃、欧洲李、樱桃李、巴丹杏即扁桃等都是新生代地质年代遗留下来的珍贵物种，特别是巩留县的野生核桃林和裕民县的野巴丹杏林，是目前世界范围内唯一的大面积野生果林。

那拉提草原位于伊犁州新源县东部。那拉提意为“最先见到太阳的地方”。那拉提草原是发育在第三纪古洪积层上的中山地草原，东南接那拉提高岭，西北沿巩乃斯河上游谷地，地势大面积倾斜，是巩乃斯草原的重要夏牧场。因巩乃斯河贯穿河谷山地草原，人们也称为巩乃斯草原。那拉提草原是伊犁多类型草原的典型分布区，海拔 800~2084m。巩乃斯草原地域辽阔，沟谷众多，水系发达，草原类型复杂多样，尤其是中山带的山地草甸及海拔较高的亚高山草甸，植物种类繁多。那拉提草原主要由亚高山草甸植物细茎鸢尾群系山地草甸，其他伴生种主要有糙苏、假龙胆、薹草、冰草、羊茅、草莓和百里香等。这里也是新疆细毛羊的故乡和伊犁天马的重要产地。

那拉提草原是全国哈萨克族人口居住最集中的地区，因此被列入世界吉尼斯中国之最——哈萨克族人口最多的草原。那拉提自古以来就有“哈萨克族的摇篮”之美誉。

唐布拉草原是伊犁著名的草原之一，位于伊犁州尼勒克县境内东部，自尼勒克县城沿喀什河溯源而上，两岸丰茂的山地草原和河谷草原即是唐布拉草原。喀什河是伊犁河的第二大支流，源自天山山脉与依连哈比尔尕两山之间东北麓。向西流至伊宁县墩麻扎附近与巩乃斯河汇合，北流称伊犁河。唐布拉草原以草原、温泉、雪峰、河流为主要特色。

昭苏草原也是伊犁十分著名的草原，位于伊犁州昭苏县境内，伊犁河上游特克斯河流域，特克斯河是伊犁河支流，横贯昭苏草原。昭苏草原拥有草场面积 54.2 万 hm^2，属温带山区半干旱、半湿润冷凉气候类型，特点是冬长无夏，春秋相连，没有明显的四季之分。特克斯河水资源丰富，两岸水草丰茂，土质肥沃。昭苏草原被乌孙山、阿腾套山、南天山和哈萨克斯坦境内的查旦山围拢。形成一块几乎封闭的高位盆地。特殊的地理与气候，使这里遗落并远离了夏季酷热。草原石人、草原土墩墓和岩画是昭苏草原的三大奇观。

喀拉竣草原，位于新疆伊犁河谷的特克斯县境内，是西天山向伊犁河谷的过渡地带。喀拉峻草原属典型的高山五花草甸草原，海拔 1305 ~ 3957m，东西长 89km，南北宽 32km，总面积达 2848km^2。这里降水丰富、气候凉爽、土质肥厚，十分适宜牧草的生长，生长有上百种优质牧草。有禾本科、豆科、菊科等植物 105 种。每年 5 月中旬以后，草原碧绿，野花鲜艳，是典型的“五花草甸”。

第六节 阿勒泰草原

一、地理位置

阿勒泰草原地处欧亚大陆腹地，北部有宏伟的阿尔泰山，西南部为萨吾尔山，南部是准噶尔盆地，西部比较开阔，呈喇叭口形。全区地势山脉西高东低，丘陵平原东高西低，从北部阿尔泰山脊线到南部丘陵平原层层下降，具有明显的阶梯状地形特点。全区山区占总面积的 32%，丘陵河谷平原占 22%，戈壁荒漠占 46%。最高海拔（友谊峰）4374m，最低海拔 317m。

阿勒泰地处新疆北部，与俄罗斯、哈萨克斯坦、蒙古三国接壤，边境线长 1197km，总面积 11.8 万 km^2，下辖 6 县 1 市。阿勒泰生态环境优越，是新疆相对丰水区，素有北疆“水塔”之称，优越的生态环境被国务院确定为水源涵养型山地草原生态功能区。

二、草原特征

阿勒泰草原分布在阿勒泰山山麓、额尔齐斯河及其支流河谷地带，海拔在1200~2000m，属高山草甸草原，相当部分为高山荒漠草原。阿勒泰地处欧亚大陆中心腹地，远离海洋，属于中温带大陆性气候区。这里冬季漫长而寒冷，夏季短促、气温平和，无霜期平均为151天，最冷为1月，平均气温-16℃，最热7月平均气温21℃，年平均降水量为200mm左右，山区可达400~600mm。

阿尔泰山是一条西北—东南走向的跨国山脉。西起东经82°，东止东经106°，长约1600km。山势西北高峻宽阔，东南低矮狭窄。海拔4374m的友谊峰为群峰之最，矗立在中国、俄罗斯、蒙古交界处。在中国境内的阿尔泰山为其中段南麓，长约800km，自西向东，横亘在阿勒泰哈巴河、布尔津、阿勒泰、富蕴、青河五县一市的北部。

萨吾尔山坐落在阿勒泰地区西南边缘，也是一条东西走向的断块跨国山脉，西北端在哈萨克斯坦境内。山势西高东低，南陡北缓。分水岭以南是塔城地区的和布克赛尔蒙古族自治县，以北是阿勒泰地区的吉木乃县，最高峰是海拔3875m的木斯套山，山巅终年冰雪皑皑，景观雄奇。海拔1500~3000m的高山地带，降水充沛，林木茂盛，草原丰美，是阿勒泰地区的夏牧场之一。山前丘陵区草原是重要的春秋牧场。山谷平坦，气温较高，是阿勒泰草原优良的冬牧场。

阿勒泰草原面积9.8万km^2，其中可利用面积7.2万km^2，占全疆草原总面积的14.4%，是全国重点草原牧区之一，也是新疆重要的草地畜牧业基地。

阿勒泰草原类型主要为山地草原、山地草甸、草甸草原，主要建群种有禾本科的看麦娘、无芒雀麦、沟羊茅、新疆针茅、羽状针茅等。主要伴生种为黄花鸡爪草、西伯利亚早熟禾、细叶早熟禾、野燕麦、窄叶赖草、草原薹草、二裂委陵菜、冰草、神香草、蓝刺头、木地肤、千叶蓍、冰糙苏、黄花委陵菜等。建群种基本以草本类针茅和羊茅为主，它们摄取水热资源的能力比灌木相对减少，优势度相对减弱，从而为其他草类的生长提供了条件，整个生态系统的群落内物种多样性非常丰富。

阿勒泰草原区的土壤有山地和平原土壤两大系列。山地土壤自高山到山麓依次为高山寒漠土、高山草甸草原土、亚高山草甸草原土、山地棕色针叶林土、山地灰褐色森林土、山地黑钙土、山地栗钙土、山地棕钙土。平原土壤从山前由北向南依次为棕钙土、淡棕钙土、灰棕漠土和风沙土。另外，还有零星分布的盐渍土、沼泽土和龟裂土。阿勒泰草原自然土壤有机质含量1%~3%，有机质含量大于3%的土壤面积占总面积的63%，小于1%的占37%。土壤养分总体缺氮，少磷，钾有余。土壤剖面结构状况是土层薄、质地粗、含砾石多、透水性强，下伏有第三纪泥岩不透水层。

阿尔泰山前至准噶尔盆地北缘是额尔齐斯河水和乌伦古河水系长期冲、洪积而成的河套平原(河阶地)和丘陵地貌。其东部起伏变化多，西部较为平坦。地势为东北高西南低。河谷地带土地肥沃，水源充足，林草混生，牧草肥美。是阿勒泰草原主要的打草场，也是较好的冬牧场。阿勒泰南部是古尔班通古特沙漠的一部分，多为低矮的固定、半固定沙丘，无地表径流，水源奇缺。丘间洼地稀散分布有耐旱的草类和梭梭。

阿勒泰地区是新疆丰水区之一，有额尔齐斯河、乌伦古河、吉木乃山溪三大水系，大小河流共56条，总径流量133.7亿m^3，其中地表径流量为122.5亿m^3，占新疆全区地表径流量的14.7%。开发利用的地表径流量仅28亿m^3，其余都流入哈萨克斯坦共和国境内。额尔齐斯河是新疆的第二大河流，在我国境内干流总长593km，年径流量为119亿m^3。额尔齐斯河河谷风区属于新疆九大风区之一，预计可装机150万kW。

阿勒泰草原上的阿勒泰大尾羊，体质结实，四肢高大，善于爬山游走，蓄积脂肪能力强，耐粗饲，适应性好，因有一个滚圆肥大、全是脂肪的尾巴而得名，是全国著名的优良羊种，主要生活在阿勒泰山地草原地带。

阿勒泰草原最著名的景观是草原石人，还有闻名遐迩的喀纳斯湖、布尔根河自然保护区、蝴蝶沟、乌伦古湖、白沙湖、鸣沙山，以及高山、冰川、湖泊、温泉、岩画等。

第七节 三江源草原

一、地理位置

三江源地区位于我国青海省南部，平均海拔3500~4800m，是世界屋脊——青藏高原的腹地，为长江、黄河、澜沧江的源头汇水区，被誉为“中华水塔”。其中长江总水量的25%、黄河总水量的49%、澜沧江总水量的15%来自青海三江源区。

三江源区东临甘肃省、四川省，西部和南部与西藏自治区相接，北接青海省的格尔木市都兰县。地理位置为东经89°45′~102°23′，北纬31°39′~36°12′，行政区域包括玉树、果洛、海南、黄南4个藏族自治州的16个县和格尔木市的唐古拉乡，总面积为30.25万km^2，约占青海省总面积的43%，占16县1乡总面积的97%。现有人口55.6万人，其中藏族人口占90%以上，其他还有汉、回、撒拉、蒙古等民族。

二、草原特征

为有效地保护该区域的生态环境，2000年5月国家批准设立了三江源省级保护区，并于2001年9月批准成立了青海三江源自然保护区管理局。2003年1月国务院正式批准三江源保护区晋升为国家级保护区。三江源保护区总面积达15.23万km^2，约占青海省总面积的21%，占三江源地区总面积的42%。三江源保护区规划面积中，天然草原面积21.12万km^2，占总面积的66.4%，林地面积3.82万km^2，占12.01%，水域面积0.76万km^2，占2.39%。三江源保护区不同土地类型面积及其占比见图10-2。从三江源保护区土地面积比例可以看出，三江源保护区占比最多的土地类型就是天然草原，因此，称为三江源草原名副其实。

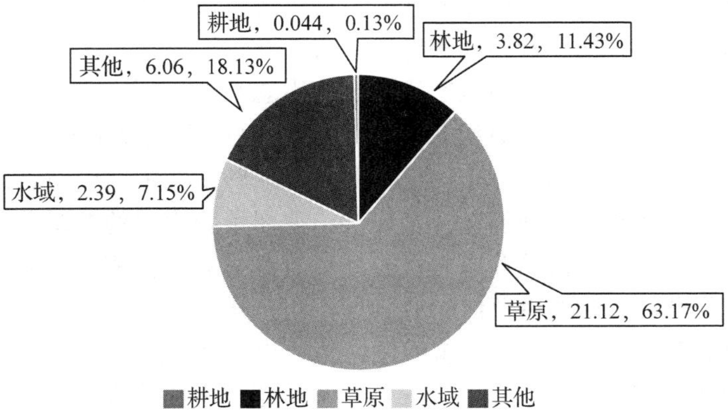

图10-2 三江源保护区不同土地类型面积及其占比(单位：万km^2)

三江源地区地貌以山地为主，地势高耸，地形复杂而且河流纵横，湖泊众多，雪山冰川广布。区内分布有大面积的河流湿地、湖泊湿地、沼泽湿地、雪山冰川和地下水，其中湿地总面积达7.33万km^2，是世界上湿地海拔最高、面积最大、分布最集中的地区。三江源区土壤属青南高原山土区系，由于青藏高原地质发育年代轻，脱离第四纪冰期冰川作用的时间不长，现代冰川还有较多分布，至今地壳仍在上升，高寒生态条件不断强化，致使成土过程中的生物化学作用减弱，物理作用增强，土壤基质行程的胶膜比较原始，成土时间短，区内土壤大多厚度薄、质地粗、保水性能差、肥力较低，并容易受侵蚀而造成水土流失。土壤类型随着海拔由高到低依次为高山寒漠土、高山草甸土、高山草原土、山地草甸土、灰褐土、栗钙土和山地森林土，其中以高山草甸土为主，沼泽化草甸土也较普遍。

三江源地区的气候属于典型的内陆高原气候，冷热季交替，干湿季分明，暖季水热资源丰富，降水充沛，冷季则表现为时间长，气温低，且气候干燥；三江源地区日照时间长，太阳辐射强烈，是我国辐射资源最丰富的地区之一，由西北向东南逐渐减少，2001—2010 年三江源地区 13 个气象台站高于 0℃的年积温平均值为 1341. 437℃，总体来看，气温呈现出东南高西北低的趋势。三江源地区处于青藏高原腹地位置，地形复杂多变，导致降水分布存在巨大地域差异，降水季节集中在4~9 月，2001—2010 年三江源地区 13 个气象台站的平均年降水量为 492. 4mm，且年际间的降水量差异很大。地区分布上，降水由东南向西北逐渐减少；季节分布上，夏季多，冬季少，夏秋季节的降水量可以占到全年降水量的 70%~80%。在过去的几十年中，三江源地区的气温出现普遍升高趋势，夏秋季的降水量则出现微弱减少，而冬春的降水出现增加趋势。

草原生态系统是三江源地区最主要的生态系统类型，广泛分布于三江源地区。全区天然草原总面积 21. 12 万 km^2，占全区总面积的 63%，可利用草原面积 19. 26 万 km^2，占全区草原面积的 89%，主要分布着以蒿草属植物为优势种的高寒草甸和以针茅属、羊茅属植物为主的高寒草地。其中高寒草甸草原面积约占总草原面积的 79%，其可利用面积占总草原面积的 60%。高寒草原面积约占总面积的 21%，可利用面积占总面积的 11%。

从草原类型的分布来看，黄河源区主要以高寒草原为主，且以植被盖度大于 40% 的稀疏草原为主，草原主要集中于玛多、曲麻莱等地，植被覆盖度大于 60% 的高寒草甸草原只占该区域总草原面积的 37% 左右，主要分布于达日、玛沁境内。而植被盖度大于 60% 的高寒草甸草原主要分布于长江源区。

三江源草原区内野生动植物资源十分丰富、种类繁多，是世界珍稀动植物资源基因库。据统计，三江源地区各种科、属植物的总类别超过 2000

种，鱼类超过50种，昆虫类将近500种。最重要的是，三江源地区由于其特有的气候与地貌，还保存着极具地区特色的珍稀动植物品种，其中绝大部分都是国家级珍稀物种。有繁殖鸟16种、旅鸟16种、留鸟3种、冬候鸟2种。大型动物主要有藏羚羊、野牦牛、白唇鹿、雪豹、棕熊、岩羊、盘羊等众多青藏高原珍稀及特有动物，是目前我国大型兽类种群数量最多的地区。

三江源区河流密布、湖泊、沼泽众多，雪山冰川广布，是世界上海拔最高、面积最大、分布最集中的地区，湿地总面积达7.33万km^2，占保护区总面积的24%，被誉为“中华水塔”。三江源区也是一个多湖泊地区，主要分布在内陆河流域和长江、黄河的源头段，大小湖泊近1800余个，湖水面积在0.5 km^2以上的天然湖泊有188个，总面积0.51万km^2。矿化度1~3g/L以下的淡水湖和微咸水湖148个，总面积2623 km^2。盐湖共计28个，总面积1480 km^2，矿化度大于35g/L。列入中国重要湿地名录的有星宿海、扎陵湖、鄂陵湖、星星海等。

三江源草原区的大多数人口是以草原畜牧业为主的藏族，经过几千年生活积累沉淀，他们形成了与三江源生态环境有着互相依存关系的独特而神奇的传统文化。三江源区独特的自然风貌，使得草原牧民的生活主要依赖于环境资源，因此三江源草原牧民也是以一种崇拜的心理来看待草原上的一切动植物，他们相信这些动植物是上天对他们的一种“赐予”，他们相信这些动植物也是有灵性的。

第八节　青海环湖草原

一、地理位置

青海环湖草原位于青海省的东北部，东经95°29′~102°15′，北纬34°03′~39°12′，东西长约640km，南北宽约560km。地跨海北、海南、海西三州，包括祁连、海晏、门源、刚察、共和、贵南、兴海、同德、贵德、都兰、乌兰、天峻共12个县，草原面积11.41万km^2，占青海全省草原总面积的29.6%。

环湖草原东与青海省海东市和甘肃省甘南藏族自治州相邻，南与果洛、玉树藏族自治州接壤，西与海西蒙古族藏族自治州的格尔木、大柴旦镇相接，北与当金山和甘肃省酒泉市分界，东北与祁连山毗连。境内有祁连山、昆仑山，呈西北—东南走向，形成独特的高原地貌。北部高山绵亘，身披银装，白雪皑皑，终年不化。中部和南部地势平缓，气候适宜，水草丰美。大小河流纵横密布，外流水系有黄河、曲什安河、大河坝河和大通河等。内流水系有倒淌河、布哈河、沙柳河、哈尔盖河、甘子河和黑河等。

二、草原特征

环湖草原环绕青海湖，四周被大通山、日月山、青海南山所环抱，形成一封闭式的内陆盆地。由于四周高山阻挡，海洋性气候不能侵入，呈典型的高原大陆性气候，寒冷、干旱、降水少、蒸发量大。夏季短暂温和，秋季气温降速快，冬季受冷空气影响漫长而寒冷。四季变化交替不分明，无明显的四季之分。一般年平均气温为 -2.4~7.2℃，1 月平均最低气温为 -14.8~ -6.7℃，7 月平均最高气温为 8.7~18.3℃。大于等于 0℃积温为945~3127.3℃。年平均降水量为 389~615.5mm，年蒸发量为 352.2~2716mm。平均相对湿度为 33%~65%。年日照时数为 2545.1~3254.2h。霜期长达 200~350 天，无霜期短暂。

环湖草原东南部受海洋季风影响较大，越向西越小，至柴达木盆地东部边缘，已成强弩之末，仅受其余泽。年降水量低于 40mm，降雨一般集中在 6~9 月，占全年降水量的 75%~80%。

环湖草原区主要土壤类型及其分布状况为：风沙土主要分布于东北部的风沙地区，栗钙土集中分布于湖盆地带及干旱河谷，四周山地广泛发育高山草甸土，高寒荒漠土分布于海拔 4100m 以上的山体顶部，沼泽土分布于滞水滩地及河流低洼地与湖滨地带。此外，在青海湖东部湖滨及河流滩地还有草甸土。土壤分布特点对植被的组成和分布有重要影响。

青海湖的形成是湖体构造洼地相对下陷，周围山地不断上升和扩大的结果。随着第四纪初以来整个青藏高原的强烈隆升，青海湖地区也表现为整体强烈抬升。青藏高原在整体抬升过程中，高原生境趋于寒冷、干旱。作为青藏高原的一部分，湖区生境也因抬升而表现出与高原整体相似的变化趋势。

由于冰川作用和湖区生境趋于寒、旱产生的环境压力，各类高寒植被得以发生发展，并逐渐扩展侵入温性植被分布区内，而相对不适应这种生境变化的森林和温性植被，则趋于消亡或退缩到湖四周的狭小地段，最终导致该地区以高寒植被类型明显占据优势的整体植被分布格局。

环湖草原在水平与垂直分布上均表现出明显的规律性。海拔相对较低的湖盆及河谷地带以草原植被为主，其主要草地类型有：沼泽类、荒漠类、温性灌丛类和温性草原类。在湖区周边的山地以及海拔相对较高的山前洪积扇地段，则以高寒草原、高寒灌丛和高寒草甸等各类高寒草原类型为主。地形、气候、湖面萎缩和人类活动是草原类型演替的主要驱动因子。在海拔低缓的湖盆地区人类活动相对集中，气温相对较高，降水少，再加上湖面萎缩，导致沼泽、温性灌丛和温性草原类草地逐步向荒漠类草地演化。

环湖草原资源丰富，水草丰美，草质优良。既有气候凉爽适宜夏季放牧的高山、亚高山草甸、灌丛草原，又有气候较温暖、地形开阔平坦宜作冬春宿营放牧的山地草原、山地草甸、山地荒漠、平原荒漠草原。

近年来，由于草原过度放牧，原生植被逐步消失，取而代之的是毒草、杂草群落。同时，草皮冻融剥离，盖度降低、土壤裸露、土壤肥力下降、土层变薄，成为当地“黑尘暴”的沙尘源。更严重的是，退化草地上鼠洞密布，昔日植被覆盖的草原被鼠类毁坏，鼠洞翻起的黑土使草原变成了“黑土滩”。这对湖区生态环境和社会经济的发展造成了严重的影响。据统计，该区中度以上退化的草原面积达 148 万 hm^2，占可利用草原面积的 55.7%。其中，“黑土滩”面积 22.4 万 hm^2，沙化草地面积 41.9 万 hm^2，毒、杂草型退化草地面积 83.6 万 hm^2。环湖草原区植被整体景观明显呈现出由草原植被景观向荒漠化植被景观演变的趋势。

第九节　甘南草原

一、地理位置

甘南草原位于甘肃省西南部的甘南藏族自治州境内，南临四川阿坝州，西南与青海黄南州、果洛州接壤。地处青藏高原东北部边缘，东南与黄土高原相接。根据中国草地区划，甘南草原属于青藏高原高寒草甸和高寒草原区、东部属于高原山地高寒草甸亚区。地理坐标：东经 100°46′~104°44′，北纬 33°06′~35°44′。

草原面积 2.51 万 km^2，主要分布在夏河、玛曲、碌曲三县境内，以高寒阴湿的高寒草甸草原为主要类型，是全国的“五大牧区”之一。

二、草原特征

甘南草原平均海拔在3000m左右，草原区气候属于典型高原大陆性气候，高寒阴湿，长冬无夏，热量不足。年平均气温1~3℃，日均温大于等于10℃的积温200~900℃，持续日数为20~80天，无霜期30~100天。多年平均降雨400~800mm，降水主要集中在7~9月。甘南草原海拔高，空气稀薄，大气透明度高，全年平均日照时数2200~2400h，年总辐射量达6000~6200MJ/m^2。中夏季平均气温8~14℃。

气候是影响草原演变最积极、最直接的因素，它不仅决定草原生物群落的空间分布，还制约着草原生物群落时间上的演替。气候分布的地带性支配者草原类型的地带性。青藏高原隆起形成了甘南草原复杂的地形构造，其气候既受高原影响，也受东南季风影响。除河谷地区比较干热外，甘南草原其他地区都具有温凉湿润、夏凉冬寒的山地气候特征。这种地形构造和独特的山地气候条件，形成了甘南草原类型以高寒草甸、山地草甸和高寒草原为主，同时还分布有温性草原、高寒荒漠和低地草甸的甘南草原景观。不同类型的草原面积占比见图10-3。

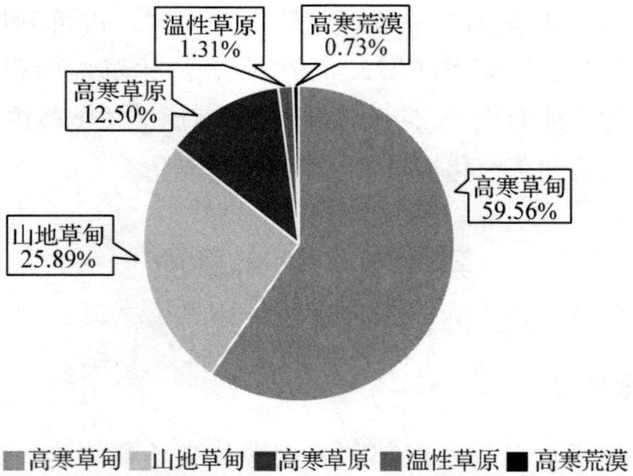

图10-3 甘南草原不同草原类型面积比例

甘南草原植物主要优势种为野青茅、异针茅、密生薹草、长芒草、克氏针茅、扁穗冰草、紫花针茅和嵩草等。这些优质的天然牧草使甘南草原成为一个重要的草原畜牧业基地。主要的畜种有藏系绵羊、牦牛、河曲马、欧拉羊等。

甘南草原尤以桑科草原、玛曲草原而闻名。桑科草原位于甘肃省甘南藏族自治州夏河县境内，属于草甸草原，以其优良的草场和历史上多在此举行盛大的藏传佛教佛事活动而享誉西北藏区。这里平均海拔3000m，四周群山环抱，中间平坦开阔，大夏河水自南向北淙淙流过，地形起伏缓和，宽广无垠，水草丰美，是甘南草原最为丰美的天然草场之一。辽阔的桑科草原以其得天独厚的自然条件，为野生动物、珍稀鸟类提供了良好的栖息繁衍环境，如鹿、黄羊、香獐、青羊、旱獭、狐等野生动物长期在这里繁殖生存。

玛曲草原位于甘南州西南部的玛曲县，玛曲东南与四川省阿坝藏族羌族自治州若尔盖县、阿坝县为邻，西南、西北分别与青海省果洛藏族自治州久治县、甘德县、玛沁县毗邻，北接青海省黄南藏族自治州河南蒙古族自治县。全县总面积1.02万km^2，海拔3300~4806m，年平均气温1.2℃，平均降水量为611.9mm。玛曲拥有集中连片的天然优质草场86万hm^2，是甘肃省主要的牧区和唯一的纯牧业县。这里气候高寒湿润，地形复杂多样。黄河自西流入这片草原，蜿蜒流淌，复西北出境，形成九曲黄河第一大弯曲，即黄河首曲。黄河环流县境433km，境内有37万hm^2的湿地，构成黄河上游完整的水源涵养区。玛曲草原也是我国三大名马之一——河曲马的故乡，草原的名字与她孕育的名马一样响亮。

甘南草原上的碌曲就是藏语“洮河”之意，因黄河支流洮河发源于碌曲县西南的代富桑草原，洮河在甘南境内全长330km。碌曲一年降水量在633~782mm，洮河及其支流遍及全县，长江水系的白龙江发源于郎木寺，河流纵横，溪流清泉遍布。碌曲县境内的尕海是甘南草原第一大淡水湖，是青藏高原东部的一块重要湿地，1982年被评为省级候鸟自然保护区。1998年尕海与则岔石林一起被批准为国家级自然保护区。尕海湿地水草丰茂，许多南迁北返的珍稀鸟类在此落脚和繁殖。尕海草原也是优良的草场之一。

甘南草原所处的甘南藏族自治州是我国十个藏族自治州之一，地处青藏高原东北边缘与黄土高原西部过度地段，是藏、汉文化的交汇带，是黄河、长江的水源涵养区和补给区，被费孝通先生称之为“青藏高原的窗口”和“藏族现代化的跳板”，并被国家确定为生态主体功能区和生态文明先行示范区。

第十节 祁连山草原

一、地理位置

祁连山位于甘肃省和青海省境内，是两省的界山，东起乌鞘岭，西止当金山口与阿尔金山相接，东西长约1000km，南北宽约300km。祁连山并不是一条单独的山岭，而是由一群西北—东南走向的高山与宽谷盆地平行排列组成，从东到西有冷龙岭、托勒山、托勒南山、疏勒南山、党河南山等大山，自北而南包括有8个岭谷带，其间夹杂有湖盆、河流和谷地。山间有很多水草丰美的宽谷盆地，连同山坡地带共同组成了祁连山草原。

祁连山东部降雨丰富，生长着茂密的森林，向西森林逐渐减少，草原丰盛，这里有山丹军马场所在的大马营草原、康乐草原、皇城草原等诸多草原，是我国重要的草原牧区。

二、草原特征

位于青藏高原、蒙古高原和黄土高原交汇地带的祁连山，远离海洋，长期受西风气流控制，具有大陆性高寒半湿润山地气候特征。祁连山各气候要素随着海拔的升高，发生有规律自下而上的变化，具有明显的山地垂直气候带。自下而上依次为：浅山荒漠草原气候带、浅山干草原气候带、中山森林草原气候带、亚高山灌丛草甸气候带、高山冰雪植被气候带。降水不但受海拔高度的影响，而且受所处的纬度、经度以及地形的坡向和坡度的影响，造成降水的季节、年际变化较大。祁连山降水较多的区域，年降水量在400mm左右，降水变率在0.60左右。降水主要集中在5~9月，占年总量的89.7%。随着海拔升高降雨日增加，降水量增多。在祁连山北坡中部降水量总的变化特征是海拔每升高100m，降水量增加4.3%。随着海拔升高，蒸发量减少，相对湿度增加。海拔超过3600m时，由于接近山顶，风速加大，降水多为固态。

祁连山草原属于高海拔草原，是我国西部典型的高山寒温型草原，分布在海拔2300~2700m左右的祁连山区谷地、山坡，南麓及北麓的缓坡地带，面积1.22万km^2，其中南麓属青海省管辖，北麓属甘肃省管辖。祁连山区植被较好，自海拔2000m以上，植被垂直分带分别为：海拔2000~2300m为荒漠草原带，2300~2600m为草原带，2600~3200m为森林草原带，3200～3700m 为灌丛草原带，3700～4100m 为草甸草原带，高于 4100m 为冰雪带。其中，森林草原带和灌丛草原带是祁连山的水源涵养林，大通河、石羊河、黑河等河流发源于此，是河西走廊绿洲的主要水源。

祁连山草原有多种类型，包含草甸草原、典型草原、荒漠草原和高寒草原。草原土壤类型有山地草原栗钙土、山地森林灰褐土、亚高山灌丛草甸土等十多种。祁连山草原海拔较高，年平均气温相对较低，无霜期比较短，所以草原植被生长期很短，而且不稳定。山地草原产草量少，气温相对较低，适于做夏季牧场。南麓和北麓的草原适于作冬季牧场。

祁连山草原具有强大的涵养水源、保持水土、防风固沙功能，也是野生动物重要的栖息地，是祁连山生态系统重要的组成部分，在祁连山生态系统保护中具有举足轻重的地位。

祁连山草原不像内蒙古呼伦贝尔草原那样一望无际，而是在山势起伏的狭长地带中有很多块草原。其特别之处是山水相连。

祁连山草原生态系统在维护我国西部生态安全方面有着举足轻重和不可替代的地位，是西北地区重要的生态安全屏障，也是西北地区重要的生物种质资源库和野生动物迁徙的重要廊道，是黄河、青海湖的重要水源补给区，更是我国季风和西风带交汇的敏感区。祁连山有针叶林、阔叶林、针阔混交林、灌丛、草原、沼泽及水生植被、垫状植被和稀疏植被等多种植被类型。祁连山草原具有丰富的生物多样性，广袤的草原为野生动植物提供了良好的栖息环境。已查明祁连山自然保护区内有高等植物 95 科 451 属 1311 种，其中，有发菜、冬虫夏草、瓣鳞花、红花绿绒蒿、羽叶点地梅、山莨菪等国家二级保护植物 6 种，列入《濒危野生动植物种国际贸易公约》的兰科植物有 12 属 16 种。已查明分布的野生脊椎动物有 28 目 63 科 286 种。其中，鸟类 196 种、兽类 58 种、两栖爬行类 13 种。其中，雪豹、白唇鹿、野驴、野牦牛、马麝等属国家一级保护野生动物，甘肃马鹿、猞猁、蓝马鸡等属国家二级保护野生动物。

祁连山草原最具代表性的是，地处甘肃省山丹县境内焉支山与祁连山之间盆地中的大马营草原，总面积 2192km^2，地势平坦，土壤肥沃，水草丰美，曾经是蜚声中外的亚洲最大的马场——山丹军马场所在地。马场历史悠久，规模庞大。自 1949 年 9 月直到 2001 年，山丹军马场一直归属解放军管理，是我国最大的军马繁育基地，也是我军最大的粮、油、肉生产基地。每年输出大批的骏马支援国防和经济建设。特别是培养出来的“山丹马”，是我国少有的挽乘兼用优良品种，近几年来已向全国各地输送 10

万多匹，为我国的良马培养做出了重大贡献。随着时代的发展，马场不再大量养马，除了军马一场还有草原外，军马总厂、二场、三场、四场的草原，多已改造成了人工草地，种植燕麦等牧草。

康乐草原因其境内的“康隆寺”而得名。草原总面积18万hm^2，森林面积约3万hm^2。主要由高山灌丛和森林草原组成，海拔在2000～4500m。康乐草原的主要部分为马场滩草原，也叫赛罕塔拉草原，位于甘肃张掖市肃南裕固族自治县康乐乡境内，裕固语为“美丽的草原”，距离张掖市60km。由于受西北气流和冷空气影响，这里冬季降雪期长达7个月，积雪厚度可达100cm，而且这里的雪质好、黏度高，每年秋冬开始风雪涌山，是河西走廊降雪量最大的地区之一。

祁连山下还有一片水草最为丰美的草原叫夏日塔拉草原，也叫皇城草原，位于甘肃肃南裕固族自治县东南的皇城镇，南与青海省门源县毗邻，北接甘肃省永昌县、武威市，东连天祝藏族自治县，西靠山丹军马场，东西长约95km，南北宽约72km，总面积约6840km^2。“夏日塔拉”在裕固族语中的意思是“金色草原”，从当地人这个亲切的称呼中，人们对其秀美壮阔的景色便可见一斑，尤其是到了夏季，草原上盛开的花朵便会用金灿灿的颜色将一幅宛如梦境般美丽的画面呈现在人们的眼前，夏日塔拉草原被《中国地理杂志》评为“全国最美草原”之一。

第十一节　若尔盖草原

一、地理位置

若尔盖草原位于四川省的西北部，在我国草原区划系统中属于青藏高原高寒草甸和高寒草原区。西北靠青海省果洛藏族自治州久治县，北部和甘肃甘南藏族自治州玛曲县、碌曲县为界，东、南、西三面分别与成都、绵阳、德阳、雅安、甘孜等市州接壤，其区域包括四川省阿坝藏族羌族自治州的若尔盖、红原、阿坝、松潘县。

若尔盖草原是青藏高原东部边缘一块特殊的区域，海拔约3300～3600m，也被称为松潘高原。相对于我国中东部的低海拔地区，它是高原，而相对于它东边的岷山、南面的邛崃山、西边的果洛山、阿尼玛卿山、西倾山以及北面的西秦岭等山岭，它却处在群山环抱之中，是高原上的一个盆地，素有“川西北高原绿洲”之称，是我国最美的三大湿地之一。

二、草原特征

若尔盖草原区气候以高原气候为主，具有明显的旱季和雨季之分。旱季多风，日照多，湿度小，温差大；雨季多冰雹，日照少，温差小。若尔盖县的平均海拔3500m，年平均气温1.1℃，年绝对最低气温-33.7℃。南部的红原县年平均气温1.4℃，极端最低气温-36℃，极端最高气温26.0℃，气温日较差平均16.3℃；年均日照时数2158.7h；多年平均降水量749.1mm，80%集中在5~8月；年均降雪日数76天。松潘县地貌东西差异明显，地形起伏显著，相对高差比较大。雨季降水量占全年降水量的72%以上，多年平均气温5.7℃，多年平均降水量720mm。西部的阿坝县属高原寒温带半湿润季风气候，旱、雨季分明。年均降水量712mm，湿季（5~10月）降水集中，占全年的89.6%。年平均气温3.3℃，日照充足，昼夜温差大，全年无绝对无霜期，相对无霜期33天。

诺尔盖草原土壤长期浸泡在水中，由于气候寒冷湿润，蒸发量小，排水不畅，地表经常处于过湿状态，有利于沼泽的发育，因此主要以沼泽土为主，潜育化程度高，有机质氧化缓慢，部分地区分布着大量泥炭，由此形成了我国最大的泥炭沼泽——若尔盖沼泽，这里泥炭平均厚度在1m左右。

若尔盖草原沼泽在分布上有三个特点：一是分布广。沼泽不仅分布在平坦宽阔的河滩、湖群洼地和阶地上，而且在某些无流宽谷和伏流宽谷地带也有分布。二是面积大。这里的沼泽面积有30万hm^2，是我国最大的一片泥炭沼泽。三是沼泽率高，沼泽率一般达20%~30%。

若尔盖草原沼泽的类型也较多，各种沼泽类型在湖群洼地、无流宽谷、伏流宽谷和阶地等不同地貌部位上，相互连结形成许多巨大的复合沼泽体。受近代新构造运动和气候变化的影响，沼泽已趋于自然疏干。有的沼泽经人为改造，成为牧场。若尔盖草原是黄河上游最重要的水源涵养地和生态功能区。

若尔盖草原水源充沛，河流蜿蜒曲折，牛轭湖星罗棋布，主要有嘎曲、墨曲和热曲，从南往北汇入黄河。北部和东南部山地系秦岭西部迭山余脉和岷山北部尾端，境内山高谷深，地势陡峭，海拔2400~4200m，主要河流有白龙江、包座河和巴西河。

若尔盖草原地势平阔，光热条件好，水草丰茂、适宜放牧，是全国重要的草原牧区之一。若尔盖草原以饲养牦牛、绵羊和马为主，其中的草原东部为纯牧区，当地盛产的唐克马属河曲马品系，是全国三大名马之一，墨洼牦牛也是著名的优良蓄种；西部是半农半牧区，适宜种植一年生农作物，以生长期较短的青稞为主。

若尔盖历来是去甘抵青的交通要道，是阿坝州的北路重镇。当年中国工农红军二万五千里长征，若尔盖就是红军三大主力集中走过的地方，也是红军长征在川西北高原滞留时间最长、面临环境最艰险、进行斗争最卓绝的地方，更是红军摆脱困境，最终实现历史性转折的地方。

第十二节　那曲草原

一、地理位置

那曲草原是西藏那曲地区草原的简称，位于西藏北部，青藏高原腹地，是长江、怒江、拉萨河、易贡河等大江大河的源头。北与新疆和青海交界，东邻西藏昌都地区，南接拉萨、林芝、日喀则三地市，西与阿里地区相连。地理坐标：东经83°55′~95°05′，北纬29°55′~36°30′。整个地区在唐古拉山脉、念青唐古拉山脉和冈底斯山脉怀抱之中，西边的达尔果雪山，东边的布吉雪山，形似两头猛狮，守护着这块宝地。

西藏那曲地区境域面积4505万hm^2，下辖11个县，除东部少量的半农半牧区外(耕地面积约5300hm^2)，基本上是一个纯牧区，拥有草原面积3330万hm^2，其中可利用草原面积2530万hm^2。

二、草原特征

根据我国气候区的划分，那曲地区从东南向西北依次分布着高原亚温带湿润区、高原亚寒带湿润区、高原亚寒带干旱区和高原寒带干旱区。藏北高原常称之为羌塘高原，那曲是最能代表羌塘高原的地区。那曲草原地处羌塘高原的北部，平均海拔在4500m以上。整个地形呈西高，中平，东低。中西部地形辽阔平坦，多丘陵盆地，湖泊星罗棋布，河流纵横其间。东部属河谷地带，多高山峡谷，是藏北仅有的农作物产区，并有少量的森林资源和灌木草原，海拔在3500~4500m。

那曲地区海拔较高，热量不足，气候严寒干旱，高寒缺氧，其含氧量仅为海平面的一半，是西藏气候条件最为恶劣的地区之一。年平均气温为-3.3~-0.9℃，年相对湿度为48%~51%，年均降水量仅在100~

200mm，年日照时数为 2852.6~2881.7h，全年气候干冷，无绝对无霜期。每年 11 月至次年 3 月，干旱、风大，一旦下雪就很容易成为雪灾，这期间气候干燥，温度低下，缺氧风大，延续时间又长。5~9 月相对温暖，是草原的黄金季节，气候温和，风平日丽，降水量占全年的 80%，绿色植物生长期全年约为 100 天左右，全部集中在这个季节。

那曲草原上没有“风吹草低见牛羊”的景色，这里风虽强劲，茫茫荒野中的小草却并不低头，因为它们太过矮小，也稀疏了很多，但那种短小似“寸头”的小草是蛋白质含量最高的草类。那曲草原土壤呈地带性分布。自东向西依次为山地棕壤、山地漂灰土、亚高山灌丛草甸土、高山灌丛草甸土、高山草甸土、高山草原草甸土、高山草原土、高山荒漠草原土和高山寒冻土。天然草原主要以高寒草甸、高寒草甸草原和高寒草原为主，仅在低海拔沟谷零星分布有少量的山地草甸。建群植物类群有莎草科（嵩草、薹草等）和禾本科（主要有紫花针茅），伴生植物群落有菊科、豆科、蔷薇科等草类。

那曲草原常见植物 50 科 175 属 402 种。在这 402 种植物中，饲用植物为 130 种，占植物总数的 32.3%。其中，禾本科植物为饲用植物之首。由于海拔高，气候寒冷、干旱的特点，那曲草原牧草生长期短，低矮稀疏，单位面积草产量低，且地区差异大。东部温暖多雨区，牧草产量 750~900kg/hm^2，最高可达 1200 kg/hm^2；中部是绿草如茵的高寒草甸，除大嵩草外，牧草产量大多为 180~300 kg/hm^2；西部为寒冷干旱的荒漠草原，草种比较单一、稀疏，产草量为 300 kg/hm^2。由于该地区日照时间长、昼夜温差大，有利于营养物质合成和积累，因此该区域的生境决定了其牧草种类主要是以禾本科和莎草科为主，虽然品种单一，但牧草的叶量多、生殖枝少，使得该地区的牧草具有粗蛋白、粗脂肪、无氮浸出物含量高，粗纤维含量低，适口性好等特点。因而是西藏自治区重要的畜牧业生产基地。

分布于西藏北部的青藏高原特有种有野牛、藏羚羊、藏原羚、白唇鹿和西藏野驴等。这些物种在藏北的羌塘无人区被保护得最好，种群数量也最多，该地区是目前世界上高寒生态系统尚未遭受破坏的最完好地区，是研究珍稀野生动物生态生物学的理想场所。

那曲藏语意即黑色的河流，因怒江上游的那曲河流经境内而得名。那曲整个地区在唐古拉山脉、念青唐古拉山脉和冈底斯山脉怀抱之中，境内地形辽阔平坦，多丘陵盆地，湖泊星罗棋布，河流纵横其间。怒江、雅鲁藏布江等都发源于此。那曲境内汇入这两条江的支流达 20 多条。另外，那曲还分布着西藏著名的纳木错、当惹雍错等湖泊，湖泊数量多达3000多个。

那曲草原是一片人迹罕至的处女地，自然景观优美独特，每逢夏秋之季，是草原植被生长期，这时的那曲草原，绿草点缀鲜花，蓝天、白云、阳光、碧水、绿草、家畜、野生动物组成一幅十分和谐的自然景观。

第十三节 迪庆草原

一、地理位置

云南省迪庆藏族自治州位于云南省西北部、青藏高原南延横断山脉腹地，位于云南、四川、西藏三省(自治区)交界处，地处我国第一阶梯青藏高原向第二阶梯云贵高原过渡的横断山地。全州国土面积23 870km^2，辖香格里拉县、德钦县和维西傈僳族自治县三县。历史上是西南“茶马古道”的要冲，是东部藏区重要的物资集散地和商转站。属温带—寒温带气候，年平均气温4.7~16.5℃，年极端最高气温25.1℃，最低气温-27.4℃。立体气候十分明显，有“一山分四季，十里不同天”的说法。特殊的地理条件形成了迪庆无与伦比的自然景观，有白雪皑皑的雪山，水草丰美的草地，浩瀚的森林，纵横的溪流，蕴藏着极为丰富的资源。

境内山脊与河谷高差较大，立体气候特征显著。全州平均海拔3380m，年降水量849.8mm，年均气温5.8℃，干湿季分明。气温年较差小、日较差大，局部小气候特征突出。总体上热量不足，但光、热、水自然配合好，大部分积温可供植物利用。

二、草原特征

草原是迪庆州的重要自然资源，迪庆境内共有草地面积61万hm^2，占全州国土总面积的18.8%。其中可利用草地42万hm^2。迪庆草原不仅是云南省最大的天然牧场，而且是迪庆州陆地生态系统和“香格里拉”旅游景区的重要组成部分。

迪庆州草原类型丰富多样，根据地域、气候、植被可分为高寒草甸类、灌丛草甸类、林间草甸类、疏林草甸类、山地灌丛草场和沼泽草甸类6大类型，其中高寒草甸类和山地灌丛草原类是迪庆草原组合类型中分布最广、面积最大的草原，分别占草原总面积的39.6%和26.3%。

特定的地理位置和特殊的自然环境形成了丰富多样的植被类型。全州有草本牧草 55 科 243 种，在天然草原上有药用植物 160 科 867 种，野生花卉 1578 种，种子植物 4600 种。在每年 5~8 月，迪庆草原水草茂盛、百花齐放、牛羊成群，草原成为香格里拉一道亮丽的风景线，那帕海、碧塔海、属都湖等天然牧场都已被划定为生态自然保护区。

依拉草原(又称纳帕海依拉草原)是庆迪香格里拉最大最美的草原，位于香格里拉市西北 6km 处，总面积达 $13km^2$。依拉草原的独特之处在于，它与纳帕海实为一体，是一个季节性的草原湿地。每当雨季来临，香格里拉周边的奶子河、纳曲河、旺曲河水注入纳帕海，湖水面大幅上涨，草原被淹没，最大时水面可达上千公顷，此时就成为了“纳帕海”。而当雨季过去，湖水位下降，露出大片湿地，就又变成了依拉草原。依拉草原水分充足气候湿润，每年 5 月之初，这里便已是绿草萋萋。而到了 6 月，遍地野花竞相开放，尤其以杜鹃花海与油绿的青稞田野交织绵延而闻名。

纳帕海在藏语中称作“纳帕错”，意为“森林背后的湖”，海拔 3266m，是滇西北高原上重要的湿地，坐落于山间盆地，湖水从西北处的溶洞汇入地下河，再经溶洞流往尼西乡汤姆堆排出，注入金沙江。这里不仅是黑颈鹤栖息地，还是多种保护动物白尾海雕、胡兀鹫、灰雁、斑头雁、灰鹤等水禽的家园。

第十四节　湖南南山人工草地

一、地理位置

在湖南省邵阳市城步县的南山镇，有一片历经多年人工种草形成的草地，称为南山牧场，人工种草面积达 9.1 万 hm^2。虽然与北方天然草原的面积无法相比，但在我国南方地区，完全通过人工种草、草山飞播等措施建成的南山牧场，更具有特殊的意义。

当年红军长征经过此地时，王震曾感叹“等全国解放了，一定要在这里办一个大牧场”。1956 年，南山牧场开始筹建，后在时任国务院副总理王震同志的直接关心和倡议下，1979 年成立南山牧场，开始走上种草养畜办加工的道路。30 多年来，南山牧场会同相关部门，实施了中澳畜牧工程合作项目、农业综合开发项目、飞机牧草播种等多个项目，是国家投资多、人工开发面积最大的人工草地和草原牧场。

南山牧场地处湖南、广西边陲的八十里大南山腹地，经人工种植多年生牧草形成的草原，总面积152km^2，草山面积占土地面积的35%，其中集中连片草山草地6.3万hm^2，绵延40km，具有独特的南方山地草原景观。

城步苗族自治县是湖南省唯一的苗族自治县，位于湖南省西南部，地处东经109°58′~110°37′，北纬25°58′~26°42′。东为新宁县，南邻广西资源县和龙胜各族自治县，西接绥宁县和通道侗族自治县。属亚热带季风气候。全县辖13个乡镇(场)：儒林镇、茅坪镇、西岩镇、丹口镇、五团镇、威溪乡、长安营乡、白毛坪乡、兰蓉乡、汀坪乡、南山镇、蒋坊乡、土桥农场管理区。近年来，因人工种草扩大了草地资源面积，增加了饲草产量，使城步县的奶业成为该县的支柱产业。

二、草地特征

城步地处中亚热带季风湿润气候区，属中亚热带山地气候，四季分明，雨量充沛，冬少严寒，夏无酷暑，山地逆温效应明显。全年日照时数在1134.6~1601.5h，年平均气温为16.1℃，年平均降水量1218.5mm，年平均降雪日数9.8天，相对湿度年平均在75%~83%，年平均有霜日数为17.1天，全年冰冻平均天数为8.7天，境内仅盛夏与初秋盛行偏南风。

城步县的南山牧场，既有北国草原的苍茫雄浑，又有江南山水的灵秀神奇。9.1万hm^2集中连片的草山草坡，被誉为“南方的呼伦贝尔”。这里年平均气温10.9℃，1月平均气温-0.5℃，7月平均气温19℃，夏秋最高气温28℃，冬无严寒，夏无酷暑。山势平缓，草地辽阔，空气清新，土壤、大气、水质无任何污染。一年四季，绿草如茵，风景如画，是一处生态系统优良的南方草原风景区和南方草山畜牧业发展的基地。

参考文献

阿依努尔·热哈提. 2017. 新疆地区草原退化的原因分析[J]. 新疆畜牧业(6): 41-42.

敖仁其, 敖其, 孙学力. 2004. 制度变迁与游牧文明[M]. 呼和浩特: 内蒙古人民出版社.

白永飞, 潘庆民, 邢旗. 2016. 草地生产与生态功能合理配置的理论基础与关键技术[J]. 科学通报, 61(2): 201-212.

包玉山. 2003. 内蒙古草原畜牧业的历史与未来[M]. 呼和浩特: 内蒙古教育出版社.

包玉英. 2004. 内蒙古草原和荒漠丛枝菌根共生多样性及其生态分布[D]. 呼和浩特: 内蒙古农业大学.

暴庆五, 王关区. 1997. 草原生态经济协调持续发展[M]. 呼和浩特: 内蒙古人民出版社.

北方草场资源调查办公室. 1986. 草场资源调查技术规程[M]. 北京: 中国农业科技出版社.

陈宝书. 2001. 牧草饲料作物栽培学[M]. 北京: 中国农业出版社.

陈志宏, 李新一, 洪军. 2018. 我国草种质资源的保护现状、存在问题及建议[J]. 草业科学, 35(01): 186-191.

陈佐忠. 1987. 内蒙古白音锡勒牧场生态系统氮素循环的初步分析与其生态对策的探讨[J]. 生态与农村环境学报, 3(2): 16-20.

道尔吉帕拉木. 1996. 集约化草原畜牧业[M]. 北京: 中国农业科技出版社.

邓艳芳. 2012. 青海省草原生态环境现状与治理对策[J]. 中国草食动物科学, 32(4): 78-81.

杜青林. 2006. 中国草业可持续发展战略[M]. 北京: 中国农业出版社.

方精云, 景海春, 张文浩, 等. 2018. 论草牧业的理论体系及其实践[J]. 科学通报, 63(17): 1619-1631.

冯雨峰, 孔繁德. 2008. 生态恢复与生态工程技术[M]. 北京: 中国环境科学出版社.

伏洋, 李凤霞, 张国胜, 等. 2007. 青海省天然草地退化及其环境影响分析[J]. 冰川冻土, 29(4): 525-535.

高鸿宾. 2012. 中国草原[M]. 北京: 中国农业出版社.

高尚玉. 2008. 京津风沙源治理工程效益[M]. 北京: 科学出版社.

格·孟和. 1996. 论蒙古族草原生态文化观[J]. 内蒙古社会科学(文史哲版)(03): 41-45.

耿国彪. 2018. 草原生态保护任重道远[J]. 绿色中国(15): 30－33.
龚子同, 张之一, 张甘霖. 2009. 草原土壤: 分布、分类与演化[J]. 土壤, 41(04): 505－511.
郭思加, 刘彩霞. 1998. 论中国草地的水平分布及其地带性规律[J]. 宁夏农学院学报(03): 25－33.
郭月玲, 江海东, 蒋志峰. 2011. 我国草地生态环境退化的原因与对策[J]. 畜牧与饲料科学, 32(08): 81－82.
韩建国. 2009. 草地学[M]. 3版. 北京: 中国农业出版社.
洪绂曾. 2009. 苜蓿科学[M]. 北京: 中国农业出版社.
洪绂曾. 2011. 中国草业史[M]. 北京: 中国农业出版社.
侯向阳. 2013. 中国草原科学[M]. 北京: 科学出版社.
胡自治, 师尚礼, 孙吉雄, 等. 2010. 中国草业教育发展史: 1. 本科教育[J]. 草原与草坪, 30(1): 74－83.
胡自治. 2015. 中国草业教育史[M]. 南京: 江苏凤凰科学出版社.
冀春花, 张淑彬, 盖京苹, 等. 2007. 西北干旱区AM真菌多样性研究[J]. 生物多样性, 15(1): 77－83.
加尔森·纳比, 阿娜尔古丽·马乃. 2015. 草原退化原因分析和草原保护长效机制[J]. 农民致富之友(22): 250.
李博. 1997. 我国草地资源现况、问题及对策[J]. 中国科学院院刊(1): 49－51.
李博. 1997. 中国北方草地退化及其防治对策[J]. 中国农业科学, 30(6): 1－9.
李新一, 王加亭. 2017. 中国草业统计2016[M]. 北京: 中国农业出版社.
梁存利. 2016. 西藏草原退化研究现状分析[J]. 草业与畜牧(5): 56－62.
刘德福, 赵利利. 1983. 关于天然草场等级评价方案的商讨[J]. 中国草原(02): 7－11.
刘洪来, 鲁为华, 陈超. 2011. 草地退化演替过程及诊断研究进展[J]. 草地学报, 19(5): 865－871.
刘明国, 王世英. 1998. 辽宁西区草本植物改土防蚀效益研究[J]. 土壤通报(5): 198－200.
刘起. 1996. 饲用植物资源在我国天然草地上分布特征[J]. 中国草地学报(3): 45－48.
刘源. 2017. 2016年全国草原监测报告[J]. 中国畜牧业(8): 18－35.
刘源. 2017. 草原资源状况[J]. 中国畜牧业(8).
卢欣石. 2002. 中国草情[M]. 北京: 开明出版社.
卢欣石. 2007. 我国北方干旱区草原的生态问题与工程技术对策[J]. 科技导报(09): 16－21.
卢欣石. 2018. 抓住机遇, 促进草原放牧系统的智能化转型升级[J]. 民主与科学(03):

32 -35.
吕世海. 2005. 我国南方草地资源现状及其发展前景[J]. 四川草原(06): 37 -41.
马乾坤. 2011. 我国草原退化困境分析与治理对策[J]. 甘肃农业(10): 29 -30.
马腾, 王雪薇, 阮继生, 等. 2008. 三江源地区不同退化程度草地的土壤放线菌区系[J]. 微生物学通报, 35(12): 1879 -1883.
穆长龙, 龚雪堂. 2001. 长江中上游防护林体系综合效益的计量与评价[J]. 四川林业科技, 22(1): 15 -23.
全国草品种审定委员会. 2008. 中国审定登记草品种集: 1999—2006[M]. 北京: 中国农业出版社.
全国牧草品种审定委员会. 1999. 中国牧草登记品种集(修订版)[M]. 北京: 中国农业大学出版社.
任继周, 胥刚, 李向林, 等. 2016. 中国草业科学的发展轨迹与展望[J]. 科学通报, 61(02): 178 -192.
任继周. 1998. 草业科学研究方法[M]. 北京: 中国农业出版社.
任继周. 1998. 中国西南熔岩地区建立草业农业系统和畜牧产业带刍议[J]. 世界科技研究与发展(2): 46 -52.
萨如拉图雅. 2012. 我国草原资源现状及对策[J]. 畜牧与饲料科学, 33(10): 82 -83.
色音. 1998. 蒙古游牧社会的变迁[M]. 呼和浩特: 内蒙古人民出版社.
苏大学. 1996. 1∶1000000 中国草地资源图编制规范[M]. 北京: 中国地图出版社.
孙海群, 周禾, 王培. 1999. 草地退化演替研究进展[J]. 中国草地学报(1): 51 -56.
孙鸿烈. 2000. 中国资源科学百科全书[M]. 北京: 中国大百科全书出版社.
田育红, 刘鸿雁. 2003. 草地景观生态研究的几个热点问题及其进展[J]. 应用生态学报, 14(03): 427 -433.
王成义, 常根柱. 2003. 草地生态建设与沙尘暴治理[J]. 中兽医医药杂志(S1): 20 -23.
王德凯, 李颖, 王跃棠, 等. 2018. 荒漠草原中间锦鸡儿灌丛的土壤微生物多样性[J]. 天津师范大学学报(自然科学版), 38(04): 43 -49.
王德利, 吕新龙, 罗卫东. 1996. 不同放牧密度对草原植被特征的影响分析[J]. 草业学报, 5(3): 28 -33.
王关区. 2001. 西部大开发与内蒙古的可持续发展[M]. 呼和浩特: 内蒙古人民出版社.
王关区. 2013. 草原生态文化的概念与特征[J]. 实践(思想理论版)(04): 49 -51.
王启兰, 曹广民, 姜文波, 等. 2004. 青海高寒草甸土壤放线菌区系研究[J]. 微生物学报, 44(6): 733 -736.
魏利平. 2009. 不同因素对锡林郭勒盟草原退化影响程度研究[D]. 呼和浩特: 内蒙古农业大学.
吴新宏. 1996. 中国草地经济植物资源研究及经济类群的划分[J]. 中国草地学报(2):

1－4.
辛晓平，张保辉，陈宝瑞，等. 2013. 我国草原的保护和利用：现状与未来[J]. 草原与草业，25(3)：7－11.
邢旗. 2002. 内蒙古草地资源及其利用现状评价[A]//内蒙古草原荒漠化问题及其防治对策研究[C]. 呼和浩特：内蒙古大学出版社.
徐丽华，娄凯. 2010. 微生物资源学[M]. 北京：科学出版社.
徐松鹤，陈宇浩. 2018. 休牧对锡林郭勒典型草原土壤养分和植物群落特征的影响[J]. 水土保持研究，25(4)：15－21.
徐柱，闫伟红，刘天明，等. 2011. 中国草原生物多样性、生态系统保护与资源可持续利用[J]. 中国草地学报，33(3)：1－5.
许鹏. 2000. 草地资源调查规划学[M]. 北京：中国农业出版社.
姚幸，韩建民. 2014. 西北地区草地资源保护与草原经济发展研究[J]. 中国农业信息(24)：27－29.
尹燕亭，侯向阳，运向军. 2011. 气候变化对内蒙古草原生态系统影响的研究进展[J]. 草业科学，28(6)：1132－1139.
原丽红. 2010. 草原生态文化与生态文明建设[J]. 内蒙古师范大学学报(哲社汉文版)，39(2)：83－87.
张立中. 2004. 中国草原畜牧业发展模式研究[M]. 北京：中国农业出版社.
张立中. 2012. 中国草原利用、保护与建设评析及政策建议[J]. 农业现代化研究，33(5)：523－528.
张普金. 1993. 草原学[M]. 兰州：甘肃科学技术出版社.
张新时，唐海萍，董孝斌，等. 2016. 中国草原的困境及其转型[J]. 科学通报，61(2)：165.
张英俊，周冀琼. 2018. 我国草原现状及生产力提升[J]. 民主与科学(03)：26－28.
张自和，盖钧镒. 2017. 中国草业发展保障体系研究[M]. 北京：科学出版社.
章祖同. 1981. 草场资源评价方法的探讨[J]. 自然资源(03)：13－18.
章祖同. 2004. 草地资源研究：章祖同文集[M]. 呼和浩特：内蒙古大学出版社.
中国草学会. 1998. 中国草地科学进展[M]. 北京：中国农业大学出版社.
中华人民共和国农业部. 1996. 中国草地资源[M]. 北京：中国科学技术出版社.
中华人民共和国农业部. 2012. GB/T 29391—2012 岩溶地区草地石漠化遥感监测技术规程[S]. 北京：中国标准出版社.
中华人民共和国农业部. 2003. GB/T 19377—2003 天然草地退化、沙化、盐渍化的分级指标[S]. 北京：中国标准出版社.
中华人民共和国农业部. 2007. NY/T 1579—2007 天然草原等级评定技术规范[S]. 北京：中国标准出版社.
中华人民共和国农业部草原监理中心. 2017. 全国草原监测报告[R].

中华人民共和国农业部畜牧兽医司，中国农业科学院草原研究所，中国科学院自然资源综合考察委员会. 1994. 中国草地资源数据[M]. 北京：中国农业出版社.

Bais H P, Weir T L L G, Gilroy S, et al. 2006. The role of root exudates in rhizosphere interactions with plants and other organisms[J]. Annual Review of Plant Biology, 57(1): 233-266.

Gao Y X, Tang M C, Luo S W, et al. 1981. Some aspects of recent research on the Qinghai-Xizang plateau meteorology[J]. Bull. Amer. Meteor. Soc, 62(1): 31-35.

Marschner P, Yang C H, Lieberei R, et al. 2001. Soil and plant specific effects on bacterial community composition in the rhizosphere[J]. Soil Biology & Biochemistry, 33(11): 1437-1445.

Six J, Frey S D, Thiet R K, et al. 2006. Bacterial and fungal contributions to carbon sequestration in agroecosystems[J]. Soil Science Society of America Journal, 70(2): 555-569.

Squires V R, Xinshi L, Qi L, et al. 2009. Rangeland Degradation and Recovery in China's Pastoral Lands[M]. UK: CABI.

Wang S, Zhao X, Qu H, et al. 2011. Effects of Shrub Litter Addition on Dune Soil Microbial Community in Horqin Sandy Land, Northern China[J]. Arid Soil Research & Rehabilitation, 25(3): 203-216.